BIM软件系列教程

结构设计软件高级实例教程

中国建设教育协会
北京盈建科软件有限责任公司　组织编写
深圳市斯维尔科技有限公司　编　著

中国建筑工业出版社

图书在版编目（CIP）数据

结构设计软件高级实例教程/深圳市斯维尔科技有限
公司编著. —北京：中国建筑工业出版社，2013.6
BIM 软件系列教程
ISBN 978-7-112-15518-7

Ⅰ.①结… Ⅱ.①深… Ⅲ.①建筑结构-结构设计-
计算机辅助设计-应用软件-教材 Ⅳ.①TU318-39

中国版本图书馆 CIP 数据核字（2013）第 129485 号

责任编辑：郑淮兵 杜一鸣
责任设计：李志立
责任校对：王雪竹 关健

BIM 软件系列教程
结构设计软件高级实例教程
中 国 建 设 教 育 协 会
北京盈建科软件有限责任公司 组织编写
深圳市斯维尔科技有限公司 编 著
*
中国建筑工业出版社出版、发行（北京西郊百万庄）
各地新华书店、建筑书店经销
霸州市顺浩图文科技发展有限公司制版
北京建筑工业印刷厂印刷
*
开本：787×1092 毫米 1/16 印张：19 字数：460 千字
2013 年 10 月第一版 2013 年 10 月第一次印刷
定价：**55.00** 元（含光盘）
ISBN 978-7-112-15518-7
（24022）

序　言

随着 CAD 技术和计算机网络技术的不断发展，建筑业正在经历向建筑信息模型（Building Information Modeling，BIM）的变革。BIM 是引领建筑业信息技术走向更高层次的一种新技术，它的全面应用，将为建筑业的科技进步产生无可估量的影响，大大提高建筑工程的集成化程度。同时，也为建筑业的发展带来巨大的效益，使设计乃至整个工程的质量和效率显著提高，成本降低。

BIM 建设是一项系统性工程，需要建设工程所有专业软件的全面兼容与配合。建筑结构设计作为 BIM 的重要组成部分，在整个建筑设计中占有非常重要的地位。盈建科软件（YJK）是基于 BIM 技术的完善的建筑结构设计整体解决方案。YJK 开放数据，与国内外主要建筑结构软件及平台软件数据互通。软件提供与 PKPM、Etabs、Midas、ABAQUS、AutoCAD、Revit、ArchiCAD、MicroStation、PDS、PDMS、探索者等软件模型数据的双向接口。

2012 年 5 月份"第三届斯维尔杯全国高校 BIM 软件建筑信息模型大赛"圆满结束。受 BIM 软件建筑信息模型大赛组委会委托，盈建科公司负责编制 BIM 系列丛书《结构设计软件高级实例教程》。

本书详细讲解了 YJK 建筑结构设计软件的每一个功能的使用方法，可以作为软件学习的用户手册。同时本书以一个实际工程为例，从三维建模、通用有限元计算到施工图自动生成的一体化结构设计全过程一步一步操作，全面详细讲解，你可以切身感受到用 YJK 软件做一个完整项目的全部流程。

本书适用于建筑结构设计人员、科研和审图人员阅读参考，也可以作为高等院校土木工程专业师生的参考书。

因作者水平有限，书中难免有疏漏和不足之处，欢迎读者随时将发现的问题函告我们。

陈岱林

2012 年 8 月

内 容 简 介

　　YJK 建筑结构设计软件系统是一套全新的集成化建筑结构辅助设计系统，是以中国建筑结构设计软件行业首席专家、全国劳动模范陈岱林研究员为核心的建筑结构资深专家团队于 2011 年正式发布的。

　　YJK 主要针对当前普遍应用的软件系统中亟待改进的方面，立足于解决当前设计应用中的难点热点问题，广泛应用先进技术，填补大量需求空白，特别是 2010 新规范大量新增需求的空白，并全面提升软件的应用范围、规模、稳定性和计算速度。为了能够大幅提高设计者工作效率，YJK加强了专业化、智能化方面的努力，同时在确保建筑工程质量安全的前提下，增加了优化设计，为减少配筋量、节省工程造价作了大量改进。

　　1）基于 BIM 技术的全新三维 CAD 平台

　　高度集成化：Ribbon 风格的菜单，多模块集成，界面美观清晰。

　　突出三维化：突出三维特点的模型与荷载输入方式，在逐层建模方式的基础上增加了适应复杂模型的空间建模方式。

　　交互人性化：强大的即时帮助功能，在人机交互方面达到了一个全新的水平，学习零成本。

　　2）基于通用有限元技术构架的全新快速求解器

　　技术先进：采用了偏心刚域、主从节点、协调与非协调单元、墙元优化、比例阻尼、节点约束、快速求解器等先进技术。

　　计算规模大：最多能计算 120～150 万自由度的模型，满足用户大型复杂结构的设计需求。

　　计算速度快：速度是传统软件的 3～5 倍。

　　稳定性强：经过数千次实际工程反复测试验证，得到了国家有关部门的质量认证，可靠性高，运行稳定。

　　3）全新的上部结构计算软件

　　（1）填补手工计算不可能完成的空白。改变人工多次反复计算为自动连续计算，避免关键规范计算要求的遗漏，并可有效避免用户的失误操作。多种包络计算，如对于多塔结构实现对合塔与分塔状况自动拆分、分别计算并结果选大；对少墙框架结构的框架部分自动按照二道防线模型计算；强制刚性板假定与非刚性板假定计算连续进行，同时完成规范指标计算和内力配筋计算等。

　　（2）提供准确合理的计算模型。如对转换梁自动采用细分的壳元计算；对按照普通梁输入的连梁也自动采用细分的壳单元计算，从而和按照墙洞口方式输入的连梁设计结果相同；对剪力墙配筋、轴压比计算可考虑墙的翼缘和边框柱范围自动按组合截面设计，采用双偏压或不对称配筋计算；对剪力墙连梁提供按照分缝连梁设计、配置斜向交叉钢筋等减少连梁内力或配筋的措施。

（3）包括现浇空心板、复杂钢结构、工业建筑、复杂楼板、斜墙及复杂受力剪力墙、预应力等的设计计算。考虑复杂施工次序、自定义荷载工况设计等。

4）全新的基础设计软件

（1）不论何种基础形式，或是多种基础的混合布置，都是统一的建模、计算、结果三步主线清晰的操作。

（2）采用和上部结构统一的通用有限元计算程序，自动划分单元，适应筏板、桩筏、复杂承台、墙下独基、地梁、拉梁等多种基础形式。

（3）全面改进的冲切、抗剪计算，避免冲切计算不合理导致的筏板或承台加厚。

（4）沉降计算可同时计算所有类型基础，并考虑互相影响，还可迭代进行。

（5）有特色的防水板二次设计计算和抗拔桩设计计算。

（6）计算结果内容全面、图文并茂，包含公式及中间变量。

5）全面提升的施工图设计软件

钢筋混凝土结构的梁、柱、剪力墙、楼板、楼梯和基础的结构施工图辅助设计。

增加楼板和基础平法施工图；采用形文件标注文字；优选直径控制使自动选筋符合要求；单参修改提供了更加灵活的钢筋修改方式；配筋状况菜单提示实配和计算的比值；提供了截面注写和列表注写的多种画法；剪力墙施工图更加实用；每个施工图模块配置了钢筋工程量统计菜单；同时提供在 AutoCAD 下运行的 AutoCAD 版本的施工图设计。

6）全面开放的建筑结构软件平台，完全放开接口数据库，一模多用的接口软件

YJK 软件系统和国内外流行的多种软件兼容或提供接口，如 Revit、PK-PM、Midas、Etabs、探索者、ABAQUS、PDS、PDMS、ArchiCAD 等。

7）绿色环保结构设计，省钢筋

YJK 软件在满足规范要求和足够安全的前提下，采用合理计算方案，最大限度地节约材料和造价，实现绿色环保的建筑结构设计。例如：正确区分抗震构件和非抗震构件，优化设计，减少浪费；合理的基础冲切抗剪计算，减少基础厚度，节约材料。

目 录

第一章 软件主要功能

1.1 软件主要功能

本程序是为多、高层建筑结构计算分析而研制的空间组合结构有限元分析设计软件，适用于各种规则或复杂体型的多、高层钢筋混凝土框架、框剪、剪力墙、筒体结构，以及钢-混凝土混合结构和高层钢结构等。

建模功能主要是：人机交互方式逐层建模；二维、三维结合的建模方式；自动导算荷载，建立恒活荷载库；计算次梁、主梁及承重墙的自重。为各种计算模型及施工图等提供计算所需数据文件；多塔结构的自动划分；全新模型数检功能等。

程序采用空间杆单元模拟梁、柱及支撑等杆件，用在壳元基础上凝聚而成的墙元模拟剪力墙。墙元是专用于模拟多、高层结构中剪力墙的，对于尺寸较大或带洞口的剪力墙，按照子结构的基本思想，由程序自动进行细分，然后用静力凝聚原理将由于墙元的细分而增加的内部自由度消去，从而保证墙元的精度和有限的出口自由度。这种墙元对剪力墙的洞口（仅考虑矩形洞）的大小及空间位置无限制，具有较好的适用性。较好地模拟工程中剪力墙的实际受力状态。对于弹性楼板也采用凝聚内部节点、只保留出口节点的做法。

采用通用有限元的技术架构，力学计算与专业设计分离管理。计算前处理中包含了大量的专业性的预处理，中间部分是核心力学计算，后面得到计算内力位移后根据规范和设计要求完成一系列专业计算。最终得到以截面配筋为主要内容的设计结果。分离管理保证了力学计算可采用通用的技术处理方案，并充分跟踪国内外先进技术的发展和改进。

合理应用偏心刚域；偏心刚域应用于梁、柱、墙之间的偏心，应用于上下柱、上下墙之间的偏心，以及转换梁上托墙与梁之间的偏心处理。有的程序对于偏心采用大截面尺寸模拟的刚性杆连接，常造成计算异常的结果。偏心刚域的合理使用避免了计算异常、保证了计算精度。

合理应用主从节点；建筑模型中不可避免地会出现大量的短墙或短

梁，这些短梁、短墙直接用于力学计算可能引起计算异常、加大计算误差。我们采用主从节点连接处理，有效改善了计算精度和计算稳定性。

协调与非协调单元技术；上下层剪力墙之间、上下层墙洞口之间的不同布置造成上下层之间节点的不对应，同层之间的层间梁、错层墙及墙洞口布置的不对应造成墙左右的节点不对应。这些不对应状况在单元划分时可能造成墙计算单元形状异常或出现大量三角形单元，这些单元的出现可能降低计算精度、加大计算误差。为此，本程序在单元划分时对于距离小于某一定值的节点采用不协调单元处理，从而保证大多数单元的划分质量。

采用的快速求解器是应用国际领先技术、历经多年研制的，经大量计算工程实践，计算结果稳定，计算速度比其他软件快一到几倍，计算容量规模是其他软件的几倍。

1.2 主要技术特点

本软件的主要技术特点如下：

（1）多模块集成的自主平台，采用先进的 Direct3D 图形技术和 Ribbon 风格，并广泛吸收了当今 BIM 方面的领先软件 Revit 和 AutoCAD2010 图形交互界面和技术。

（2）在全面继承逐层建立模型方式的基础上，同时提供了三维建模方法，并使二维和三维两种方式密切融合，互相补充，从而使建模更方便、直观、易学、高效，并广泛拓展到复杂建筑模型的建模应用。

（3）全面应用的 Undo、Redo 机制，方便的模型编辑修改，专业的荷载输入和管理，细致周到的模型检查。

（4）建筑模型向计算模型的转换更加智能，建模和计算状态即时切换从而效率大大提高；全新的有限元墙元自动划分方法；多塔结构自动划分；计算风荷载更加精细准确。

（5）采用通用有限元的技术架构，力学计算与专业设计分离管理，合理应用偏心刚域、主从节点、协调与非协调单元等技术，领先的快速求解器，计算稳定性和计算规模大大增加。

（6）采用新规范编制。专业化、智能化特点突出，如强制刚性板假定与非刚性板假定集成进行，同时完成规范指标计算和内力配筋计算，对转换梁、连梁自动采用墙单元，高效率的施工模拟计算和用于基础设计的上部刚度凝聚计算，准确的重力二阶效应计算，对于多塔结构自动实现对合塔与分塔状况自动计算选大，对剪力墙连梁的非地震作用工况和地震作用工况分别采用连梁不折减和折减的刚度矩阵计算，边缘构件自动生成，墙的轴压比计算考虑组合墙肢等。程序还具有局部人防，吊车荷载、活荷载不利布置、弹性支座和支座位移等计算功能。

（7）程序可应用于各种类型的工业与民用建筑工程，包括框架、框剪、剪力墙、框筒、复杂高层、构筑物、钢结构、特种结构等，在复杂高层中用于多塔结构、上连体结构、加强层、转换层、群房、地下室等结构类型的设计。

（8）本软件和国内外流行的各种软件兼容或提供接口，如 PKPM、Etabs、Midas、ABAQUS、AutoCAD、Revit、ArchiCAD、MicroStation、PDS、PDMS、探索者等。

第二章　建筑模型输入

2.1　概述

2.1.1　建筑模型与荷载输入概述

模型输入的过程是：逐层建立各个标准层模型，再统一组装成全楼模型。

程序以逐层建模方式为主，对于难于用楼层建模的部分辅助以空间建模方式。

以逐层建模方式就是对于建筑分层建模，再统一组装。这是因为在建筑中，层的概念十分清晰，结构设计一般以层作为基本单元。

使用本程序建模应首先搞清标准层和自然层的概念。

软件结构建模时的层称为"标准层"，即当结构中多个楼层的平面布置、荷载布置、层高等完全相同时，对这几个楼层只需输入为一个标准层，在楼层组装时，可以将这个标准层布置在若干个楼层上。这样做可以简化用户的建模输入。

在全楼模型中的各个楼层称为自然层，每个自然层主要是它的层号，即它从下到上顺序排列的序号，还有它的名称，名称是它的建筑楼层属性，如地下 2 层，地下 1 层，地上 1 层等，对于自然层的名称属性程序可以自动生成。

标准层和自然层可以一一对应，但为了简化输入过程，用户常将一个标准层对应于多个自然层。一个标准层对应于多个自然层时，当某一个标准层被修改后，在全楼模型中对应于该标准层的各个自然层可以联动变化。

绝大多数实际工程模型都存在多个标准层，但除第一个标准层外，其余标准层的建立一定是在已有楼层上全部或局部复制后，再在其上补充修改，这样保证了上下层节点网格的自动继承。

一般建模过程如下：

（1）轴线布置。程序提供圆弧轴网、正交轴网、轴线布置等轴网布置方式。只有轴线或网格线的地方才能布置构件。详细介绍参见本章 2.3 节。

（2）构件布置。当前标准层的轴网定义完毕后，即可在轴网上布置各类构件，包括柱、梁、墙（应为结构承重墙）、墙上洞口、支撑、次梁、层间梁以及楼板，并定义构件截面尺寸、材料等属性。详细介绍参见本章2.4节、2.5节。

（3）荷载输入。对模型中各构件进行荷载布置，可对荷载进行显示、删除、复制等编辑操作。详细介绍参见第三章。

（4）完成一个标准层的布置后，一定要用【换标准层】菜单，把已有的楼层全部或局部复制下来，再在其上接着布置新的标准层。这样可保证各层组装在一起时，上下楼层的坐标系自动对位，从而实现上下楼层的自动对接。

（5）楼层组装。依次录入各标准层后，最后用楼层组装菜单进行楼层组装，以形成一个完整的建筑结构模型。详细介绍参见第四章。

因此，程序主控菜单分为【轴线网格】、【构件布置】、【楼板布置】、【荷载输入】、【楼层组装】五部分。

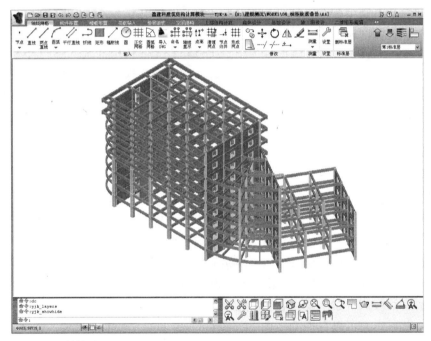

图 2-1 整楼模型

程序采用的尺寸单位为毫米（mm），但在荷载参数中用米（m）为单位。

2.1.2 主要特点

本模块的主要特点是：改善界面，突出三维操作模式，提供更加全面易用的查询、编辑修改方式，简化操作步骤，改进荷载输入等。

建模程序建立在自主开发的三维图形平台上，采用目前先进的图形用户界面，如先进的 Direct3D 图形技术和 Ribbon 菜单管理，并广泛吸收了当今 BIM 方面的领先软件 Revit 和 AutoCAD2010 的特点，采用美观紧凑的图形菜单，将各模块集成在一起，各模块之间即时无缝切换，操作简洁顺畅。

结构建模与荷载输入程序的主要特性可以概括归纳为以下几个方面：

（1）逐层建模、统一组装

程序以逐层建模方式为主，对于难于用楼层建模的部分辅助以空间建模方式。

逐层建模方式就是对于建筑分层建模，再统一组装。这是因为在建筑中，层的概念十分清晰，结构设计一般以层作为基本单元。

标准层和自然层的概念已如上节所述。

（2）轴线网格节点定位构件

设计实践中，绘制结构平面图时需先绘制各构件的定位轴线。同样，软件建模时也需要先建立轴网，再在轴网上进行平面布置。软件中构件的布置信息主要依附于轴网，后续大量的模型关系分析、构件空间对位、归并等工作实际上都是以其所在的节点和网格信息作为重要依托的。

（3）构件截面统一管理

建模软件中，构件输入分为两个阶段，首先要按构件截面不同尺寸或其他特性分类定义好各类截面，再通过简洁的交互操作将各截面的构件布置到轴网上。该方式易于上手，输入快速灵活，并且对模型变动等维护工作非常有利。

构件类别有柱、梁、墙、墙上开洞、斜杆、次梁共六种，每一类构件各种截面定义在同一个构件列表中，不同类别的构件定义在不同的构件列表中，但是梁和次梁采用同一个构件定义表。

（4）楼层布置操作方式

某一类构件布置时，该类构件的截面列表置于屏幕左侧，用户点取某个尺寸的截面后，即可用鼠标将其布置在平面相应的网格节点位置。

程序将建筑构件相对于轴线网格的偏心、标高等作为布置参数，用户布置构件时相应的参数就会出现在屏幕上供用户填写、修改，随后布置的构件即可按照设置的偏心等参数进行。

构件布置可以在平面视图状态进行，也可以在三维的轴测状态进行。使用工具条"🔳 🔳 🔳"可随时切换到平面布置状态，按住【Ctrl】同时滑动鼠标中键可以随时切换到三维的各种视角。

在平面视图状态，程序采用线框方式显示轴线网格和已经布置的构件，线框显示方式不会造成构件之间、构件和轴线网格之间的遮挡。但是一旦切换到三维显示状态，程序自动按照实体模型方式显示，因为在三维下只有实体方式才能清晰地表现布置的状态。同时，程序设置了【实体】和【线框】两种显示方式互相切换的菜单。

在三维显示状态下，程序按照用户设置的层高自动将平面轴线网格转换成三维空间网格，原来的平面网格仍在该层平面底部以红色显示，同时各个节点处生成高度为层高的白色竖直线，在层顶位置生成与底部平面网格相同的网格，以白色显示。这样做是为了方便各种构件的布置，比如点取竖直线布置柱、点取层顶部的辅助线布置梁等。

采用这种方式用户可以方便地在平面上建立三维模型。这使布置操作最为直观快捷，例如布置一根柱只需指定一个节点，布置一片墙只需指定一段网格。这对于大多数楼层都是适应的，而对于个别的倾斜构件和错层、越层等结构则提供了一套完备的标高参数进行建模，从而较完整的实现了在平面上建立三维模型的效果。

（5）可在组装后的三维模型上布置

用户还可以在组装好的三维模型上布置或修改构件。单层模型和组装好的模型可以即时切换显示。用户可以显示全楼模型或者部分楼层的模型，在这样的模型上布置构件和修改构件，这种方式可以实现对多个楼层的同时操作。对于上下层柱或者上下层墙需要对齐的操作，在这样的各层组装的模型上操作更加方便，对于跨越多个楼层的越层支撑的输入，也会更加方便、直观。

（6）荷载输入

荷载按照类型分别输入，包括恒载、活载、风荷载、吊车荷载、人防荷载。荷载逐层输入，层之间可以拷贝复制。

恒载、活载分为楼板荷载，梁、墙荷载，柱间荷载，节点荷载，次梁荷载共五种情况，按照各自的菜单输入，输入的荷载都显示在各自的位置。恒载或者活载是分别显示的，即进入恒载菜单后可显示所有梁、柱、墙、楼板及节点上的恒载，不显示活荷载，只在活荷载菜单下显示活荷载。

为了方便对输入荷载的识别，进入荷载输入菜单后，程序对构件的显示状态作了些调整，把梁用单线显示，对于柱、墙、洞口等其他构件的显示状态不变。

荷载的显示和输入也可以在三维视图下进行。在三维视图下对于柱间荷载、层间梁荷载等的输入和显示更加方便和直观。在平面视图和三维视图下的构件、荷载的显示有些区别，在平面视图下，用线框显示建筑构件，为了避免荷载图和构件重叠，把荷载画在杆件的侧边，把梁、墙杆件上的竖向荷载改为平面上垂直于杆件显示，如把梁、墙上的集中力在平面上垂直于梁、墙显示。在三维视图下，杆件改为实体方式显示，荷载按照实际的作用位置和方向显示，如把梁、墙上的荷载画在杆件的上方，对于竖向荷载画在竖直的方向，对于水平荷载画在水平的方向。

在平面布置过程中，随着杆件的被打断、合并或延伸，它上面的荷载可以随之自动地拆分合并。对于各个房间上的楼板荷载，程序自动进行楼面荷载分配至梁、墙上的导算及荷载竖向传导至基础的导算。

（7）杆件、荷载的编辑修改

程序提供多种通用的编辑修改手段。

Undo、Redo 菜单，点击可随时进行操作的取消、回退或者恢复。

随着鼠标的移动，鼠标划过的构件、荷载会被加亮显示，表示该实体被选中，鼠标左键点击选中的实体后点击鼠标右键或者双击鼠标左键，都会弹出选中实体的属性框，用户可以对属性框中的所有内容编辑修改。在构件布置下，对于选中的构件可以修改它的偏心等布置参数、构件的截面尺寸、材料强度等级等。在荷载输入下，对于选中的构件可以修改布置在其上的所有荷载，如果鼠标点击的是杆件上的某一个荷载，则可以直接修改该荷载的大小、位置等参数。

构件布置时提供针对构件的删除、替换菜单，提供拾取后的复制布置菜单。荷载输入时提供针对荷载的删除、复制、层间复制菜单。

对构件和荷载还可以使用通用的编辑修改命令，如复制、偏移、镜像、延伸、删除等。

（8）提供空间建模方式

对于不易按照层模型输入的部分，程序提供"空间建模"菜单补充输入。

在【空间建模】菜单下，可以进行三维线的输入，不同于平面楼层建模，用户的轴线网格的输入可在空间进行，不再受限于水平平面内。用户可在这样的三维网格上布置各种构件和荷载。建好的三维模型可以和已有的一个或多个楼层模型关联，共同组成完整的建筑模型，并可接上部结构计算软件计算分析。

程序可以导入其他软件生成的三维模型，这样用户可以用自己更熟悉的三维建模软件建模，再导入本程序和楼层模型组装。

（9）详细周到的模型检查

可以对用户模型自动做出不合理布置查错，为后面的设计计算提供可靠的计算模型，减少计算之外误差的影响。

2.1.3 项目管理

（1）每个工程项目建立单独的子目录

因为每个项目设计产生的文件很多，不同模块的结果文件放置在名称固定的下级目录下，如果多个项目放到一起，将造成管理上的混乱。

每个工程项目上部结构模型与荷载输入产生的文件名称是"工程名称. YJK"。工程名称在新建一个项目时输入。打开已有项目时，程序打开的文件名称是后缀为 YJK 的文件。

（2）各模块产生的主要文件

模型与荷载输入产生的文件已如上所述为工程名称加后缀 YJK；

基础建模产生的文件是工程名加后缀 YJC；

上部结构计算的接口文件为 fea. dat、sfea-result. dat、fea-err. txt。

（3）中间文件和设计结果文件

各个模块内部交换数据将产生很多中间文件，这些中间文件存放在名为"中间数据"的下级子目录中；

各模块产生的设计计算结果文件将存放在名为"设计结果"的下级子目录中，包括文本文件和图形文件，图形文件的后缀为 DWY，是本系统统一的二维图形文件格式。

施工图设计模块生成的施工图文件存放的下级目录名称是"施工图"。

2.1.4 模型荷载输入模块和其他模块的关系

每一个项目，必须首先执行【模型荷载输入】模块，完成全楼的模型与荷载输入，才能进行其他功能模块的操作。对于【上部结构计算】、【基础设计】、【砌体结构设计】、【施工图设计】等模块，模型与荷载输入是这些模块运行的先决条件。

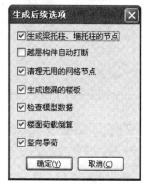

图 2-2　生成后续选项

建模过程必须存盘才能有效。

从建模到其他功能模块，直接点取上方的一级菜单中蓝色的其他模块名称即可。切换时程序自动关闭模型荷载输入的二级菜单，并合并成一个【模型荷载输入】一级菜单置于上部，同时打开其他功能模块的二级菜单。

在【模型荷载输入】菜单状态下点取其他功能模块菜单，就是要退出模型荷载输入，此时软件会提示用户是否保存模型，如果保存，软件弹出建模退出的一系列选项，由用户选择执行。

软件隐含打勾的这些选项，都是保证结构计算信息正确、完整的必要步骤，建模完成后第一次退出时对隐含打勾的这些选项都应该执行，只有在模型修改不多，确认对计算模型不会有影响，并为了节省退出时间时，可以对有些选项不执行。

在结构计算反复调整、计算中，如果从计算返回到【模型荷载输入】菜单，此时可能有两种情况：

一种是用户对模型或荷载做了修改，这种情况下在退出建模、进入计算菜单时，软件给出是否保存的提示，如果选择保存，软件就像初始的建模退出一样，弹出建模退出的一系列选项，由用户选择执行。

一种是用户只是查看建筑模型与荷载，没有做任何修改，这种情况下在退出建模、进入计算菜单时，软件不作任何提示，直接切换到计算前处理菜单下。

2.2 菜单界面和基本操作

2.2.1 工作界面

盈建科建筑结构设计软件主要工作界面如图 2-3 所示：

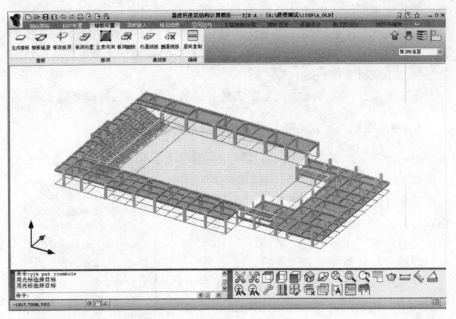

图 2-3　工作界面

最上部标题栏：显示软件名称、工程文件路径和工程名称、常用工具按钮；

上部菜单栏：操作的主要功能菜单排列在这里；

中部的模型视图窗口：显示建模图形的界面，可以显示模型平面图、三维透视图、构件、荷载等信息；

左下部的命令提示行栏：显示各命令执行状况，还可人工键入常用命令操作；

右下部的通用菜单栏：列出通用的菜单命令，如模型裁剪与裁剪恢复、视窗选择、缩放显示、实体线框图切换、楼层组装、单线显示，另外还针对不同模块放置该模块常用的、通用的菜单，随着主菜单的切换这类模块通用菜单自动变换。

最下一行的状态栏：其左侧是当前光标所在位置的 X、Y、Z 坐标，然后是几个绘图辅助工具按钮。

2.2.2　各级 Ribbon 菜单说明

上部排列的是 Ribbon 风格的菜单项，它们是程序主控菜单部分。菜单分级介绍如下：

一级：主要功能模块，包括建筑模型荷载输入、上部结构计算、基础设计、砌体设计、施工图设计、二维图形编辑共六个部分，各功能模块主

图 2-4　轴线网格菜单

要在这里体现。它们以深蓝色表示。

二级：每个功能模块的一级控制菜单。它们在打开一级菜单后展开显示，为白色。

模型荷载输入模块下有【轴线网格】、【构件布置】、【楼板布置】、【荷载输入】、【楼层组装】共五个"二"级菜单。

图 2-5　构件布置菜单

上部结构计算下有【前处理及计算】、【设计结果】两项"二"级菜单。

图 2-6　前处理及计算菜单

三级：点取每个白色的二级菜单后，该菜单的字从白色转为黑色，并展开三级菜单。这级菜单是最具 Ribbon 特色的形式，以彩色图形图标为特色。

四级：如果 Ribbon 彩色图标下标志有蓝色或者绿色箭头，说明该菜单下存在下级菜单。此时只要将鼠标靠近这种带箭头的图标，其下级菜单就会马上出现，这就是四级菜单。

因此，四级菜单是以动态方式出现的。

蓝色箭头时，点取了四级菜单的某一项后，四级菜单就会马上收起。

绿色箭头时，点取了四级菜单的某一项后，四级菜单仍会保留在原位上。这种四级菜单常需要连续执行，保留在原位利于用户的下一次操作。只有在点取四级菜单上的关闭按钮或操作了其他三级菜单图标的菜单后，原有的四级菜单才会自动收起。

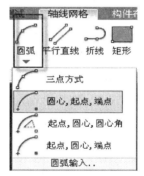

图 2-7　圆弧输入菜单

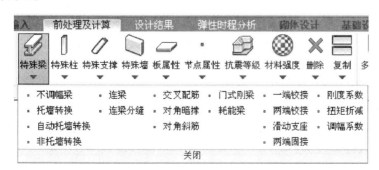

图 2-8　特殊梁定义菜单

2.2.3 启动界面

左键双击桌面上的 YJKS 程序快捷方式图标，即出现如图 2-9 所示的启动界面：

图 2-9 启动界面

启动界面由两条水平线分成上、中、下三行三个部分。

（1）打开项目或新建项目

最上一行是项目管理，功能是打开已有项目，或者新建一个项目。操作最左的【项目打开】菜单即可。每个项目应放置在单独的子目录下。

其余的四个框放置了最近工作过的四个项目，框中显示的是该项目退出时的显示状态。直接点击某一个框，就可以直接进入该项目。

打开项目后将进入【模型荷载输入】菜单下。

（2）功能模块选项

中间一行是 YJKS 的主要功能模块选项，有四个选项：上部结构计算、砌体设计、基础设计、施工图设计。点击这里的选项可以直接进入该项功能模块的操作，如直接进入【上部结构计算】或【基础设计】等模块的操作菜单下，而不是先进入"模型荷载输入"菜单。

这里进入的项目是上次最终退出时的那个项目。如果是以前进行过的别的项目，则不应从这里进入项目，而应从最上面的【打开项目】行进入。从【打开项目】进入时总要先进入到该项目的【模型荷载输入】菜单下。

对于【砌体设计】，应每次都从这里的选项进入项目，砌体设计进入时总是先进入到【模型荷载输入】菜单，砌体的模型荷载输入和其他结构稍有不同，主要是：建模中将出现构造柱选项、出现【圈梁布置】菜单、出现砌体和砂浆的强度等级选项。

（3）和其他软件接口

这里提供本系统程序（YJK）和用户常用的其他公司软件产品的数据转化接口。这一行的 5 个选项分别是和 Revit、PKPM、Midas、Etabs、AutoCAD 的接口选项。

2.2.4　文件类

最上部排列的是最通用的菜单（图 2-10），主要用来新建工程、打开已有工程、保存、打印及 Undo、Redo 等对工程的操作，分别说明如下：

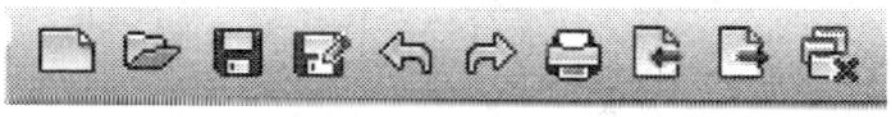

图 2-10　通用菜单

新建：新建一个结构模型文件；

打开：打开已有项目的结构模型文件（＊.yjk）；

保存：将当前结构模型文件进行保存；

另存为：将当前结构模型文件另存为其他名称的项目文件；

Undo：撤销上一次操作。这种回退限于二级菜单项内的操作，如在轴线输入、构件布置、荷载布置菜单之内的操作，如果切换了菜单，或者有了存盘的操作等，之前的操作不再能够撤销；

Redo：恢复上一次操作，条件同 Undo；

打印：打印当前图形；

关闭当前工程：关闭当前工程，但并不退出程序，而是进入到启动界面。该菜单用来使用启动界面上各菜单项的功能；

帮助：打开帮助文档。

2.2.5　右下部通用透明菜单

（1）裁剪和裁剪恢复 ✂ ✂

左侧是裁剪菜单，可从整体模型中挑选出某一部分显示或操作，被裁减部分将被加亮，可连续裁剪，裁剪结束点右键，此后只显示加亮的裁剪部分的局部模型。用户可在此局部模型上观察、作布置和编辑等各种操作。

在三维整体模型上裁剪出某一局部进行显示和操作，可以大大方便对复杂空间模型的建模输入。

右侧是裁剪恢复菜单，可以马上恢复到裁剪之前的整体模型。因此，裁剪和裁剪恢复是两个互相配合使用的菜单。

（2）视图状态切换类

各种视图状态，分别为平面视图、左侧视图、正面视图、空间轴测视图、旋转视图。如图 2-11 所示。

对空间显示的模型选择观察视角最常见的操作方式是：同时按住【Ctrl】＋鼠标中键，再移动鼠标即可在屏幕上变换空间轴测视图的不同视角，可把视图从平面视图（或立面视图）切换到空间轴测视图。

（3）缩放显示类

图 2-12 所示。分别为图形的充满全屏显示，窗口放大显示、恢复显示、测量尺寸、文字放大、文字缩小。

图 2-11　视图状态切换按钮组

图 2-12　图形缩放显示按钮组

对图形缩放最常见的操作方式是：

鼠标中滚轮往上滚动：连续放大图形；

鼠标中滚轮往下滚动：连续缩小图形；

鼠标中滚轮按住滚轮平移：拖动平移显示的图形。

当屏幕图形上出现文字时，文字放大和文字缩小菜单可方便地随时缩放文字，便于查看显示。

（4）实体、线框显示切换

在图形的线框显示方式和实体显示方式之间切换。在建模时，程序对平面显示状态自动采用线框方式显示，为的是在线框方式下，便于鼠标捕捉轴线、节点的操作，在线框方式下网格轴线、构件之间不会形成遮挡。程序在空间轴测状态下，自动按照实体模型方式显示，因为空间状态下，在线框模型下很难辨别构件之间的关系。

对于程序隐含设置的显示状态，用户可用本菜单临时变换显示方式。

2.2.6　右下部模块常用菜单

右下部除放置通用的透明菜单外，还放置专业模块内的通用菜单。

各个专业模块的主要菜单放置在上部，在它的每个主要菜单下，有些菜单是共用的，也有的菜单是使用频率较高的，因此程序将这些共用菜单和使用频率较高的菜单同时放置在右下侧，方便用户的直接使用。

这些模块常用菜单对于不同模块具有不同的内容，在用户切换到不同的模块时，程序自动变换这些常用菜单。

在模型荷载输入模块下，放置在右下部的常用菜单见图 2-13。

分别为楼层组装、层间编辑、删标准层、构件显示选择、构件信息显

图 2-13　右部常用菜单

示、楼层信息、单线模型。

单线模型：将模型中的所有梁柱斜撑构件按照单线显示、将墙按照单片显示。这是个切换菜单，在单线状态下再点一下将恢复到按照截面尺寸和厚度显示构件。

单线显示时构件和墙按照所在轴线节点位置显示，忽略偏心信息。单线显示可以清晰地看到构件之间、特别是上下层构件之间的关联关系。单线显示多用来观察全楼模型或多层组装的模型，此时为了更清晰地看到构件，可以打开"显示内容选择"菜单，并关闭"节点"、"轴线"、"网格"显示选项。

杆件之间没有连接上是建模中常见问题，它将造成局部振动、计算错误等严重问题，必须纠正后才能继续后面的设计计算。

其余菜单的说明可见构件布置、楼层组装的相关章节。

2.2.7　楼层切换、全楼模型

在屏幕右上角，放置【楼层切换】菜单。在需要楼层管理的模块都会出现这个菜单。建模程序以标准层输入，这里显示的就是各个标准层切换的列表，如果在计算的后处理、上部施工图设计模块下，这里显示的就是各个自然层的列表。

图 2-14　楼层切换菜单

楼层切换是按照各个标准层（或各个自然层）顺序逐层切换的菜单（图 2-14），分别表示从下至上各楼层切换和从上至下各楼层切换。

楼层列表框：挑选某一楼层显示，点开楼层列表框，点取其中某一楼层即可在屏幕上单独显示该楼层。

添加新标准层：在如上的标准层列表最后一项是【添加新标准层】，该项属于最常用功能，它是将当前标准层全部或局部平面复制出一个新的标准层。使用时先要切换到某一个标准层平面上，再选择【全部复制】或【局部复制】，即添加了一个新的标准层，它的序号排在所有已有标准层的最后。

▤：全楼显示菜单，点取后马上显示全楼组装后的模型，该菜单在全楼组装后才能进行。

如果要从全楼模型切换到只显示单层模型，点开楼层列表框，点取其中需要显示的标准层即可。

：将用户指定的局部的几个连续的楼层组装在一起，进行显示或操作。

2.2.8 即时帮助

软件提供了详细的帮助提示功能，这些帮助提示功能主要针对各个菜单项和参数对话框中的参数项。我们设置了 3 个层次的即时帮助功能：

第一个：鼠标停留在任何一个菜单下 1.5 秒，给出菜单功能简短的提示；

第二个：鼠标继续停留在任何一个菜单下 4.5 秒，就会显示该菜单的操作的更详细说明以及图形或三维动画演示；

第三个：在任一菜单下按 F1 键，屏幕上给出该菜单的用户手册和技术条件说明中的文档，这是个软件流行的通用的帮助方式。在参数输入对话框中，对各种参数的即时帮助主要提供的是按 F1 键的方式。

以柱构件的布置为例，帮助文档图文并茂，而且可以以动画形式表现。

对于熟练用户，可点击右上角的问号，关闭第二个层次的演示三维动画的帮助方式，以免干扰操作。

2.2.9 鼠标的目标捕捉

在构件布置、荷载布置等操作中要用到鼠标的目标选择功能，鼠标处于目标捕捉状态，屏幕上以一个正方形方框的形式出现。

目标捕捉的隐含方式是直接捕捉与窗口捕捉方式的自动切换。即如果鼠标点取时捕捉到了目标，则捕捉的目标马上起作用。如果鼠标没有捕捉到目标，则此后随着鼠标的移动自动拉开一个窗口，此时进入了窗口捕捉状态，鼠标接下来的点取将形成一个窗口，程序将从该窗口内选择目标。

窗口选择时，从左上到右下移动形成的窗口，只对全部包含在窗口内的目标进行捕捉；而窗口从右上到左下移动形成的窗口，对部分包含在窗口内的目标也进行捕捉。

2.2.10 鼠标的待命状态

当执行的命令已经结束，下一个菜单尚未点取时，鼠标处于待命状态。处于待命状态的鼠标是以十字线加正方形靶的图形在屏幕上移动。某项命令执行时点取鼠标右键退出后就开始了这种待命状态，或者进入了某一级新的菜单，还没有点取下级菜单命令时也处于这种状态。

处于待命状态的鼠标可以以 Tip 方式即时查询当前图中构件的各种属性。如移动鼠标到某一目标，此目标将被加亮，如果鼠标在此稍作停留，即可在该位置弹出 Tip 条形式的信息框，显示该目标的各种信息。比如对节点目标是节点的坐标、对网格是网格的长度、对构件是构件的尺寸偏心、对荷载是荷载的数值等。

处于待命状态的鼠标可用来点取新的菜单，开始新命令的执行。

2.2.11 重复命令操作

对于常用的操作功能可以通过重复命令的操作减少反复点取菜单，从而简化操作。本程序设置的重复命令方式就是点取鼠标右键，或者按键盘的空格键，或者按键盘上的【Enter】键。也就是说，当某一项命令操作完成，等待选择新的命令时，可以点取鼠标右键即重复执行上一个命令，或者按键盘的空格键也可达到同样重复操作上一个命令的效果。

并不是所有的菜单都可以通过鼠标右键这样的重复命令来实现重复操作的，只有对常用菜单程序才设置了这种重复操作方式。

2.2.12 功能键定义

鼠标左键：用于捕捉、定位、输入数据的确认；

鼠标右键：用于连续选择后的结束和确认、连续操作时的结束、输入数据时的确认、重复输入同一数据、重复执行上次的操作、退出命令执行状态；

鼠标中滚轮往上滚动：连续放大图形；

鼠标中滚轮往下滚动：连续缩小图形；

鼠标中滚轮按住滚轮平移：拖动平移显示的图形；

【Ctrl】＋按住滚轮平移：三维线框显示时变换空间透视的方位角度；

【F1】：帮助热键，提供必要的帮助信息；

【U】：在建模输入或绘图时，后退一步操作；

【Shift】＋鼠标右键：绘图捕捉时弹出对象捕捉方式框，可从中选定某一种捕捉方式执行；

【空格键】：输入数据的确认、重复执行上次的操作；

【Enter】：输入数据的确认、重复输入同一数据、重复执行上次的操作等；

【Esc】：退出命令执行状态。

以上这些热键不仅在人机交互建模菜单起作用，在其他图形状态下也起作用。

2.2.13 用户自定义快捷方式

打开右下角的 ⚙ 按钮，可以对各项菜单由用户自定义快捷操作方式（图2-15）。快捷操作方式即是对某个菜单用简短的一个或几个字母在命令行输入即可执行该菜单，代替鼠标点击菜单按钮的操作。比如对画直线命令，软件的命令为 line，隐含的短命令为字母"l"。因此这里的操作也是自定义某些菜单的短命令，从而实现快捷操作。

为方便用户对命令的快速查找并设置自定义快捷命令（短命令），这里对菜单命令按照主要模块和菜单的层级做出几级分类。

图 2-15　快捷键定义

第一级为标签组，为主要功能模块，分别为模型荷载输入、上部结构计算、砌体设计、基础设计、施工图设计、二维图形编辑；

第二级为标签，对应于一个标签组的子标签，如在【模型荷载输入】下为轴线输入、构件布置、楼板布置、荷载布置、楼层组装、空间模型；

第三级为子面板，它将菜单按钮常按功能与操作相近相关性进行进一步的分类组织，每一组按钮在界面功能展示面板上占有一块区域，称为子面板。比如轴线输入下细分为"输入"、"修改"等。

子面板下的各个菜单直接展示在菜单列表框中，点击左侧列表框中的某项菜单即可对它进行短命令设置。

快捷执行方式中包含组合键定义与快捷短命令定义，当前组合键定义还不可用。在短命令框中将列出该菜单已有的命令名称，如果没有设置过将为空。用户可在此输入短命令，或增加新的短命令。当用户设定的短命令存在重复时，将出现在冲突提示中。

点击应用可提交用户的设置。

在功能描述中显示了菜单命令按钮有多种属性，包括菜单图片，菜单标签名称，菜单布置方式、尺寸与命令功能描述。

下部显示了命令自定义文件的名称，即用户在这里定义的内容将存入该文本文件中。点击"定位命令自定义文件"按钮可直接打开命令自定义文件所在目录。

在本对话框中进行的所有定义设置在对话框关闭时才进行自定义文件的保存。如果当前命令按钮设置未应用，关闭时将提示自定义的保存丢弃。

2.2.14　工程文件的自动备份

在正常情况下，每一次存盘形成工程文件的保存，保存的文件为工程名加后缀 yjk。

为了防止意外情况下工程文件的损毁或丢失，程序还自动设置了另一套并存的备份。在工程所在子目录下程序自动建立了名为 backup 的子目录，在用户操作过程中或存盘过程中程序自动在 backup 子目录下也做备份，这些备份文件的后缀也是 yjk。

每当用户的操作步骤达到一定的数量，或者用户停顿操作达到一定的时间，如果数据确实有变化，程序自动做备份操作保存当前的状态，备份文件名为"工程名 _ rtbp. yjk"。

每当用户存盘操作时，程序自动将上一次存盘的内容作为备份，备份文件名为"工程名 _ svbp?. yjk"，"?"为备份序列号，也存放到 backup 子目录中，backup 目录中最多可以有 10 个最近的此类备份。

当用户需要使用备份数据时，可将 backup 中的文件拷出并重命名成当前工程名称。在 backup 中的备份有多个，可按时间排序查找需要的。

2.2.15　工程打包

在软件的启动界面右上角设置【工程打包】菜单，用来对已有工程压缩打包，保存数据或者传送数据用。打开菜单出现工程选择对话框，如图 2-16 所示。

图 2-16　打包工程选择

用户在对话框中选择"工程名 . yjk"文件，再点【打开】按钮即可。软件按照该工程名自动寻找相关的文件，主要是建模、特殊构件定义、计算参数、基础建模、基础计算参数等，并把它们压缩打包。

当前，工程打包功能仅可识别盈建科工程，其工程扩展名 . yjk。启动打包后请等待操作的执行，根据工程的大小与类型的不同，耗时略有不同。打包完成后出现图 2-17 的提示，用户根据提示提取打包结果。工程包以 zip 为扩展名，能被各种压缩解压缩工具识别，有较高的压缩率，便于互联网上传送交流。

工程包内的文件主要如下：

工程名.yjk、工程名.pre、spara.par、Jccad_0.dat、工程名.rel、yjktransload.sav、jcsr.jc、dzzl.dz。

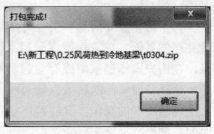

图 2-17　打包结果提示

2.3　轴线网格

轴线网格菜单见图 2-18。

图 2-18　轴线网格菜单

2.3.1　轴线网格的基本概念

在平面上建立轴线网格是建模的第一步，按照各楼层输入平面模型时，程序要求用户首先输入轴线，因为楼层上的建筑构件都是布置在轴线上，以轴线为准参照定位的。

程序提供各种基本的画线图素如画直线、平行线、圆弧、放射线、矩形、点等，通过这些基本的二维图素来画出轴线。画图的操作方式与一般通用的图形平台如 AutoCAD 的操作方式相同，熟悉通用图形平台的用户很容易上手操作。

对于较规则的正交轴线，程序提供【正交轴网】输入菜单，用对话框方式引导用户方便地输入纵向横向的各跨跨度和轴线号。对于不规则的轴线用户可用画线、画圆弧方式补充输入。

程序还提供【圆弧轴网】菜单输入较规则的圆弧轴网。

构件布置前程序将自动进行"形成网点"计算（程序设有一个【形成网点】菜单与此功能相同），这是把用户画的轴线做相交计算，在所有轴线相交处及轴线本身的端点处都产生一个白色的"节点"，被交点分割成的小段红色线段称为"网格"，构件的定位都要根据网格或节点的位置决定。

由此可以看出，轴线网格的建立包含两个步骤：第一步由用户在平面上画出轴线图素，第二步是程序对这些轴线图素自动完成求交计算生成网格和节点。下面进一步说明"轴线"、"节点"、"网格"这三个概念。

轴线：建立轴网首先应在平面上画出定位轴线（即平面施工图上的轴线），也包括次要构件（如次梁）的定位轴线。它是用户画出的直线、圆弧等基本图素。

但是，在软件的实际处理过程中，这些轴线永远处于临时状态，轴线输入完毕后，软件会适时（如退出网点编辑状态时）将直、弧轴线进行相交计算，打断成分段的网格。相交计算保证了网格之间不会互相跨越，在其上布置的构件也不会互相跨越，还保证了程序可以自动划分房间、生成楼板、楼面荷载导算等。

后续所有构件的输入都要根据节点或网格的位置确定（图 2-19），并与指定节点和网格绑定，随着节点网格的变动而变动。

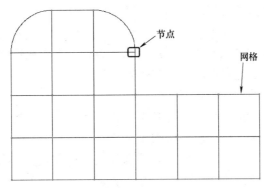

图 2-19　节点网格定位

节点：节点是平面模型中最基本的定位点，轴线相交处和轴线的端点处都会自动生成白色的节点，也可以通过交互输入手工增加节点。

柱、斜杆都通过节点定位。

网格：网格是轴线交织后被交点分割成的红色线段。程序对于网格规定了以下原则：网格不可跨越节点，如果网格线中间存在节点则会被自动打断为两段网格线，各自独立；两个节点之间只能有唯一的一段网格相连，两个节点之间同时存在一段直线网格和一段弧线网格的情况是不允许的，将会导致包括划分房间在内的诸多程序异常问题。

梁、墙、墙上开洞都通过网格定位。

2.3.2　轴网输入

程序提供了正交网格、圆弧网格、节点、两点直线、圆弧轴线、平行直线、矩形轴线、辐射线等的绘制，它们配合各种捕捉工具、热键和下拉菜单中的各项工具，构成了一个小型绘图系统，用于绘制各种形式的轴线（图 2-20）。绘图、编辑的操作类似于 AutoCAD。

图 2-20　轴线输入菜单

1）基本图素

程序提供的基本画图命令有：节点、直线、两点直线、圆弧、平行直线、折线、矩形、辐射线、圆。

（1）节点

用于直接绘制节点，供以节点定位的构件使用，绘制是连续进行的。并提供定数等分直线、定距离等分直线功能，在等分点自动形成节点。

（2）直线

绘制连续的直线。

（3）两点直线

点击两点形成直轴线。绘制是连续进行的。

（4）圆弧

提供多种方式绘制圆弧，可采用三点方式、圆心起点端点方式、起点圆心圆心角方式、起点圆心端点方式来绘制。

（5）平行直线

绘制一组平行的直轴线。首先绘制第一条轴线，以第一条轴线为基准输入复制的间距和次数，间距值的正负决定了复制的方向。以"上、右为正"，可以分别按不同的间距连续复制，提示区自动累计复制的总间距。每组平行线绘制连续进行，【Esc】键结束退出。

（6）折线

绘制连续首尾相接的直轴线和弧轴线，按【Esc】键可以结束一条折线，输入另一条折线或切换为切向圆弧。

（7）矩形

通过点击或输入矩形两对角点，绘制一个与X、Y轴平行的、闭合的矩形轴线。

（8）辐射线

绘制一组辐射状直轴线；首先沿指定的旋转中心绘制第一条直轴线，输入复制角度和次数，角度的正负决定了复制的方向，以逆时针方向为正。可以分别按不同角度连续复制，提示区自动累计复制的总角度。每组辐射线绘制连续进行，【Esc】键结束退出。

（9）圆

输入圆心、半径完成一个圆的绘制。

2）输入用键

输入基本图素时用到的键主要有鼠标左键、鼠标右键、【Enter】键、【Esc】键、【空格键】等。

鼠标左键：捕捉、定位、输入数据的确认。

鼠标右键：连续操作时的结束、输入数据的确认、重复输入同一数据、重复执行上次的操作等。

连续操作时的结束：如画多段直线时，画完最后一段直线后按鼠标右键，说明该多段直线操作完成。画两点直线时，在连续画了多个两点直线后按鼠标右键，即结束两点直线的操作。

输入数据的确认：比如画多段直线的每一段时用键盘输入尺寸距离数

值，每次输入完一个数据时按鼠标右键即确认该数值的输入。

重复输入同一数据：画平行直线时，如每次平行线的间距和上次输入的相同，不用重复输入数据，直接按鼠标右键即可。输入射线的连续角度时也是这样。

【Enter】键：输入数据的确认、重复输入同一数据，这两点和鼠标右键作用相同。输入数据的确认和鼠标左键也相同。

【Enter】键还可用来重复执行上次的操作，这点和鼠标右键、【空格键】相同。

换句话说，对输入数据的确认，可以用鼠标右键、鼠标左键、【Enter】键、【空格键】四种方式。重复输入同一数据，可以用鼠标右键、【Enter】键两种方式。

【Esc】键：结束命令、取消命令。画平行直线、辐射线的操作时，必须使用【Esc】键才能结束命令，因为鼠标右键被重复输入同一数据功能占用。

【空格键】：输入数据的确认、重复执行上次的操作，这两点和鼠标右键相同。

3）命令的重复输入执行

画节点、两点直线的命令本身就是连续执行的。

其他命令一般是点击菜单后只执行一次，重复执行方式有三种：（1）按鼠标右键；（2）按【空格键】；（3）按【Enter】键。

4）参数对话框输入

（1）正交轴网

用对话框填参数方式建立一个正交轴网，作为模型轴网的一部分。详细介绍参见本章2.3.6节。

（2）圆弧网格

用对话框填参数方式建立一个弧线轴网，作为模型轴网的一部分。详细介绍参见本章2.3.7节。

5）导入dwg平面图

本菜单可把AutoCAD平台上生成的建筑平面图或结构平面图转化成结构平面布置的三维模型数据，从而节省用户重新输入建筑模型的工作量。程序根据dwg平面图上的各类图层，分别将它们转为这里标准层的轴线、柱、梁、剪力墙和墙上洞口。

程序可识别AutoCAD2010及其以下各种版本的dwg文件。

转图的工作原理是：dwg平面图由线条和字符等基本图素构成，没有物理意义，软件不可能自动从图上识别出平面建筑布置的内容，即不可能知道哪些是轴线，哪些是墙、柱等。所以用户人机交互操作的主要工作之一就是对各种构件指定其相对应的图素。一般图纸都把不同类别的构件画在不同的图层上，这就方便了程序的选取识别。比如识别轴线时，用户只要点取某一根轴线，则程序就会把与该轴线相同图层的图素都选中，把它们都归为轴线的内容。

dwg 平面图的轴线、墙、柱、梁等不同的构件一定要用不同的图层分开，如果该平面图上各种构件图层分类混乱，比如把梁、墙画到同一种图层上，则转图的效果可能不理想。

各类构件识别规则如下：

轴线网格：可将 AutoCAD 上选中的轴线层直接转成 YJK 的轴线网格；

柱：可将 AutoCAD 上柱图层中的封闭多边形转化成相应尺寸的柱截面，并将其布置在最近的轴线节点上；

墙和梁：必须是一对平行的墙线或梁线，且平行线之间的距离满足墙和梁宽度所设置的范围，即距离在最小墙（梁）宽和最大墙（梁）宽之间。当平行墙（梁）线附近有与之平行的轴线，且平行墙线的中心线与轴线之间的距离小于所设置"最大偏心距"时该墙（梁）布置在该轴线上，否则软件在该墙（梁）中心自动生成一条轴线。

软件可识别墙和梁的宽度，但是梁的高度需要人工补充输入。

门、窗洞口：是一个门窗图块或是平行的门窗线段，且位于墙上。软件可识别洞口的宽度和在墙上的位置，但是洞口的高度和窗台高需要人工补充输入。

导入 dwg 的对话框如下，用对话框右上的全屏显示控件可将随后的操作放大到全屏进行。

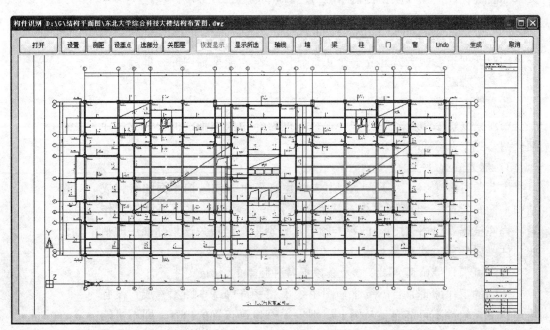

图 2-21　导入 dwg 图形对话框

通过转图对话框，完成转图的各项操作，并将转好的模型插入到当前标准层。

（1）打开

该命令就是选择并读取 AutoCAD 的 dwg 平面图文件，将其转换成相同名称的 dwy 图形文件并显示在对话框内。其操作如下图所示：

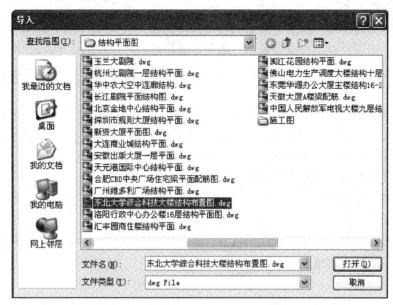

图 2-22　读取 dwg 图形对话框

（2）设置

这里设置的信息主要有：

构件尺寸补充输入：分别输入建筑构件的三维尺寸的缺省值，如门高、窗高、窗台高三个参数。此组参数值可取每种构件在该标准层中出现最多的尺寸值，当有个别构件与相应类别的输入值不符时，可在模型输入中修改。梁高由软件自动取和梁宽对应的相应数值。

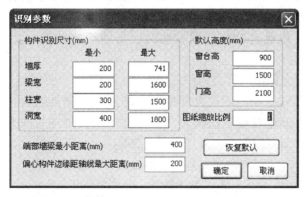

图 2-23　设置对话框

构件辨认尺寸值：单位均为毫米（mm）。转图前应大致查看当前图形中需进行转换的最厚及最薄的墙，最宽及最窄的梁，最大及最小的门窗洞口尺寸，以便分别输入各类构件的辨认尺寸值。查看梁宽或墙厚时，可采用菜单"测距"进行。这些值应尽量与当前工程图相适应，太大或太小都会使转图效果不理想。以墙为例，最大值太大或最小值太小，可能会使本不是一道墙的两条墙线错误配对为一道墙，造成墙体混乱，而最大值太小或最小值太大，会把厚度在所设置范围之外的墙（如厚墙或薄隔墙等）遗漏，造成少墙。

最大偏心距：其值表示墙体或梁的中心线与其所依据的最近网格线的距离不能大于它，否则，该墙、梁被忽略，或另行生成网格线。

端部短墙（梁）最小长度：端部短墙（梁）指的是单独伸出的墙肢或梁段，

当外围网格线布置的构件有向外偏心时，程序会在墙的伸出轴线范围内生成一小段端墙，该小段墙可能造成外围轴线上的构件不能和伸出墙正常连接。设置此参数，就是为了让程序能把生成的该小段墙再自动删去，因此该参数应大于图中最大偏心的数值。

（3）设基点

这是楼层组装时上下楼层相接的定位点。对于转换的多个标准层，一定要为每个标准层指定相同的基点，否则可能造成工程组装后，出现楼层错位，对不齐的情况。

（4）选部分

如果一个 dwg 平面图上布置有若干个标准层平面图时，需要用户框选当前需要转换的那层的平面图，此后软件只对用户选定的图形转换。

（5）关图层

关闭和模型转换无关的图形，以方便图形的选择。

（6）选择各类构件所在的图层

这是最主要的操作，分别点取轴线、柱、墙、梁、洞口菜单，选择对应于该菜单的图层或图素。

一般情况下，平面图上轴线、墙体、柱、梁、门、窗等每一类构件的图素会布置在相同的图层上，而他们之间不同类的构件的图层不一样而有区别，程序正是通过这些图层属性的区别才能将轴线、墙体、柱、梁、门、窗区分别辨认出来。

当用户用光标选择某类构件（如轴线）的某一个图素时，软件会自动选择和该图素具有相同图层属性的所有图素作为该类构件，并将它们隐藏。如果图面上还有属于该类建筑构件但是没有隐藏的图素，可继续选择，直到全部消失为止。如果选择错了图素，可点 Undo 菜单放弃刚做的选择。一般规范的图纸，同类构件（如轴线）都布置在同一个图层上（或很少几个图层上），因此这种选择只需一步或几步即可完成。

菜单【显示所选】用来显示所有选择过的用来转化的图形。菜单"恢复显示"用来恢复显示原始的 AutoCAD 平面图。

（7）生成

软件将作转化的计算，随后退出转图对话框，并在建模状态下显示转换完成的模型。用户应马上用鼠标移动光标位于原点的模型，并插入到当前楼层正确的平面位置上。

接着应对转换完成的模型编辑修改，直到满足要求。

2.3.3 绘图基本操作和工具

1）坐标系

轴线输入和模型输入在世界坐标系（WCS）下工作，世界坐标系英文全称为 World Coordinate System，包括 X 轴、Y 轴和 Z 轴。WCS 坐标轴交汇点位于坐标系原点，所有的位置设置都是相对该点进行计算的，并且沿着箭头所指的方向为正方向。

在平面视图状态下 WCS 坐标原点标示图见图 2-24。

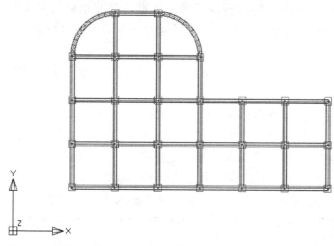

图 2-24　平面视图状态下 WCS 坐标原点标示图

在三维轴测视图下 WCS 坐标原点标示图见图 2-25。

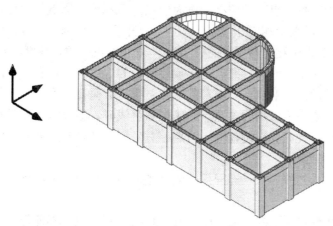

图 2-25　三维轴测视图下 WCS 坐标原点标示图

用户建立的模型的起始点一般应在坐标原点附近，如果模型距离坐标原点太远可能造成某些环节的异常现象。

下面介绍输入轴线时坐标准确定位的若干方法。

2) 键盘坐标输入方式

画图有两种方式：一是用鼠标直接在屏幕上画，二是用键盘输入数据精确定位来画。在工程应用上需要精确定位画图，因此只有当主要图形已经建立时，可用鼠标直接画的方式连接已有的图线，在大多数情况下，需要用键盘输入数据精确定位画图的方式来创建图形，用键盘输入数据画图的方式是用得最多的。

用键盘输入数据时，有输入两个数据方式和输入一个数据方式。输入两个数据方式是输入距离一个已知点的相对坐标，输入一个数据方式是输入沿着追踪线或拖拽线方向的距离。因此，两个数据方式输入的条件是必须出现有参照点，一个数据方式输入的条件是必须出现追踪线或拖拽线。键盘坐标输入方式的特点是输入两个数据，因此也称为输入两个数据方式。一个数据方式就是在下文"鼠标键盘配合输入相对距离"里讲述的输入方式。

程序提供两种输入相对坐标的方式：相对 X、Y 坐标方式和相对极坐标方式。

（1）相对坐标或相对 X、Y 坐标（Relative Coordiante）

相对坐标是一点（假如 A 点）相对于一参照点（假如 B 点）的位置。用户可以输入"X，Y"来输入相对坐标点。一般情况下，绘图中常把上一操作点看作参照点，后续操作都是相对上一参照点而进行的。如果上一参照点的坐标是（5000，3000），通过键盘输入下一点的相对坐标"6000，4000"，则等于确定了该点的绝对坐标为（5000＋6000，3000＋4000），即（11000，7000）。

（2）相对极坐标（Relative Polar Coordinate）

相对极坐标通过相对于某一参照点的极径和偏移角度来表示。相对极坐标是以上一操作点（参照点）作为极点，而不是以原点作为极点。通常用"R＜a"来表示相对极坐标。其中 R 表示极径，a 表示角度。例如，"5000＜45"表示相对参照点的极径为 5000 个绘图单位，角度为 45°的点。

输入相对坐标时，参照点是必须要明确的。鼠标对已有图素的动态捕捉点是最常用的参照点，如图素的端点、中点、垂足、圆心等。另外，拖拽线的起始点也是常用的参照点，比如画直线时，输完第一点后移动鼠标出现拖拽线，此时如在键盘输入两点相对坐标，即得到距离直线第一点相对坐标的第二点。

连续输入直线时，动态捕捉的端点作为参照点自动跟进到最后一次输入的点上。

在仅出现参照点时，必须输入两个数值才起作用，不能用一个数值输入方式，只输入一个数时为无效作用。

在绘制图形时，软件还提供了两种绝对坐标的精确定位方法，即绝对X、Y 坐标和绝对极坐标，它们是以原点为参照定位的。绝对坐标定位输入方式用得相对不多。

绝对坐标（Absolute Coordinate）以原点（0，0，0）为基点定位所有的点。程序设置的坐标原点如上节介绍的明显标示所示。绘图区内的任何一点都可以用"！X，Y，Z"的形式来表示，如在命令提示区输入"！5000，5000"表示绝对坐标（5000，5000，0）。

绝对极坐标（Absolute Polar Coordinate）是通过相对于原点的距离和角度来定义一个点的坐标。在默认情况下，程序是以逆时针方向来测量角度。水平向左为 0°（或 360°）方向，90°为垂直向上，180°为水平向左，270°为垂直向下。程序中用"！R＜a"来表示绝对极坐标。其中！表示绝对，R 表示极径，a 表示角度。例如，"！20＜30"表示相对原点的极径为20 个绘图单位，与 X 轴正方向夹角为 30°的点。

示例：欲输入一条折线，它由 3 段直线段组成，如图 2-26 所示。第 1段 AB 段 30°方向，长 6000。第 2 段 BC 段 0°方向，长 6000，第 3 段 CD 段－90°方向，长 6000。具体操作过程如下：

点取菜单中的【折线】项，第一点 A 由绝对坐标（10000，20000）确定，在"输入第一点"的提示下在命令提示区键入"！10000，20000"，按键盘上的【回车】键确认。

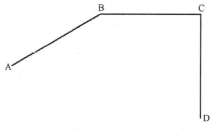

图 2-26　坐标输入示例

第二点 B 希望用相对极坐标输入，该点位于第一点 30°方向，距离第一点 6000。这时屏幕上出现的是要求输入下一点的提示，这时键入"6000＜30"，按键盘上的【回车】键输入相对极坐标，即完成第二点输入。

第三点 C 用相对坐标输入，键入"6000"并按【回车】键（Y 向相对坐标 0 可省略输入）。

第四点 D 用相对坐标输入，键入"0，－6000"并按【回车】键，完成。

3）利用动态捕捉追踪方式输入点

用户输入一点后该点即出现橙黄色的方形框套住该点，随后移动鼠标在某些特定方向、比如水平或垂直方向时，屏幕上会出现拉长的虚线，这时输入一个数值即可得到延虚线方向该数值距离的点。我们称这种虚线为追踪线。这种输入方式为追踪线方式，或称为动态捕捉追踪方式。这种方式非常方便操作。

用鼠标在任何点上稍作停留（悬停）都会在该点出现橙黄色方形框，这样的点包括对已有图素的对象捕捉点，该点即成为参照点，随后都可采用追踪线方式。

程序隐含设定的追踪线方向是水平方向和垂直方向，用户还可定义其他角度的方向。

4）鼠标键盘配合输入相对距离

在出现动态追踪线或拖拽线时，用键盘输入一个数值，即可得到距离动态追踪线或拖拽线起点并沿着该线方向、长度为输入数值的一个新点。

这也是常用的输入方式，条件是必须出现动态追踪线或拖拽线。追踪线为白色虚线，鼠标在某点悬停后稍向 0 度或 90 度方向偏移，即可出现经过该点的 0 度或 90 度的白色追踪线。在动态捕捉"延长线"或"平行线"方式下的沿着某直线的延长线或者平行线移动虚线也是白色动态追踪线。拖拽线为实线，鼠标画完直线第一点后移动即出现拖拽线。

由于输相对距离时，需要先用鼠标在屏幕上拉出方向，再用键盘输入距离数值，我们称这种方式为鼠标键盘配合输入相对距离方式，或者输入一个数据方式。例如对上面的三段直线段的输入，点取第一点 A 后，按【F4】键进入角度捕捉状态，在 30°方向拉出直线，键盘输入距离数值"6000"并按【回车】键给出 B 点，再在 0°方向拉出直线，键盘输入"6000"并按【回车】键给出 C 点，再在-90°方向拉出直线，键盘输入"6000"并按【回车】键给出 D 点。

另外，如果在出现动态追踪线或拖拽线时，用户用键盘输入两个数值，则程序自动按照相对坐标方式确定新点，此时的动态追踪线或拖拽线将不再起作用。

5）选择参照点定位

这个功能就是用已知图素上的点作参照，找出和它相对坐标的点。操作是：将光标移动到参照的节点，稍作停留后该节点上将出现橙黄色的方形框，这说明参照点已经选好，再用键盘输入与该点的相对距离，就得到需要输入的点。

参照定位点是指已有的节点，或者是已有图素的各种对象捕捉点，如端点、中点、圆心、多图素交点等。

如果需要输入的点在参照点的水平或垂直方向，当参照点上的橙黄色的方形框出现后，接着在水平或垂直方向拉动鼠标会出现水平或垂直的虚线，虚线也称为动态捕捉追踪线，这时输入一个距离值即可得到需要输入的点。

6）对象捕捉

在绘图的过程中，经常要找到一些对象的特征点，例如端点、中点、交点、垂足、圆心、延长线上的点、平行线上的点等。如果依靠手工寻找，很难精确找到这样的点。程序提供的对象捕捉功能可以自动找出对象中这样的点，并用不同的符号给出提示，用户点取鼠标直接确认，即可方便地找到这些特征点。

最常用最方便的方式是对象捕捉的自动捕捉方式，即系统自动帮用户选定一批常用的图素对象特征点，如端点、交点、中点、垂足、圆心等。当用户已有图素时，光标移动到图素上的这些特征点时会自动给出符号提示用户已捕捉到，不同的特征点程序给出不同的符号，用户点取鼠标确认即可自动捕捉到这些特征点。

设置对象捕捉的方式和 AutoCAD 相似，在屏幕最下一行状态栏中设置的按钮是：![buttons]，分别为极轴、对象捕捉、对象追踪的功能开关与设置菜单，鼠标靠近中间的对象捕捉菜单，再点击鼠标右键，点取出现的"设置"菜单，屏幕即出现对象捕捉设置对话框（图 2-27）：

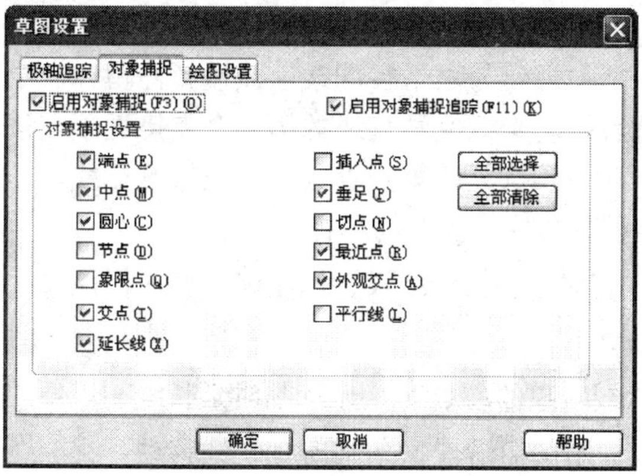

图 2-27　对象捕捉图

图 2-28　单种捕捉

用户可将自己最常用的对象捕捉的目标打勾。

程序还提供了一种称为【单种捕捉】方式，即可以在捕捉点的过程中随时选择某一种特定的捕捉对象，如中点、平行线、圆心等（图 2-28）。操作方法是按住【Shift】＋鼠标右键，屏幕即出现捕捉对象选择框，从中选择一种后，随后一步的捕捉操作将只按照选择的对象进行：

在程序中，可以指定的【对象捕捉】特征点类型如下：

基点![基点]：捕捉到文字、字符、块、填充图案、线图案等的基点；

端点![端点]：捕捉到圆弧、直线、放射线等最近的端点或捕捉实体最近角点；

交点![交点]：捕捉到圆弧、圆、椭圆、椭圆弧、直线、双线、多段线、放射线的交点；

垂足![垂足]：用于从一点向其他直线，或者向一个圆、圆弧、椭圆、椭圆弧画一条正交垂线。当使用该捕捉方式并选择了一个对象后，系统将计算被选中对象上的点，使得所选择的点与直线正交垂直；

动态交点![动态交点]：动态显示从一点出发，与圆弧、圆、椭圆、椭圆弧、直线、双线、多段线、放射线等的交点，用来辅助获取其他交点；

中点![中点]：捕捉到圆弧、椭圆、直线、多线、多段线线段的中点；

最近点![最近点]：一般认为将会捕捉到距离某个对象最近的一个点；

圆心![圆心]：捕捉到圆弧、圆、椭圆或椭圆弧的中心点。在使用该方式时，可以将光标放到圆心位置上，也可以放到圆周上；

切点![切点]：捕捉到圆弧、圆、椭圆、椭圆弧的切点。当正在绘制的对象需要捕捉一个以上的切点时，自动打开"递延切点"捕捉模式。例如，可以用"递延切点"来绘制与两条弧、两条多段线弧或两条圆相切的直线；

象限点◇：捕捉到圆弧、圆、椭圆、椭圆弧象限节点；

平行线∥：捕捉到和选定的直线平行的线上的点，以便画出和选定的直线平行的直线。使用该捕捉方式需要在画直线操作过程中操作，即先画出直线的第一点，在画第二点前按【Shift】＋鼠标右键，选择捕捉对象框上的平行线方式，然后移动鼠标在需要与之平行的线上做短暂停留，一个平行线标识出现在该线上，然后移动光标使画直线的第二个点接近于与该直线对象平行的角度，即可出现一条从直线第一点延伸的虚线平行线，在该虚线平行线上选择第二点定位即可完成需要的平行线；

节点⊠：捕捉到点对象、直线、多段线线段、标注定义点或标注文字起点；

延长线⋯：当光标经过直线对象的端点时，显示临时延长线，以便用户使用延长线上的点绘制对象。用鼠标沿着这条临时延长线移动，光标会一直位于延长线上，此时单击鼠标左键，将会捕捉到直线上的点。

2.3.4 形成网点

可将用户输入的几何线条转变成楼层布置需用的白色节点和红色网格线，并显示轴线与网点的总数。

形成网点的操作大多数情况下程序自动执行，为的是保证在构件布置、荷载布置等的操作之前形成正确的定位节点。自动形成网点的时机有几个：（1）程序在从画轴线菜单切换到其他菜单时；（2）存盘操作时；（3）切换楼层时。

2.3.5 轴线命名

"轴线命名"是在网点生成之后为轴线命名的菜单。在此输入的轴线名将在后面的计算简图及施工图中使用。软件自动对已有的网格节点进行归并，将接近一条直线上的网格视为处于同一轴线。软件提供了为所有这样的轴线进行命名的功能。

软件可为平行的一组轴线自动顺序命名，即仅选定第一根直轴线并输入名称（例如1、A等），软件即可自动分析名称的规律为其右方或上方的所有平行轴线自动命名。对次要构件处的轴线（如次梁处）也可以跳过不命名。

在轴线命名时，凡在同一条直线上的线段不论其是否贯通都视为同一轴线。命名时有多种操作方式，可对轴线逐一操作命名，对于平行的直轴线可以进行成批的命名，这时程序要求点取相互平行的起始轴线以及虽然平行但不希望命名的轴线，点取之后输入一个字母或数字后程序自动顺序地为轴线编号。对于数字编号，程序将只取与输入的数字相同的位数（注意：同一位置上在施工图中出现的轴线名称，取决于这个工程中最上1层

或最靠近顶层的层命名的名称），所以当想修改轴线名称时，应重新命名
最上一层（或最靠近顶层的层）。

2.3.6　正交轴网

点击轴网输入菜单中的【正交网格】子菜单项，打开正交轴网定义界
面，如图 2-29 所示。

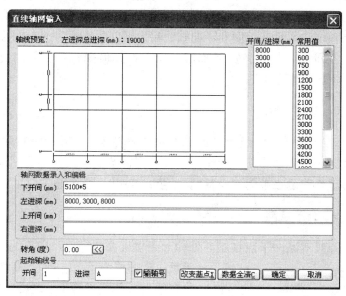

图 2-29　正交网格定义

正交轴网是通过定义开间和进深数值形成正交网格，开间是指横向从
左到右连续各跨跨度，进深指竖向从下到上各跨跨度，跨度数据可用光标
从屏幕上已有的常见数据中挑选，或从键盘输入。

（1）轴网预览

动态实时显示在该界面定义的矩形轴网和标注；鼠标的滚轮可以对预
览窗口中的轴网进行实时比例放缩，按下鼠标中键还可以平移预览图形。

（2）轴网数据录入和编辑

定义轴网上下开间、左右进深数据，用户可直接输入数据，也可在界
面右上侧双击选择常用的数值。

转角：插入轴网时的旋转角度，逆时针为正，顺时针为负。

（3）起始轴线号

勾选"输轴号"选项，轴网显示视图显示在此处命名的横向、竖向轴
线号。

（4）其他

【数据全清】：清空该界面所有数据；

【改变基点】：基点即插入到模型视图中的插入点。点击此按钮，轴网
显示窗口上会显示变换后的基点，图中以白色差号表示；多次点击可在轴
网四个角端点间进行切换。

将矩形轴网定义好后，点击【确定】按钮，即可将该轴网插入到当前

模型视图中，作为模型轴网的一部分，然后继续轴网定义和修改，直至符合模型用的轴网定义完成。

2.3.7　圆弧轴网

点击轴网输入菜单中的【圆弧网格】子菜单项，打开弧形轴网定义界面。圆弧轴网是一个环向为开间，径向为进深的扇形轴网。

开间是指轴线展开角度，进深是指沿半径方向的跨度，内半径、旋转角是径向轴线端部延伸长度和环向轴线端部延伸角度。

在该界面中需要定义弧形轴网各数值，其他操作步骤基本同矩形网格，这里不再详细介绍。

2.3.8　轴网编辑

通过该菜单可对已经布置的轴线或轴网进行删除、复制、移动、旋转、镜像、偏移等修改编辑操作。如果该网格节点上已经布置了构件，则其上的构件也将随之被删除、复制、移动、旋转、镜像等。

2.3.9　上节点高

上节点高是某一节点在层高处相对于楼层高的高差，向上为正，向下为负，程序隐含为每一节点高位于层高处，即其上节点高为 0。改变上节点高，也就改变了该节点处的柱高和与之相连的墙、梁的坡度。用该菜单可更方便地处理像坡屋顶这样楼面高度有变化的情况（图 2-30）。

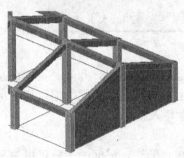

图 2-30　改变上节点高形成坡屋面

程序提供三种设置上节点高的方式，分别为：单点、两点和三点，点取三种方式后分别给出的参数如图 2-31 所示。

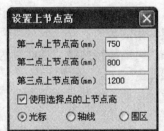

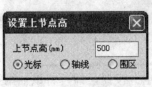

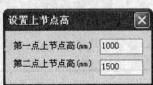

图 2-31　改变上节点高方式

1) 单点方式：直接输入节点抬高值或降低值（单位：mm），接着可以逐个点取需设置该上节点高的节点，可以按多种选择方式选择节点，如光标逐个点取方式、按照轴线选取方式、开窗口选取方式；

2) 两点方式：两点方式用于位于同一轴线上的上节点高成批输入，用户需输入同一轴线上两个节点的抬高值，一般存在高差，确定后程序自动将此两点之间的其他节点的抬高值按同一坡度自动调整，从而简化逐一输入的操作；

3) 三点方式：用户输入三个节点的上节点高值，程序可据此形成一个斜面，再分别点取按照该斜面设置上节点高的节点。操作是：在对话框中输入三个节点的上节点高值，顺序点取这三个值所属的节点，这以后程序已经形成了一个斜面，用户接着需点取所有在该斜面上的节点。用这种方式可以快速完成一整片斜坡屋面的输入。

在三点方式的对话框中还设置了选项：使用选择点的上节点高。如果平面模型上已经有了可以设置斜坡面的三个节点，可以不用输入具体的三个节点的数值，直接点取那三个节点即可。

例如需要将图 2-32（a）所示模型通过节点抬高而形成图 2-32（b）所示的坡面，操作方法为：在节点抬高对话框中设定三点的抬高值→在图形上依次选取三点→此时程序提示选择需要抬高的其他点，框选上该层所有节点→点鼠标右键退出，操作完成。

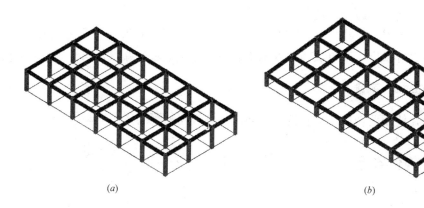

(a)   (b)

图 2-32　节点抬高示例

2.3.10　清理网点

清除本层平面上没有用到的网格和节点。程序会把平面上的无用网点，如作辅助线用的网格、从别的层拷贝来的网格等全部清理，以避免无用网格对程序运行产生的负面影响。网点的清理遵循以下原则：

① 网格上没有布置任何构件（并且网格两端节点上无柱）时。

② 节点上没有布置柱、斜杆。

③ 节点上未输入过附加荷载并且不存在其他附加属性。

④ 与节点相连的网格不能超过 2 段，当节点连接 2 段网格时，网格必

须在同一直轴线上。

⑤ 当节点与 2 段网格相连并且网格上布置了构件时（构件包括墙、梁、圈梁），构件必须为同一类截面并且其偏心等布置信息完全相同，相连的网格上不能有洞口。

2.3.11 节点归并

可将靠近的两个或多个节点归并到一起。点取本菜单后出现如图 2-33 对话框：

图 2-33 节点归并

由用户选择是在本层内归并，还是在上下层之间归并。可以修改归并间距，程序隐含设置 50mm 为归并间距。

（1）本层归并

本层归并是将本层内相距小于归并间距的节点归并成一个节点，归并的位置是随机的本归并节点中的一个的位置。程序在全层自动搜索可以归并的节点。

（2）层间归并

可在相邻的各层间归并节点。用户先要指定归并的层号，然后指定归并的节点，程序将其他层在归并距离内的节点向本层节点位置归并。这里要求用户用光标逐个指定需要归并的节点。

当上下层相连柱的布置节点不在同一个位置时，程序将提示上层柱悬空。此时可以用本菜单层间节点归并的方法将上下层节点归并到一起。

2.3.12 测量

用户使用此功能可以查询两点间、点到线间的距离或角度。

2.4 构件布置

2.4.1 概述

当前标准层的轴线网格定义完毕后，即可在轴网上布置各类构件。

通过图 2-34 的构件布置菜单在轴网上布置柱、梁、墙、墙洞、斜杆、次梁等构件，并定义该标准层构件的材料属性等。

1）各类构件的主要性能及属性

图 2-34 构件布置菜单

柱：布置在平面节点上，必须垂直。上到楼层标高处，跟随上节点高，下到楼层底部，可由底标高控制缩短和延伸。

梁：布置于网格上，梁顶与楼面平齐，可随上节点高调整坡度，可由左、右标高控制其错层高差。

墙：布置于网格上，必须垂直。墙高度默认同层高，但墙顶会随上节点高和墙顶左、右标高变动，墙底可通过墙底标高控制缩短或延伸。

墙上洞口：限于矩形，布置在墙上。

斜杆支撑：有两种布置方式，按节点布置和按网格布置。斜杆在本层布置时，其两端点的高度可以任意，即可越层布置，也可水平布置，用输标高的方法来实现。注意：斜杆两端点所用的节点，不能只在执行布置的标准层有，承接斜杆另一端的标准层也应标出斜杆另一端的节点。

次梁：布置时是选取它首、尾两端相交的主梁或墙构件，连续次梁的首、尾两端可以跨越若干跨一次布置，不需要在次梁下布置网格线，次梁的顶面标高和与它相连的主梁或墙构件的标高相同。

斜墙：斜墙也是布置在网格上，但布置时对墙的层底位置增加 3 个参数：下端偏轴距离、下起点外扩距离、下终点外扩距离。如果输入了下端偏轴距离，则该墙平面不再垂直；如果输入了下起点外扩距离或下终点外扩距离，则该墙左边或右边不再垂直。

可以看出，斜墙就是墙平面不垂直的墙，或者墙左边或右边不再垂直的墙。

对于构件的布置，软件将其属性分为两个层次，第一是截面定义，第二是布置时的偏心等参数属性。通过截面定义的截面可以在全楼通用，可以属于通用属性。布置时的参数属性是平面上每一根杆件单独具有的属性，即每根杆件都可单独赋值，与其他杆件可以不同。

2）构件截面定义

各种构件布置前必须要定义它的截面尺寸、材料、形状类型等信息。每类构件的每种截面都有专门的对话框指引用户按参数化的方式进行定义。所有定义过的截面都将在布置对话框中列出，选定后即可进行该截面的构件布置。

构件截面定义数据与平面上布置的构件数据是分别管理的。这种管理方式的优点是：

（1）构件截面定义数据全楼统一，参数相同的截面定义一次即可，不必重复定义。定义好后可在任一楼层进行布置。因为柱、梁、墙的截面数量都是有限的。

（2）构件布置到平面上后，其截面信息仍然和其对应的截面类型绑定。例如按 1 号截面 500×500 布置的矩形柱，布置完成后将 1 号截面改为 600×600，则所有楼层上原先按 1 号截面布置的矩形柱尺寸都自动变为 600×600。

（3）删除一类截面类型，则按该截面类型布置的所有构件将同时从各

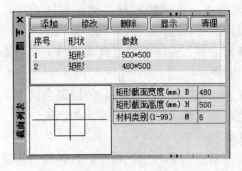

图 2-35 构件截面定义

层平面中删除。

构件截面列表框上的各个功能按钮说明如下：

【添加】：新建一个新的截面类型。点击此按钮，弹出构件截面定义对话框（图 2-35），输入构件截面类型、几何尺寸、材料类别等相关参数（图 2-36）。点击确定完成新截面的添加。

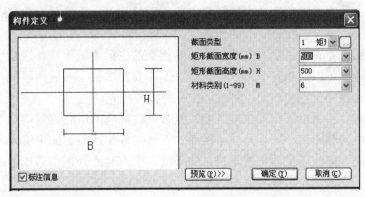

图 2-36 添加构件菜单

【修改】：修改已经定义过的构件截面形状类型、尺寸及材料，对于已经布置于各层的这种构件的属性也会自动改变。操作方式与添加相同。

【删除】：删除已经定义过的构件截面定义，已经布置于各层的这种构件也将自动删除。

【显示】：用于查看指定的构件类型在当前标准层上的布置状况。操作方式：例如先在柱截面列表中选择 1 号截面，再点击"显示"按钮，标准层上所有属于 1 号截面的柱子亮显。

【清理】：自动清除定义了但在整个工程中未使用的截面类型，这样便于在布置或修改截面时快速地找到需要的截面。

3）基本构件的布置及参照定位

构件布置是将定义好的构件截面类型布置到平面上，真正建立本层结构模型的过程。

构件的布置是完全依赖节点、网格进行定位的。布置时需要指定相对于定位网点的偏移、转角以及相对于楼层上下面的标高。构件即使布置到平面后，仍然会随着网点的变动而变动。网点拖拽、删除、归并都会带动网点关联的构件。

柱布置在节点上，每节点上只能布置一根柱。

梁布置在网格上，一道网格上可以布置多道梁，但各梁标高不应重合。用此功能可以实现层间梁的建模。

墙布置在网格上，两节点之间的一段网格上仅能布置一道墙。

洞口需布置在有墙的网格上，洞口在平面上可以超出关联墙体的范围而跨入同轴相连墙体内，但本软件不允许一个洞口跨越 2 片以上的墙体，并且洞口高度不可超出所在墙体顶部。

可见，在节点、网格上布置构件具有唯一性：一个节点上仅能布置一根柱，再往其上布置其他柱时，原柱被删除；在一段网格上仅能布置一片墙或指定标高上的唯一一道梁。另外，当两节点之间既布置了直网格又布置了圆弧网格时，虽然两段网格都能布置上构件，但后续程序也无法处理，正确的做法是在圆弧上增加一个节点，将圆弧打断为 2 段网格。需要说明的是，唯一性仅针对同类构件有效，不同的类型的构件则是可以重复布置的，比如在柱的同样位置可同时布置斜杆，在同一网格可同时布置梁和墙、梁和斜杆或墙和斜杆，也可以布置标高不同的梁。

软件的建模方式之所以设计如此，是因为这样做适合于大多数建筑工程的建模和设计：

（1）根据最主要特征，如柱垂直，从底到顶，用节点定位；梁与楼层齐平；墙垂直，与上顶下底齐平，用网格定位等，这样的设计使建模步骤大大简化。

（2）网格相交性、布置的唯一性等保证后续设计的顺利进行。

这两种特性的必要性在于：网格、构件如果互相跨越，则软件无法自动生成楼板、房间，从而无法正确进行荷载导算和楼板设计等工作，也将导致软件出现死循环等现象。而构件布置的唯一性在交互过程中直接规避了同一位置存在多个同类构件的问题，该处理对于后续各软件是不可或缺的，否则重叠的构件将引起计算和设计的异常，却很难在模型中检查出问题。

（3）构件布置，截面公有属性与偏心等参数的个别属性、构件截面库的使用也使建模过程和模型数据得以简化。

4）柱、梁、墙的偏心布置

构件布置虽然完全按节点网格对应，但相对定位的网格节点可以有偏离。

柱相对于节点可以有偏心和转角，柱宽边方向与平面坐标系 x 轴的夹角称为转角（图 2-37）。沿轴偏心、偏轴偏心中的轴指柱截面局部坐标系的 x 轴，即：沿柱宽方向（转角方向）的偏心称为沿轴偏心，右偏为正，沿柱截面高方向的偏心称为偏轴偏心，向上为正。柱沿轴线布置时，柱的方向自动取轴线的方向。

墙、梁的偏心指墙、梁中心线偏离定位网格的距离。

布置墙上洞口时，输入洞口左下节点距网格左节点距离和与层底面的距离。除此之外，还有中点定位方式，右端定位方式和随意定位方式，在提示输入洞口距左（下）节点距离时，若键入大于 0 的数，则为左端定位，若键入 0，则该洞口在该网格线上居中布置，若键入一个小于 0 的负数（如-D），程序将该洞口布置在距该网格右端为 D 的位置上。如需洞口紧贴

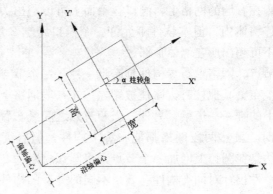

图 2-37　偏心示意

左或右节点布置，可输入 1 或－1（再输窗台高），如第一个数输入一个大于 0 小于 1 的小数，则洞口左端位置可由光标直接点取确定。

软件也提供了拾取功能，可以直接取得已有构件的偏心等布置信息。

5）柱、梁、墙的标高参数

除偏心参数外，柱、梁、墙在布置时还可以指定其端部标高。其中柱可指定柱底标高，控制柱底伸长或缩短（柱顶的与层高的偏差可以用输入"上节点高"来调整）；梁可指定两端各自的标高，指的是与楼层高的差值，为 0 时即和层高相同；墙可指定两端各自的标高和底标高，顶标高的概念同梁，墙底标高的概念同柱底标高。其具体内容详见下节讨论。

2.4.2　构件布置

在标准层的平面布置建筑构件时，可以在平面投影下操作，也可以在三维的轴测状态下操作。点取 ⬛ 可以切换到平面状态，按住【Ctrl】＋鼠标中键移动可转换到三维轴测状态，用这种方式移动鼠标可方便地选择各种视角。

在平面显示状态下，程序对于图形采用线框方式，在三维轴测状态下显示时程序自动切换到实体模型状态。这是为了更清晰地表现布置的状况。

在三维状态下显示时，在平面上画的红色网格节点上会自动衍生出便于柱、梁布置的三维空间网格，即在节点上生出竖向直线，在楼层高度位置生出和平面网格对应的同样网格。这些生出的三维网格是为了便于构件的布置，如柱是垂直的，布置时可以点取竖向网格，梁的位置在楼层顶部，布置时可以点取楼层高度处的网格。

点取某一种构件布置菜单后，屏幕左侧将展开该类构件定义表，用鼠标从列表中选取某一个需要布置的构件截面后，直接移动鼠标到右侧层模型上相应的位置布置即可。

构件的布置可以采用以下几种方式：（1）鼠标直接点取构件所在的网格或节点；（2）如果鼠标点在没有网格节点构件的空白位置，移动鼠标将拉出一个窗口，在该窗口框出的网格节点上将布置所选的构件；（3）参数设置的无模式对话框上设置有"光"、"轴"、"围"三个选项，代表光标点取、沿轴线、多边形围区截取三种布置方式，用光标点取某种布置方式即可按照该种方式操作。

采用光标点取方式布置构件时，程序有构件动态预览功能，在鼠标停留的节点网格上将显示出构件布置后的效果，可以很方便地确定构件的布置及参数是否正确。

当布置柱、梁、墙、洞口等构件时，和构件截面列表同时出现一个偏心等布置参数信息对话框（图 2-38），这是无模式对话框，如不修改其窗口中隐含数值则可不操作该对话框而直接在网格节点上布置构件。如果需要输入偏心信息时，应点取对话框中项目输入，该值将作为今后布置的隐含值直到下次被修改。用这种方式工作的好处是当偏心不变时每次的布置可省略一次输入偏心的操作。

图 2-38　柱布置参数

如感觉屏幕上显示的无模式对话框的位置妨碍了布置操作，可用光标点取蓝框移开该对话框。

1）柱

在建立的轴网节点上布置柱构件，且一个节点只能布置一根柱，如果在已布置柱的节点上再布置柱，则被当前柱替换。

点击柱菜单后在屏幕左侧弹出柱截面定义对话框，同时弹出柱的布置参数框，如图 2-39 所示：

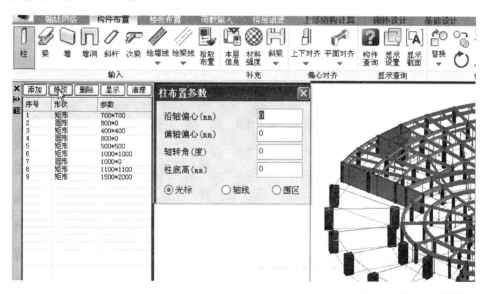

图 2-39　柱布置工作界面

用鼠标在柱截面定义列表中点取一种柱截面后，移动鼠标到平面上需要的位置，点击鼠标左键即可完成一根柱的布置。如果该柱存在偏心、转角，可同时在屏幕上的柱布置参数框中填写相应的参数值。

（1）柱的截面类型

点柱截面列表上的【添加】按钮，弹出柱的截面定义的对话框如下，要求定义柱的截面形状类型、尺寸及材料（混凝土或钢材料）。如果材料类别输入 0，保存后自动更正为 6（混凝土）。如果新建的截面参数与已有的截面参数相同，新建的截面将不会被保存。柱最多可以定义 300 类截面。

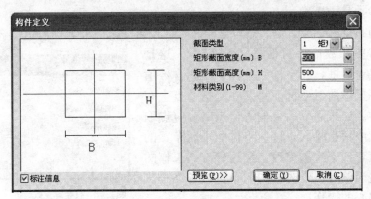

图 2-40　构件定义

如果需要更改截面类型，点【截面类型】右侧的按钮，弹出截面类型选择对话框（图 2-41），选择相应的截面类型即可。柱目前共有 25 类标准截面类型，各种类型截面的详细说明参见用户手册后面的附录 A。

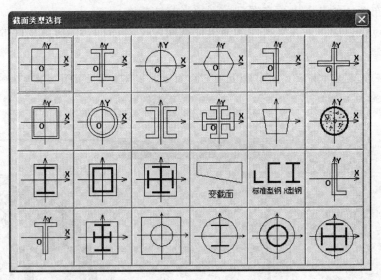

图 2-41　截面类型选择

（2）柱的布置参数

柱的布置参数有 4 个：沿轴偏心、偏轴偏心、轴转角（度）、柱底高，见图 2-42。

沿轴偏心：柱相对于节点可以有偏心，沿轴偏心指沿柱宽方向的偏心，沿柱宽向右偏心为正，反之为负；柱沿轴线布置时，柱的方向自动取

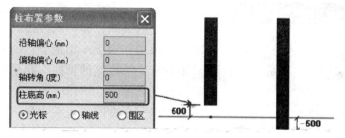

图 2-42　柱布置参数

轴线的方向。

偏轴偏心：指沿柱高方向的偏心，沿柱高向上偏心为正，反之为负；

轴转角（度）：定义柱截面的旋转角度。柱宽边方向与 x 轴的夹角称为转角，逆时针为正；

柱底高（mm）：指柱底相对于本层层底的高度。柱底高于层底时为正值，低于层底时为负值。可以通过调整柱底标高来建立越层柱。

程序取柱顶高度为本层层高。当柱所在节点有上节点高的向上或向下的调整时，柱高跟随上节点高的调整。

注意在使用底标高参数时，应限于柱往下层延伸的长度不超过下层层高。不应使柱往下跨越下层的一整个楼层甚至数个楼层，因为跨越整个层的越层柱可能使计算程序在楼层质量分配、风荷载计算等出现误差。出现跨越整层的越层柱时可将其在跨越的各层分别输入。

程序在建模退出时设置了【跨越整层的越层柱自动打断】选项，可将用户输入的跨越整层的柱或墙自动打断、分到下面相应层中。

L 形截面和 T 形截面的柱布置时的插入点为翼缘和腹板中心线的交点（槽型截面和十字形截面的插入点在截面高度一半处），因此使用 L 形、T 形截面进行输入时，较按槽型和十字形等截面输入可以省去偏心的计算。

2）梁

在建立的轴网格线上布置梁构件。一个网格线上通过调整梁端标高可布置多道梁，但两根梁之间不能有重合部分。

点击梁菜单弹出梁截面定义对话框，如图 2-43 所示：

在梁截面定义列表中点取一种梁截面，点击布置即可进入梁布置截面，如图 2-44 所示：

梁的布置参数有 3 个：偏轴距离、梁顶标高 1、梁顶标高 2。

偏轴距离：梁布置时相对于轴线的偏心。

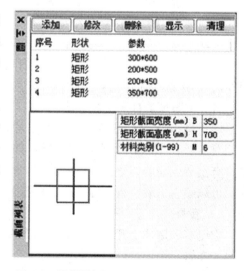

图 2-43　梁截面定义

图 2-44　布置梁

梁顶标高 1（梁顶标高 2）：梁构件相对于楼层顶处的高差，即降低或抬升梁。梁顶标高指梁两端相对于本层顶节点的高差。如果该节点有上节点高的调整，则是相对于调整后节点的高差。

如果梁所在的网格是垂直的，梁顶标高 1 指下面的节点，梁顶标高 2 指上面的节点，如果梁所在的网格不是垂直的，梁顶标高 1 指网格左面的节点，梁顶标高 2 指网格右面的节点。

层间梁的布置：由于一道网格上允许布置多道梁，故通过在梁布置时设置【梁顶标高】，即可完成层间梁的布置。

3）墙

在建立的轴网格线上布置墙构件。布置方式同梁。不同的是，墙体布置前需定义墙的厚度、材料属性，如图 2-45 为墙体定义对话框。

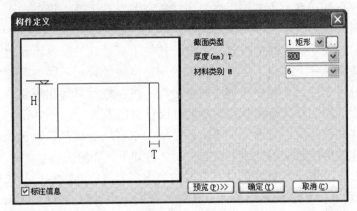

图 2-45　墙体定义

墙的布置参数有 4 个：偏轴距离、墙底高、墙顶高 1、墙顶高 2，见图 2-46。

偏轴距离：墙布置时相对于轴线的偏心。

墙底高：指墙底相对于本层层底的高度。墙底高于层底时为正值，低于层底为负值。可以通过调整墙底标高来建立跃层墙。

墙顶高 1（墙顶高 2）：墙顶高指墙顶两端相对于所在楼层顶部节点的高度，如果该

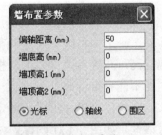

图 2-46　墙体布置参数

节点有上节点高的调整，则是相对于调整后节点的高度。通过修改墙顶标高，可以建立山墙、错层墙等形式的模型。

4）墙洞

在已有的墙体上开洞口。洞口布置在有墙的网格线上，且一段网格线上只能布置一个洞口（图 2-47）。

墙洞布置参数有 2 个：底部标高、定位距离。见图 2-48。

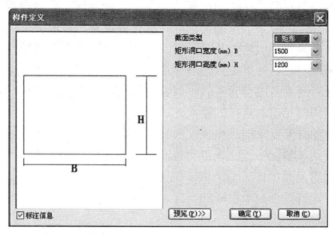

图 2-47　洞口截面定义

底部标高：墙洞口的底部标高。

定位距离：与下边的"靠左"、"居中"、"靠右"进行组合使用，对墙洞口进行定位。

定位方式有左端定位方式，中点定位方式，右端定位方式和随意定位方式，如果定位距离大于 0，则为左端定位，若键入 0，则该洞口在该网格线上居中布置，若键入一个小于

图 2-48　墙洞布置参数

0 的负数（如-D），程序将该洞口布置在距该网格右端为 D 的位置上。如需洞口紧贴左或右节点布置，可输入 1 或－1。如第一个数输入一个大于 0 小于 1 的小数，则洞口左端位置可由光标直接点取确定。

5）斜杆

布置斜杆支撑构件。斜杆的截面定义同柱构件，图 2-49 是斜杆支撑布置参数对话框。

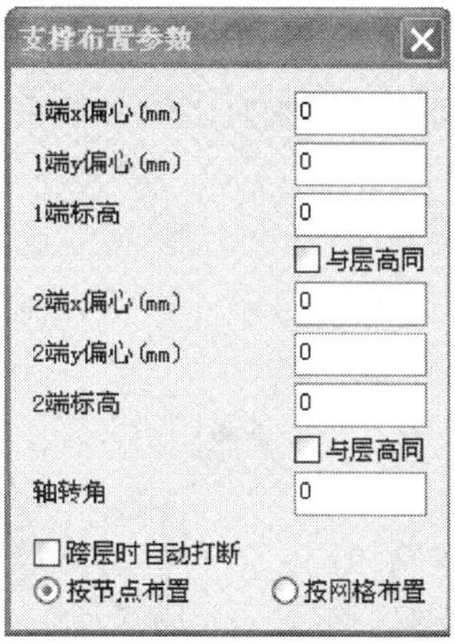

斜杆支撑布置参数有 8 个：

偏心（x、y）：定义支撑端点相对于节点的偏心值。

标高：定义支撑端点相对于层底的标高，如果勾选【与层高同】，标高处可不交互。

轴转角：定义支撑截面相对于截面中轴的转角，逆时针为正。

斜杆布置时还有一个重要的选项：【跨层时自动打断】。当输入的斜杆跨越一个或者数个楼层时，选此项可将该斜杆（斜柱）在各层层高处自动打断，打断后的斜杆分配到相应的标准层，在该层生成该斜杆布置必需的节点，或与该层其他杆件自动交接。

图 2-49　斜杆支撑布置参数

这种方式特别方便连续数层的斜柱的输入。斜柱跨越数层时困难的是

确定每层斜柱节点的坐标位置，逐层分段输入跨层斜柱时需要用户手工计算出每层斜柱上下两个节点的坐标，一旦计算不准将造成上下层斜柱不能正确连接。在使用跨层输入并自动打断方式下，用户可在组装好的多层模型上输入跨层斜柱，并事先只在起始层和终止层确定斜柱的节点。该斜杆输入后斜柱跨越的各层自动生成了斜柱在该层的节点，随后用户可用该节点和其他层构件相连。这样的输入方式既方便又准确。

这种自动打断要求楼层组装已经完成，且该斜柱跨越的必须是不同的标准层。否则该斜柱不能完成自动打断。用户对跨层斜柱的输入应在组装好的多层模型上操作。

对于小于或等于一个层高的斜杆，这项选项不起作用。

6）次梁

次梁与主梁采用同一套截面定义的数据，如果对主梁的截面进行定义、修改，次梁也会随之修改。

次梁布置时是选取它首、尾两端相交的主梁或墙构件，连续次梁的首、尾两端可以跨越若干跨一次布置，不需要在次梁下布置网格线，此梁的顶面标高和与它相连的主梁或墙构件的标高相同。

点击【次梁布置】按钮后，已有的次梁将会以单线的方式显示。次梁的端点可以不在节点上，只要搭接到梁或墙上即可。按软件的提示信息，逐步输入次梁的起点、终点后即可输入次梁。如果希望按房间布置，可以先布置某一个房间的次梁，再用工具条上的【拖动复制】按钮将此房间的次梁全部选取，再将其复制到其他相同的房间内。次梁的端点一定要搭接在梁或墙上，否则悬空的部分传入后面的模块时将被删除掉。如果次梁跨过多道梁或墙，布置完成后次梁自动被这些杆件打断。

因为次梁定位时不靠网格和节点，是捕捉主梁或墙中间的一点，经常需要对该点准确定位。常用到的方法就是"参照点定位"，可以用主梁或墙所在网格的某一个端节点作参照点。首先将光标移动到定位的参照点上，靶区将停靠在该参照点，然后再输入相对偏移值，或拉出追踪线后输入数值即可得到精确定位。

7）绘墙线、绘梁线

本菜单可以把墙或梁的布置联通它上面的轴线一起输入，将先画轴线、再在轴线上布置墙或梁的两步操作合并为一步操作。

程序提供各种绘制轴线的方式绘墙线、绘梁线。

8）斜墙

斜墙也是布置在网格上，墙截面定义和普通墙相同，但布置时对墙的层底位置增加 3 个参数（图 2-50）：下端偏轴距离、下起点外扩距离、下终点外扩距离。如果输入了下端偏轴距离，则该墙平面不再垂直；如果输入了下起点外扩距离或下终点外扩距离，则该墙左边或右边不再垂直。

可以看出，斜墙就是墙平面不垂直的墙，或者墙左边或右边不再是垂直线的墙。

9）拾取布置

点取一个已经布置好的构件，把它布置到其他位置。程序可以自动分辨点取的构件类型、截面数据和偏心等布置参数数据，因此，拾取布置相当于把已有的布置拷贝到其他位置。

程序可以自动分辨点取的构件类型，包括柱、梁、墙、洞口和支撑，例如，用户点取的是一根柱，则程序随后将按照柱的布置操作进行。

点取构件后程序将弹出该类构件的布置界面，包括构件截面列表和布置参数对话框，并在其中显示所选的截面数据和布置参数数据。

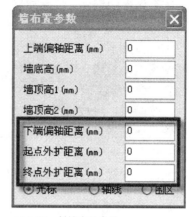

图 2-50　斜墙布置参数

2.4.3　本层构件属性定义

1）本层信息

定义当前标准层的信息，点击此菜单，弹出如图 2-51 的标准层信息对话框。

在此处定义是以标准层为单位定义的参数信息，当标准层中某些局部构件的参数信息定义与此处不同时，可通过【修改板厚】、【材料】等命令对单个构件进行个别修改。

本层信息要输入当前标准层的层高。程序约定不同层高的楼层不能成为同一个标准层。

本层信息中的其他内容是：楼板厚度，楼板混凝土保护层厚度，楼板、梁、柱、墙的混凝土强度等级、主筋箍筋的级别等。

2）材料强度

在本层信息菜单项中定义本标准层统一的材料强度信息，当有个别构件的材料强度与本层信息设置的不同时，需要在这里对个别构件的材料强度单独定义。

支持材料强度修改的构件包括墙、梁、柱、斜杆、楼板、悬挑板、圈梁的混凝土强度等级和修改柱、梁、斜杆的钢号。注意，如果构件定义中指定了材料是混凝土，则无法

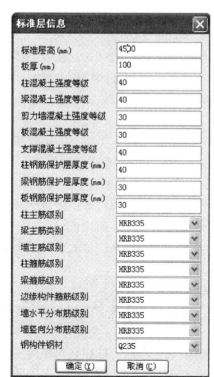

图 2-51　标准层信息

指定这个构件的钢号，反之亦然。对于型钢混凝土构件，二者都可指定。

3）错层斜梁

用于布置不位于层高处的梁或斜梁，布置时输入其左、右节点相对于层高的高差。当建立体育场看台、汽车坡道或框架错层结构模型时可利用错层斜梁命令来实现。

连续倾斜：可成批输入连续的处于同一坡度上的斜梁。选择此命令后，输入连续斜梁的起点高差和终点高差（起点和终点即是连续斜梁的起节点和终节点），然后分别点取起节点和终节点，随后两节点之间的梁自动按照起点和终点之间连线的坡度布置。

2.4.4 偏心对齐

将不同构件之间进行边对齐布置，自动生成相关偏心数据，从而省去人工计算偏心数值的工作。

对齐的操作是先指定对齐的目标，再逐个指定需要和目标对齐的构件。如"梁与柱齐"操作时，先选择柱，并指定柱的某一边，然后逐个选择和柱同一轴线的梁，被选择的梁自动按照和柱边对齐的要求生成与轴线的偏心值。

1）上下对齐

用于对上下层之间的柱和墙体构件进行构件偏心对齐。

柱上下齐：上下两层柱尺寸不同时，可按上层柱对下层柱某一边对齐的要求自动算出上层柱的偏心并按该偏心对柱的布置自动修正。

程序要求上下对齐的柱必须位于坐标相同的节点上。

在单层模型上操作时，只能进行本层柱和下层柱的对齐；在多个楼层组装的模型上操作时，可以同时进行多个楼层间柱对齐的操作。此时，先在对齐目标层指定对齐目标柱，再逐层点取其他楼层该位置的柱，逐个实现对齐操作。

墙上下齐：上下两层墙的厚度尺寸不同时，可按上层墙对下层墙某一边对齐的要求自动算出上层墙的偏心并按该偏心对墙的布置自动修正。

程序要求上下对齐的墙必须位于平面位置相同的网格线上。

在单层模型上操作时，只能进行本层墙和下层墙的对齐；在多个楼层组装的模型上操作时，可以同时进行多个楼层间墙对齐的操作。此时，先在对齐目标层指定对齐目标墙，再逐层点取其他楼层该位置的墙，逐个实现对齐操作。

2）平面对齐

在同一平面内，构件平面偏心对齐。包括梁与柱齐、梁与墙齐、柱与梁齐、柱与墙齐、墙与柱齐、墙与梁齐、墙柱梁齐几项。见图 2-52。

平面对齐要求在同一轴线上操作，如梁与柱齐的目标柱和与柱对齐的梁应该布置在同一轴线上，此时用户对处于不同轴线的梁的操作是无效的。

梁与柱齐：使梁与柱的某一边自动对齐。按轴线或窗口方式选择某一列梁时可使这些梁全部自动与柱对齐，这样在布置梁时不必输入偏心，省去人工计算偏心的过程。

操作步骤：先选择柱，并指定柱的某一边，该柱和柱边属于梁的对齐目标，然后逐个选择和柱同一轴线的梁，每选择一根梁后该梁实现即时移动对齐。

其他对齐方式同上，不再赘述。

平面对齐
构件查询
梁与柱齐
梁与墙齐
柱与墙齐
柱与梁齐
墙与梁齐
墙与柱齐
墙柱梁齐
对齐

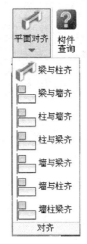

图 2-52 平面对齐菜单

2.4.5 构件的查看、显示和编辑修改

1）构件查看

随着鼠标的移动，其经过的构件会被加亮，加亮的构件说明被程序选中。鼠标在加亮的构件旁稍作停留，屏幕上就会出现 Tip 信息条，上面会标出被加亮构件的各种信息，如构件的截面尺寸、偏心等。这种方式可以方便地随时查看已布置构件的各种信息。

这种查看方式既可以在单层模型上进行，也可以在多层组装的模型上进行；既可以在平面显示状态下进行，也可以在三维轴测显示状态下进行。

用鼠标停靠在节点上可以显示节点属性，停靠在网格上可以显示网格长度等属性。

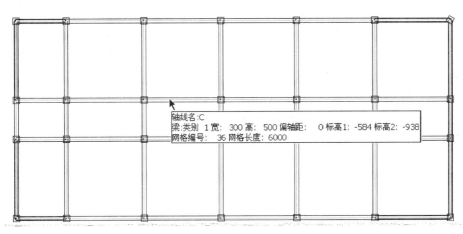

轴线名:C
梁:类别 1 宽: 300 高: 500 偏轴距: 0 标高1: -584 标高2: -938
网格编号: 36 网格长度: 6000

图 2-53 构件查询

2）显示设置

点击【显示设置】菜单，打开显示设置对话框，如下图所示，可对构件和荷载有选择地进行显示设置。

程序对各类构件的显示自动按照隐含的规定进行，如只在楼板布置下才显示楼板，只在荷载布置菜单下才显示荷载等。显示设置菜单可用来给用户按照自己的特殊要求控制某类构件的显示或关闭状态。

图 2-54 构件显示设置图

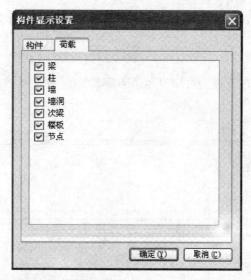

图 2-55 荷载显示设置

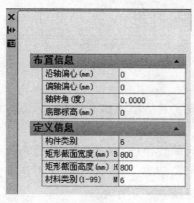

图 2-56 构件属性编辑

3）构件属性编辑

通过对构件的属性编辑，可以实现对于已经布置的构件的查看和修改。鼠标移动到构件时该构件会自动加亮，此时鼠标双击该构件后屏幕上出现该构件的属性框，记录着该构件的构件类别和布置参数（偏心等）。用户可以即时对这些信息修改，确定后该构件随之修改。

4）构件删除

利用此菜单可以删除已布置的柱、梁、墙、墙洞、斜杆、次梁、楼梯等构件。选择需要删除的构件类型，然后在模型中直接点取所需删除的构件即可。

5）构件通用编辑

菜单中还配置了对构件的复制、移动、镜像、删除菜单，属于通用的编辑功能，操作和轴线输入相应的编辑菜单类似。

除了删除功能，对构件的其他编辑操作必须要连同构件所在的网格节点一起操作才有效。

6）构件替换

替换已布置好的构件的截面、材料、偏心等属性。可进行替换的构件类型如下图所示，包含柱、梁、墙、墙洞、斜杆几种。

图 2-57　构件删除菜单

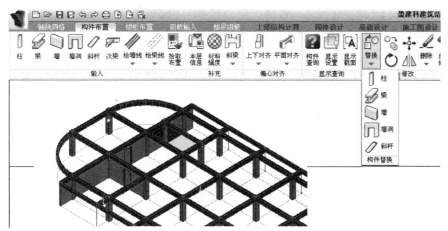

图 2-58　构件替换

7）单参修改

本菜单用来修改构件的布置参数，特别方便对构件布置参数的成批修改，比如通过修改梁两端高差可成批将一批楼层梁改成错层梁。

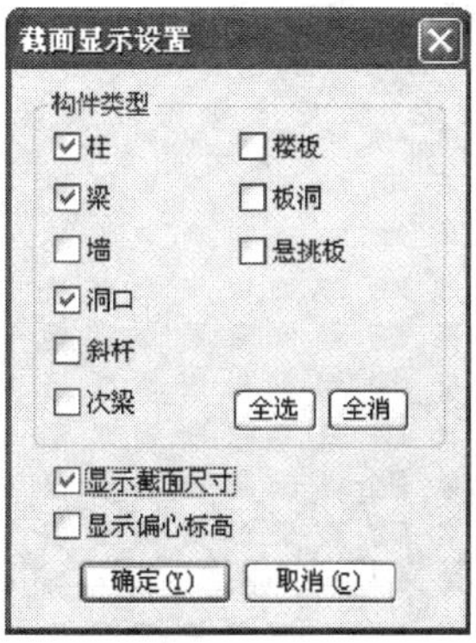

在对话框中用户可分别对柱、梁、墙、墙上洞口、支撑构件的参数进行设置，点取左侧不同的构件类别，右侧将出现对应的不同参数，对需要设置的参数打勾即可设置数值。参数设置完成后即可点取需要修改参数的构件。

8）显示截面

可以在屏幕上显示各种构件的截面尺寸、偏心标高等。菜单图标是：**A**，打开后对话框如图。

图 2-59　截面显示设置

2.5 楼梯布置

程序可在建模中输入楼梯；在上部结构计算中将楼梯板和中间休息平台板按照板单元计算，从而考虑楼梯对整体计算的影响；在楼梯设计软件中完成楼梯本身的计算、设计和施工图。

在构件布置菜单右侧设置了楼梯布置的菜单：

图 2-60 楼梯
布置菜单

2.5.1 楼梯输入内容不再包括楼层高度处的平台

楼梯间由楼梯跑和休息平台组成，本程序要求把在楼层高度处的休息平台作为楼面内容的一部分，其平台梁作为普通楼面梁在整体建模中输入，平台板作为一般房间的楼板对待。用户选择的楼梯间内一般只应包含中间休息平台和楼梯跑部分。

对于一般的两跑楼梯（包括双跑楼梯、双分平行楼梯、交叉楼梯、剪刀楼梯），楼梯菜单输入的内容是楼梯板和中间休息平台。

这样做的好处是可以简化楼梯间本身的建模。另外，在楼梯的施工图设计中程序可以识别楼层高度处的休息平台，把它和楼梯本身结合在一起表达。

层底处的平台应在整体建模中输入

第一跑上节点

图 2-61 楼梯示意图

2.5.2 按照平法施工图 11G101-2 规则输入

程序对楼梯跑按照《混凝土结构施工图平面整体表示方法制图规则和构造详图（现浇混凝土板式楼梯）》11G101-2 的定义规则输入楼梯。将板式楼梯按照 AT、BT、CT、DT、ET 型输入，还可输入 FT～LT 类型的梯板。

2.5.3 楼梯输入要点

1）选楼梯间

按照选房间的方式选择布置楼梯的房间，由于选房间的机制是选择楼板板块，因此此时程序自动打开楼板显示开关。

选出房间后，对话框上显示房间高度、房间长度、宽度。

要求将层高处的平台和平台梁在楼层建模中完成，楼梯间不包含这部分。如果临时增加输入了层高处的平台梁，则应马上到【布置楼板】菜单下，重新生成楼板，这样才能选到修改后的房间。否则该处的房间仍是布置平台梁以前的。

图 2-62　楼梯输入界面

2）楼梯类型

楼梯类型包括：单跑楼梯、双跑楼梯、三跑楼梯、四跑楼梯、双分楼梯（双分中起、双分边起）、交叉楼梯。

3）楼梯走向

第一跑（上）所在节点，在对话框的图中交互定义，程序隐含将休息平台所在房间边设置在长向的一侧。

注意：一般双跑、四跑、双分平行楼梯，第一跑所在节点应位于层顶休息平台的一侧，但是三跑平行楼梯的起始节点应位于层顶休息平台的对面的一侧。

图 2-63　楼梯类型

楼梯走向，即楼梯上行的方向，两种选择，顺时针和逆时针。

起点位置（和房间起始边距离），隐含为 0（如不为 0 说明第一跑起点和第二跑终点在竖向不对应，大于 0 时起点在房间内，小于 0 时起点在房间以外）。

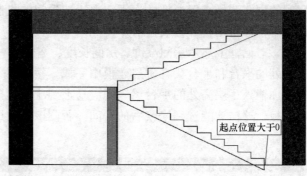

图 2-64　楼梯走向

4）中间休息平台

平台高度；

距轴线的宽度，平台板厚（隐含 80mm）（FT～LT 类型的梯板不输）；

休息平台梁截面宽、高（隐含 200×400）

双跑楼梯的 3、4 跑时分别输入 2、3 个中间休息平台。

5）梯跑类型

每跑楼梯的类型：AT、BT、CT、DT、ET 之一，如果为 FT～LT 类型，则中间休息平台宽度应为 0。程序用列表选择方式。

梯板宽度、梯板厚度：双跑时本梯间各跑楼梯相同、双分时输入中间梯板和两边梯板两个梯板宽度。

6）是否设置平台梯柱（400×400）

是否在平台梁下设置梯柱。

程序在中间休息平台宽度的两边自动设置平台梁，如果平台梁两端处已经存在整体建模中输入的柱或墙构件，则平台梁可搭接在柱或墙构件上。如果平台两端没有柱或墙构件，则程序自动在平台梁下设置梯柱，这样才能支撑起平台梁并将平台梁受力向下传递。

如果用户选择不设置梯柱，当平台梁任一端没有找到支撑时，程序将忽略该平台梁的存在，在计算简图中将不出现该平台梁。

程序自动设置的梯柱尺寸为 400×400mm，它只在结构计算过程中临时存在，用户在计算结果中找不到梯柱本身的计算结果。

7）梯跑输入

每跑楼梯的踏步数量、平板段长度（B～E 类型都有）（每跑梯板仅 1～2 个参数）。

程序自动给出踏步高度、宽度。

踏步的输入和梯跑类型选择连续进行。

各梯跑长度以双跑为例说明：

第一跑长＝房间净长-中间休息平台宽度＋起点位置；

第二跑长＝房间净长-中间休息平台宽度。

8）起点标高

当布置的楼梯不在整个层高范围内，小于层高或跨越本层往下层延伸时，可通过参数"起点标高"控制。

程序布置的楼梯的终点肯定在楼层标高处，但是起点的高度可以不限于层底标高。当起点高度大于 0 时，楼梯范围小于层高；起点高度小于 0 时，则楼梯往下层延伸并和下层构件自动连接。

对于错层结构，建模时常由 2 层或多层组成一个真正的楼层。可在它们的最上一层输入楼梯，并将起始标高设置一个下层层高的负数，这样程序将在 2 层或多层层高范围内设置楼梯。

2.5.4 梯间中自动生成的内容

1）平台梁

程序在休息平台两端都生成平台梁，平台梁的尺寸在参数中可以设置，隐含设置为 200×400mm。如果梯间尽端布置有柱，则尽端的梯梁和柱自动连接；如果梯间尽端是墙，则梯梁和墙连接。

如果中间休息平台的宽度设置为 0，则程序没有设置尽端的梯梁。

如果梯跑类型为 FT、HT、JT 类型，则程序不生成平台梁。

平台梁只在结构计算过程中临时存在，用户在计算结果中找不到平台梁本身的计算结果。

2）梯柱

楼梯布置参数中有【是否设置平台梯柱】选项，该梯柱用来支撑中间休息平台的平台梁。当梯间两侧不是墙而又没有设置层间梁时，应设置梯柱，否则平台梁没有支撑而不起作用。

当用户选择设置平台梯柱时，程序在平台梁端的没有柱、墙或梁支撑处自动设置梯柱，并将梯柱和下层梁、墙、柱连接。梯柱是保证楼梯平台

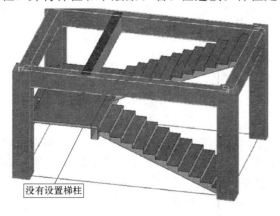

没有设置梯柱

图 2-65 没有设置梯柱的楼梯

和梯跑正确传力的中间构件，可在楼梯建模模型和计算简图中看到自动生成的梯柱，但程序在内部自动处理梯柱杆件，不输出它本身的计算结果。

如果用户没有选择设置梯柱而平台梁端无相应支撑时，则程序将忽略平台梁的作用，认为它不存在。

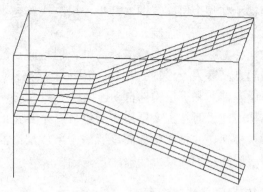

图 2-66 没有设置梯柱的楼梯板单元划分

2.5.5 楼梯的编辑修改和复制

程序将整个楼梯间（包括平台、梯梁、梯柱和所有梯跑）作为一个整体对待，因此所有的编辑修改操作都是针对整个楼梯间的所有构件进行的。

删除：可以用构件删除命令删除已布置的楼梯，程序将整个楼梯间（包括平台、梯梁、梯柱和所有梯跑）作为一个整体对待，删除的是整个楼梯间的内容。

复制：可使用【层间复制】菜单将楼梯向其他标准层复制。还可以将楼梯在本层平面复制，即将一个已布置好的楼梯间的内容复制到本层其他房间。

修改：用楼梯菜单继续在已布置楼梯的房间布置楼梯时，程序先将已有楼梯的内容调入楼梯布置对话框，用户在对话框已有的内容上继续修改楼梯布置的内容。

2.5.6 楼梯计算模型

1) 计算参数中选择考虑楼梯刚度
2) 楼梯跑和中间休息平台板按照板元计算

程序对楼梯跑和中间休息平台板按照有限单元的板元计算，采用弹性板 6 的计算模型，中间休息平台板为平板，梯跑为斜板或折板。程序自动对各个楼梯跑和中间休息平台划分单元，单元尺寸隐含为 0.5 米。

可在生成结构计算数据以后计算简图菜单的【轴测简图】下看到各个楼梯跑和中间休息平台划分单元的效果。

3) 自动生成梯柱

如果用户选择了自动设置平台梯柱，则在计算简图中可以看到程序生

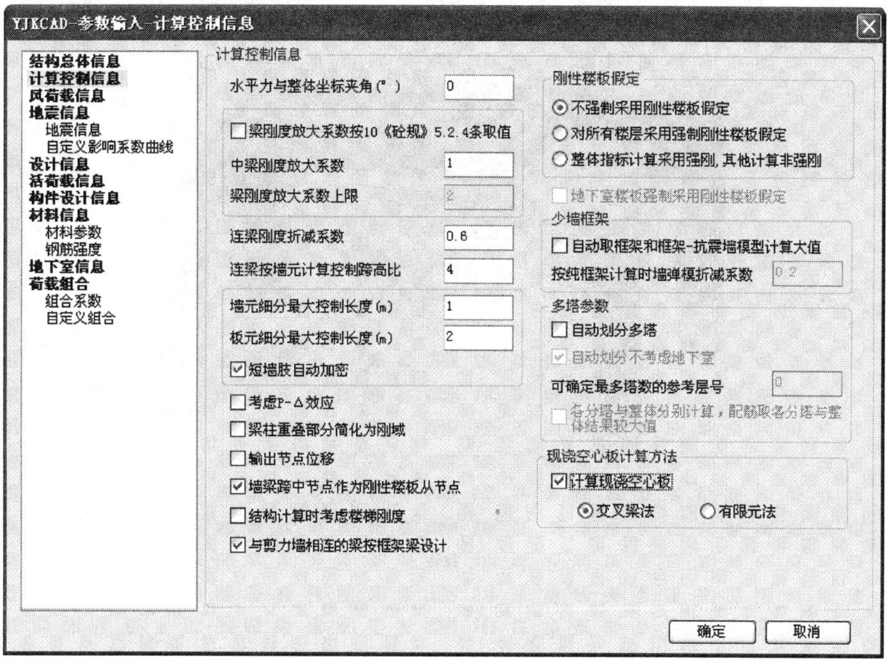

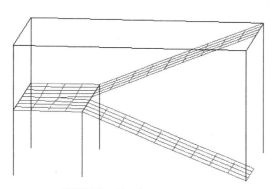

图 2-67　考虑楼梯刚度的计算参数设置

图 2-68　楼梯板单元划分效果图

成的平台梁和支撑平台梁的梯柱。

　　程序可对任一根没有支撑连接的平台梁自动设置梯柱，梯柱可延伸到下层梁或其他构件上。如图 2-69 所示梯间休息平台所在一端没有布置柱，程序会在梯梁下自动设置一根梯柱。

　　4）上部结构计算只考虑楼梯对整体计算的影响

　　在上部结构计算中只考虑楼梯对整体计算的影响，不设计楼梯本身，因此所有楼梯构件的计算结果不输出，即程序计算结果中没有楼梯板、平台板、平台梁、平台梯柱的内力和配筋，相关构件的质量和荷载也不予考虑（楼梯荷载可导算后交互输入到周边构件上）。因此虽然在前处理的计算简图中可以看到楼梯各种构件，但是在计算结果图中这些构件都不出现。

　　楼梯构件本身的设计、配筋和施工图将接力楼梯设计软件进行。

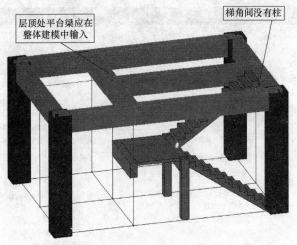

图 2-69　自动布置梯柱的楼梯

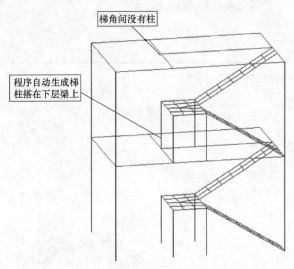

图 2-70　自动生成梯柱的楼梯板单元划分

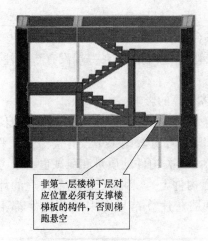

图 2-71　布置了支撑楼梯板构件的楼梯

2.5.7　若干情况的处理

1）底层楼梯的嵌固

程序将位于第 1 层下部的楼梯板嵌固，但是对于非第 1 层下部的楼梯板，程序自动找到下层构件（梁或墙）连接，如果在下层对应位置找不到相应的构件连接，则该梯板将处于悬空状态，此时将得不到正确的楼梯对整体计算的效果。

因此用户应注意在下层准确位置布置相应的梁、墙构件。

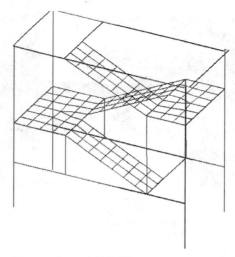

图 2-72　布置了支撑楼梯板构件的板单元划分

2）三跑及四跑楼梯的输入

对于三跑或四跑平行楼梯，它在楼面休息平台方向将自动增设一个中间休息平台，该平台将自动设置在房间以外的部分，平台宽度可由用户输入。

三跑楼梯时，它的起始跑的起点位置一般有一个平台宽度的距离。三跑楼梯上接双跑或四跑楼梯时，上层楼梯起跑点和层顶休息平台将变换到梯间的另一侧，上下层的楼梯房间将不再对应。

程序将三跑楼梯的第一个平台布置在梯间以外

图 2-73　三跑楼梯

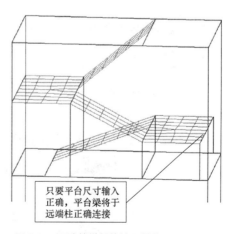

只要平台尺寸输入正确，平台梁将于远端柱正确连接

图 2-74　三跑楼梯板的单元划分

3）用户已经在整体建模时输入了中间休息平台梁

如果用户在整体建模中已经输入了中间休息平台部分的平台梁和柱，则可在楼梯输入时将中间休息平台菜单的宽度设为 0。

如果用户已在整体建模中布置了该平台的梁和柱，则在楼梯对话框中该平台宽度可设置为 0。

4）错层结构的楼梯输入

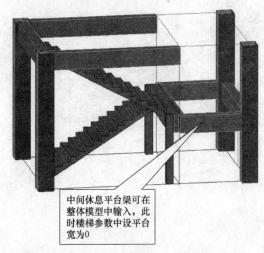

中间休息平台梁可在
整体模型中输入，此
时楼梯参数中设平台
宽为0

图 2-75　中间休息平台梁宽度为 0 的楼梯

　　对于错层结构，建模时常由 2 层或多层组成一个真正的楼层。可在它们的最上 1 层输入楼梯，并将起始标高设置一个下层层高的负数，这样程序将在 2 层或多层层高范围内设置楼梯。

　　下图是工业厂房常见的错层结构楼层部分（框住的部分）。可在 2 层范围内一起输入四跑楼梯，在楼梯输入对话框的【起始标高】参数中填入−3120mm，3120mm 为下层的层高。

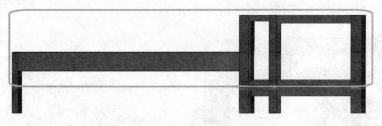

图 2-76　错层结构的楼梯（一）

图 2-77　错层结构的楼梯（二）

5）双分楼梯

双分楼梯由中间的宽跑和两边的窄跑组成，又分为双分中起楼梯和双分边起楼梯。

双分中起楼梯的中间宽跑在下面的第一跑，两边的窄跑在第二跑，如图 2-79～图 2-81 所示：

图 2-78 错层结构楼梯输入对话框

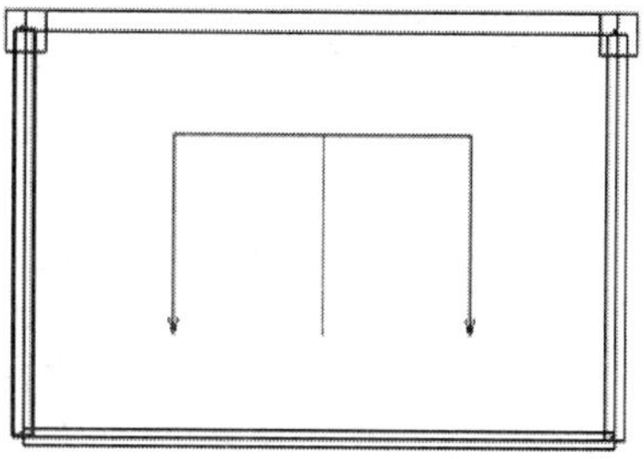

图 2-79 双分楼梯方向（一）

图 2-80 双分楼梯模型（一）

双分边起楼梯的中间宽跑在上面的第二跑，两边的窄跑在下面的第一跑，如图 2-82～图 2-84 所示：

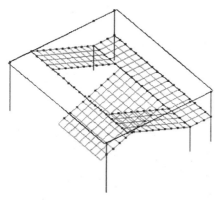

图 2-81 双分楼梯板单元划分（一）

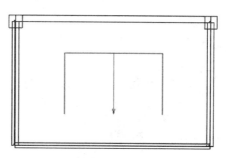

图 2-82 双分楼梯方向（二）

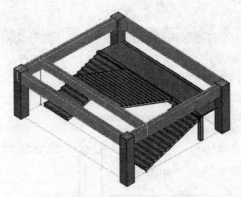

图 2-83 双分楼梯模型（二）

6）交叉楼梯

交叉楼梯的上、下分别由两个梯跑承担，两个梯跑交叉设置，如图 2-85～图 2-87 所示：

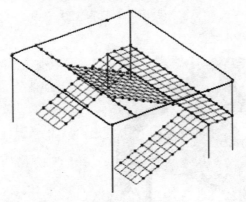

图 2-84 双分楼梯板单元划分（二）

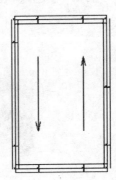

图 2-85 交叉楼梯方向

图 2-86 交叉楼梯模型

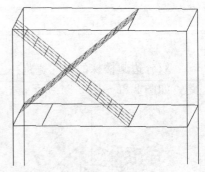

图 2-87 交叉楼梯板单元划分

2.6 楼板布置

2.6.1 楼板布置

用于楼板的自动生成、楼板错层设置、板厚设置、悬挑板布置等。

图 2-88　楼板布置菜单

1）现浇楼板的自动生成及房间属性

需要说明的是，软件中不存在现浇楼板的交互布置功能，每个标准层在布置完平面其他构件后，可通过【楼板生成】功能自动一次性生成整层楼面所有的楼板，再由用户对楼板进行局部修改或者布置洞口等操作。增删平面布置后，也是通过【楼板生成】菜单补充输入缺失或变化的楼板。

自动生成的楼板是按"房间"进行分割的。在软件中，"房间"由墙和主梁分割、闭合而成，形状则可以是矩形，也可以是任意多边形。程序允许该多边形不共面，只要它在水平面的投影是闭合的就行。柱、次梁、斜杆都不会被作为房间的边界，即它们不参与划分房间。房间是楼面上均布恒、活面荷载导算的基本单元，没有房间就没有楼板，也就无法进行荷载导算。自动生成楼板的过程，主要是软件自动判断结构平面上各房间边界、围取房间的过程，然后对应每个房间生成楼板信息，一个房间只能对应一块楼板。可见，楼板与房间的概念是密不可分的。

在三维状态下可以更清晰地看到楼板的实际布置。楼板还可以随周围杆件的上节点高、杆件高差而变换成斜板或带高差错层板（图 2-89），只要房间周围的节点共面。斜板在上部结构计算软件中被自动转化成斜的弹性板，并按照弹性膜单元计算。斜板在软件的楼板导荷，结构平面的楼板配筋计算中都可得到正确的设计。

图 2-89　三维状态下楼板显示

自动生成的楼板厚度取用【楼层信息】参数设置中的【板厚】默认值，因此一般生成楼板之前应先根据实际情况修改此参数。

2）楼板删除

目前程序没有提供直接的按房间删除楼板的功能菜单，而是通过布置【全房间洞】来删除某一房间的楼板。

设置了【全房间洞】的房间，程序不仅认为该房间上没有楼板，同时，该房间上的恒、活面荷载也被删除。

用户可以将某房间的楼板厚度设置为0。这种情况下，程序也认为该房间上没有了楼板。但是，程序认为该房间上的均布恒、活面荷载还存在，荷载导算时仍旧起作用。程序这样的处理是为了方便像楼梯间这类房间的设计。有时楼梯不在建模软件中输入，可以将楼梯所在房间的楼板厚度设置为0，并在该房间输入楼梯间的均布恒、活面荷载。这样，程序既可以在结构平面和楼板配筋时正确处理楼梯间，又可以在全楼三维计算分析时考虑楼梯的荷载作用。

3）楼板生成常见问题

楼板的自动生成有以下两个需要注意的原则：

① 房间周边所有墙、梁的网格线必须围成一闭合区域（即周边构件的网格线必须两两首尾相连）。如果模型中的一个空间虽然物理上封闭，但其构件轴网未正确封闭，是不会形成房间的。例如下图所示情况。

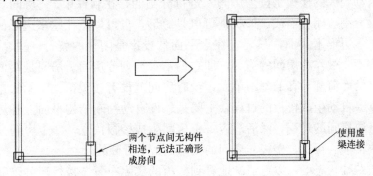

图 2-90　楼板生成常见问题（一）

② 对于模型中的复连通区域空间，无法正确围取房间、生成楼板。此时需要在复连通区域间的各封闭边界间增加虚梁，分割成几个单连区域，才能正确围成房间。例如下图所示平面。

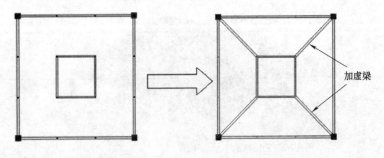

图 2-91　楼板生成常见问题（二）

另外，对于已经生成过楼板的模型，如果平面布置发生了变动，应重新执行一次【生成楼板】功能，楼板数据即可自动更新。

③ 对于有弧形边的房间，在围取房间的计算中，软件是直接使用圆弧网格两端节点连线来搜索房间边界的。因此对于接近扇形的房间，当圆弧的圆心角大于等于180度时，应在弧线网格上增加节点，方可正确生成房间并导算荷载。效果如下图所示。

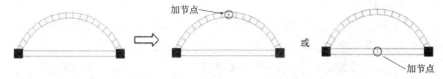

图 2-92 楼板生成常见问题（三）

4）生成楼板

程序对当前标准层对由主梁和墙围成的封闭区域（房间）自动生成楼板。激活此命令程序实际做了两项工作：将主梁和墙围成的封闭区域生成房间；在房间自动生成楼板。

板厚默认值取【本层信息】界面定义的【板厚】。也可通过【修改板厚】命令对局部楼板厚度进行修改。如果在【本层信息】中将板厚值进行修改，则未进行局部板厚修改的楼板将自动按照新的板厚取值。

布置楼板时，当光标移动到某一房间，其楼板边缘将以亮黄色勾勒出来，方便确定操作对象。

形心不变，所有楼板信息不变（板厚、错层、导荷方式）。

自动生成过楼板后，用户又修改了模型，此时再次执行生成楼板命令，程序自动识别形心没有变化的楼板，保留原有的板厚信息。对新的房间自动按【本层信息】中设置的板厚生成楼板。

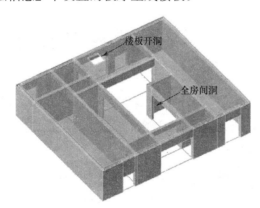

图 2-93 楼板生成显示

说明：布置预制板时，需要用到房间信息，因此要先运行一次生成楼板命令，再进行预制板布置。

5）楼板错层

用于定义有错层的楼板。点击此菜单命令，同时模型平面图上显示每块楼板上的错层值，即楼板升降值。操作顺序如下：

（1）点击【菜单】命令，弹出【楼板错层】对话框；

（2）交互错层参数；

（3）在模型平面图上点选需要错层设置的楼板。

多次执行生成楼板命令，对于形心点没有变化的房间楼板自动保留错层信息。

6) 修改板厚

用于对已布置的楼板修改板厚信息。运行此命令后，每块楼板上显示目前板厚，操作顺序如下：

（1）点击【菜单】命令，弹出【修改板厚】对话框；

（2）交互板厚参数；

（3）在模型平面图上点选需要修改板厚的楼板。

多次执行生成楼板命令，对于形心点没有变化的楼板自动保留板厚信息。

2.6.2　板上开洞

用于在已布置楼板上进行开洞。程序支持的洞口形状有矩形和圆形。板洞的布置方式与一般构件类似。

1）洞布置

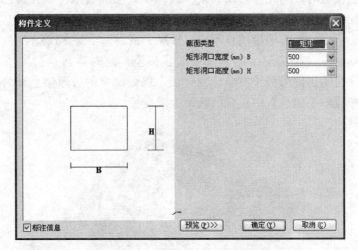

图 2-94　板洞定义

洞口布置的要点如下：

① 洞口布置首先选择参照的房间，当光标落在参照房间内时，图形上将加粗标识出该房间布置洞口的基准点和基准边，将鼠标靠近围成房间的某个节点，则基准点将挪动到该点上。

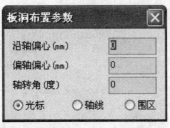

图 2-95　板洞布置

② 矩形洞口插入点为左下角点，圆形洞口插入点为圆心，自定义多边形的插入点在画多边形后人工指定。

③ 洞口的【沿轴偏心】指洞口插入点距离基准点沿基准边方向的偏移值；【偏轴偏心】则指洞口插入点距离基准点沿基准边法线方向的偏移值；【轴转角】指洞口绕其插入点沿基准边正方向开始逆时针旋转的角度。如图所示：

图 2-96　洞口偏心

2）全房间开洞

将指定房间全部设置为开洞。当某房间设置了全房间洞时，该房间楼板上布置的其他洞口将不再显示。全房间开洞时，即该房间无楼板，也无楼面恒、活荷载。

操作顺序：

（1）点击此【菜单】命令；

（2）在模型平面图中点击要开洞的楼板。

若建模时某房间不需布置楼板，却要保留该房间楼面恒、活荷载时，可将该房间楼板板厚设置为 0。

全房间开洞时，模型视图如下图显示：

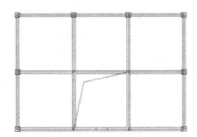

图 2-97　二维模型平面图

图 2-98　三维透视图

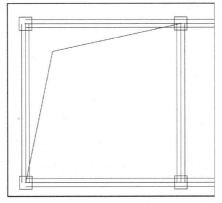

图 2-99　楼板洞口图

3）板洞删除

删除已布置的楼板洞口。

操作顺序：

（1）点击该【菜单】，激活【板洞删除】命令；

（2）在模型平面图中选择需要删除洞口的楼板，则该楼板上所有洞口被删除。

2.6.3　悬挑板

用户利用此菜单进行悬挑板的布置、删除操作。

1）布悬挑板

悬挑板的布置方式与一般构件类似，需要先进行悬挑板形状的定义，然后再将定义好的悬挑板布置到楼面上。

在悬挑板截面列表对话框中点击【新建】弹出悬挑板截面定义对话框，如下图所示：

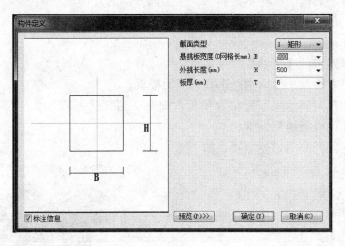

图 2-100　悬挑板截面定义

程序支持矩形悬挑板和任意形状悬挑板，选择截面类型，设置悬挑板宽度、外挑长度、板厚参数完成新建一个悬挑板截面。

当网格线的一侧已经存在楼板，可在网格另一侧布置悬挑板，且一根网格线只能布置一个悬挑板。

【定位距离】：悬挑板截面定义时指定了宽度，可以在此输入相对于网格线两端的定位距离。

【顶部标高】：可以指定悬挑板顶部相对于楼面的高差。

2）删悬挑板

删除已布置的悬挑板。

2.6.4　现浇空心板

现浇空心板是在现浇的楼板内嵌入预制的空心箱体或块体。这里可输入的现浇空心板类型可采用空心的筒芯或箱体，箱体下可以设板，也可以没有板。软件对箱体的现浇空心板的计算提供了两种模型：

1）按照密肋梁计算

将箱体之间的肋转化成工形截面或者 T 型截面的肋梁，每个房间形成小的交叉梁系，房间周围的梁是肋梁的弹性支座（如果是墙则为竖向不动支座），各个相邻房间的交叉梁系互相连接，再加上楼层的楼面梁共同形成全层的交叉梁体系。软件按照这样的模型计算楼板上的恒载和活载，没有考虑风荷载和地震作用。当箱体下有板时肋梁为工形截面，无板时肋梁为 T 形截面。计算结构给出肋梁的内力和配筋。在配筋结果文件中输出肋梁的工形或者 T 型截面的详细尺寸。

肋梁为 T 形截面时，肋梁的配筋全都配置在肋梁内，但对工形截面肋梁的配筋既可配置在肋梁上，又可配置在箱休上下板内。软件给出肋梁和翼缘的配筋比例参数，由用户填写。

在梁的平法施工图中可以同时对肋梁画出平法施工图，肋梁部分是按照平法标准图的井字梁的画图规则实现的。

计算结果中对各房间周围的楼面梁仍是按照上部结构全楼计算的结果输出。它们虽然参与了肋梁的整体计算，但这样计算的结果只给肋梁用，楼面梁本身不用。

2）按照楼板的有限元计算

软件按照弹性楼板的有限单元法计算，考虑空心板的因素计算时取用楼板的折算刚度，计算折算刚度的公式取自现浇空心板设计规范。软件对楼板自动划分单元，对楼面梁按照考虑梁刚度的弹性支座计算。

软件对楼板的有限元计算结果积分为肋梁的弯矩，仍是以肋梁为单位输出弯矩和配筋。输出内力和配筋的形式和第一种按照密肋梁计算模式相同。

在上部结构计算的设计计算部分中同时进行了现浇空心板的计算，在上部结构计算的参数中设置了【是否计算现浇空心板】的选项和对现浇空心板按照【交叉梁系计算】和【板有限元法计算】的选项。

用户应注意：对现浇空心板房间输入的楼面均布恒载中不应包含楼板的自重，因为软件将自动计算现浇空心板的自重，在肋梁计算时也自动计算肋梁的自重。在荷载参数设置中是否计算楼板自重的选项不起作用。

用户利用这里的菜单进行现浇空心楼板的布置、删除操作。

（1）布置空心板

程序支持内模采用空心的筒芯、箱体的现浇空心楼板，箱体下可以设板，也可以没有板，有板时肋梁为工形截面，无板时肋梁为 T 形截面。

需要先运行【生成楼板】命令，在房间上生成现浇板信息。

现浇空心板布置分为定义类型和在房间布置两步操作。

点击【布置空心板】菜单，弹出布置对话框；点击【添加】按钮，首先定义空心板类型，弹出空心板定义界面，如图 2-102 所示。选择内模截面类型，定义相关的尺寸数据，点击【确定】定义完成。

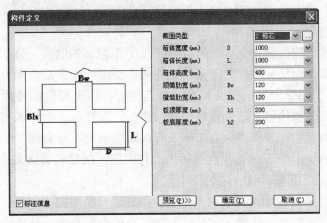

图 2-102 空心楼板定义

截面类型分为筒芯、箱芯和 T 形三种；

现浇楼板的总厚度由箱体高度、板顶厚度、板底厚度相加组成。

空心板布置时的对话框如下图所示：

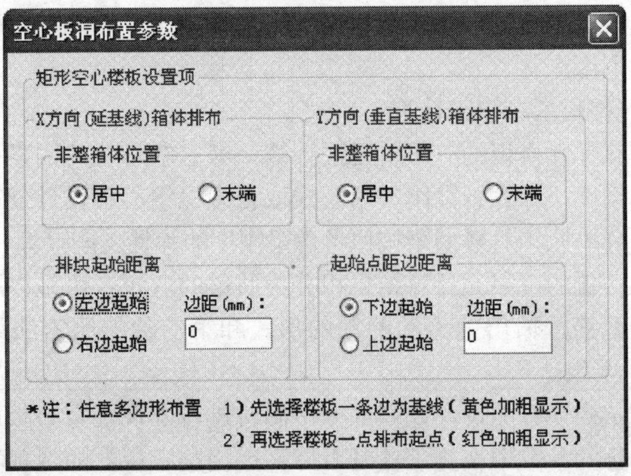

图 2-103 空心板洞布置参数

【非整箱体位置】：当不能按照箱体整数个数排块时，软件将设置部分箱体尺寸的块尺寸，称这种部分尺寸的箱体为非整箱体。这里的参数用来设置非整箱体排放的位置是在房间中部还是端部，如下图所示；

【排块起始距离】：第一个排块和边梁（墙）的距离，它既可以从房间左边（下边）起始，又可以从房间右边（上边）起始；

房间为矩形时，排块的起始点和方向是明确的，但当房间为非矩形房间时，还需要用户增加排块方向和起始点的设置。软件会提示用户先选择楼板一条边为基线，模型中用黄色加粗线显示，然后再选择楼板一点作为

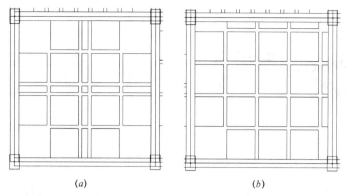

图 2-104 非整箱体位置示意图

(a) X、Y向居中；(b) X、Y向末端

排块起点。

（2）删空心板

删除指定房间的空心楼板，用之前的现浇实心板替换。

2.6.5 楼板的层间复制

用来复制标准层中楼板布置信息至其他标准层。如下图所示，可以复制楼板洞口、错层楼板、预制板、悬挑板、板厚。

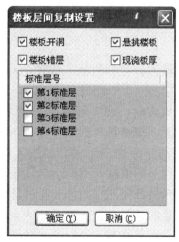

图 2-105 楼板层间复制

第三章　荷载输入

3.1　概述

3.1.1　荷载输入与导算

结构建模软件除了要完成结构模型的建立，还有一个重要的功能就是进行结构荷载的输入和导算。后续的结构计算等模块所使用的荷载信息来源于此处。

图 3-1　荷载输入菜单

荷载按照类型分别输入，包括恒载、活载、风荷载、吊车荷载、人防荷载。荷载逐层输入，层之间可以拷贝复制。

恒载、活载分为楼板荷载，梁墙荷载，柱间荷载，节点荷载，次梁荷载，板间荷载共六种情况，按照各自的菜单输入，输入的荷载都显示在各自的位置。恒载或者活载是分别显示的，即进入恒载菜单后可显示所有梁、柱、墙、楼板及节点上的恒载，不显示活荷载，只在活荷载菜单下显示活荷载。软件对恒载和活载分别用白色和红色显示以便区别。

为了突出对输入荷载的显示，进入荷载输入菜单后，程序对构件的显示状态做了些调整，把梁用单线显示，对于柱、墙、洞口等其他构件的显示状态不变。

荷载的显示和输入也可以在三维视图下进行。在三维视图下对于柱间荷载、层间梁荷载等的输入和显示更加方便和直观。在平面视图和三维视图下的构件、荷载的显示有些区别，在平面视图下，用线框显示建筑构件，为了避免荷载图和构件重叠，把荷载画在杆件的侧边，把梁、墙杆件上的竖向荷载改为平面上垂直于杆件显示，如把梁、墙上的集中力在平面上垂直于梁、墙显示。在三维视图下，杆件改为实体方式显示，荷载按照实际的作用位置和方向显示，如把梁、墙上的荷载画在杆件的上方，对于竖向荷载画在竖直的方向，对于水平荷载画在水平的方向。

在平面布置过程中，随着杆件的被打断、合并或延伸，它上面的荷载可以随之自动地拆分合并。对于各个房间上的楼板荷载，程序自动进行楼面荷载分配至梁、墙上的导算及荷载竖向传导至基础的导算。

程序对于恒载、活载的楼面荷载自动完成荷载导算工作。即将房间的竖向均布面荷载和次梁荷载导算到房间周边的梁、墙上。其中现浇楼板自重可以直接输入至楼面恒活荷载中，也可以由软件自动计算。

楼面荷载的导算是非常重要的，是为了后面结构计算而必须要做的。由于上部结构计算程序把楼板大多当作刚性板或弹性膜处理，即不考虑楼板的平面外的刚度，因此上部结构计算程序不可能计算楼板本身。所以，应该把作用在楼板上的恒、活面荷载事先导算到房间周围的梁或墙上，上部结构计算程序直接读取导算后的梁、墙荷载，计算程序的这种处理方式和传统的手工设计模式一致。按照传统设计模式，楼板本身的设计是在施工图设计模块的结构平面和楼板配筋菜单中完成。

人防荷载也是按照作用在楼板上的面荷载形式输入的，程序也自动完成人防面荷载向房间周边的梁、墙的导算。

程序还可以完成荷载的竖向导算，将荷载逐层下传，得出每层层底的累计荷载和接基础构件的荷载。构件自重软件在导荷过程中自动计算，不必输入。用户对荷载的竖向导算可以按照一个选择项处理，它将给出作用于基础的恒、活荷载，程序中称为平面恒活荷载，还计算出每层的每个构件承受的上部荷载的层数，用来在上部结构计算程序中对作用于每个柱、墙上的活荷载按照其上正确的层数折减。

3.1.2 荷载导算与构件偏心

1）楼面荷载

楼板荷载导算的过程是将用户输入的恒、活均布面荷载导算到房间周边的梁或墙上。程序计算房间面积时是按照梁、墙布置偏心的情况计算的，而不是按照房间轴线网格计算的，即如果存在偏心，房间面积按照梁、墙偏心后的形心或中心线计算。因此有偏心梁、墙的房间和无偏心的房间导出到梁、墙的荷载会有明显区别。

2）梁、墙荷载

有偏心的梁、墙实际长度和它们所在网格线的长度常有不同，这是因为梁、墙有偏心后，它们与其他梁、墙相交时的交点和它们网格相交的节点有偏差。

用户输入的墙上的荷载，传到结构计算时，将是按照墙实际长度计算的。但用户输入的梁上的荷载，传到结构计算时，将是按照梁计算长度计算的。计算长度和实际长度的区别是：计算长度是按照支撑梁的柱、墙形心间的距离计算的。

3）墙洞口荷载

程序提供的洞口荷载，是用户可向墙上洞口范围内输入荷载，这种输入方式比输入墙上局部荷载来得方便，并且洞口宽度发生变化后，洞口荷载的取值范围会自动跟着变化。

4）节点荷载

用户输入节点荷载的节点上必须布置有构件，如果该节点上布置的构件有偏心，该荷载作用位置将不在节点位置，而是随着构件的形心的。

如果该节点上仅布置梁，则节点荷载加载到梁的形心；如果该节点上布置了柱和梁，则节点荷载加载到柱形心；如果该节点上同时布置了墙、柱和梁，则节点荷载加载到墙形心。也就是说，节点荷载构件加载的优先顺序是墙、柱、梁。

5）板间荷载

可在各房间楼板的中间布置集中力或者线荷载。

板间集中力定义的参数是集中力总值和集中力作用范围，集中力作用范围是输入矩形范围的宽和高，或者圆形范围的直径。布置板间集中力的操作类似于楼板上洞口的输入，是输入集中力矩形角点或圆形形心和房间角点的距离。

板间线荷载定义的参数是均布线荷载值和线荷载作用的宽度。布置板间线荷载时是输入线荷载作用线的起点和终点。

在房间荷载导算时，板间荷载也被自动导算到房间周围的梁、墙上，导算的模式是：先将板间荷载总值按照所在房间面积平均分摊到该房间的均布面荷载上，再和均布面荷载一起导算到房间周边构件上。

在结构平面图中的楼板计算时，软件对布置有板间均布荷载的房间自动按照有限元法计算。此时的板间荷载不再是按照房间面积平均分摊到均布面荷载上，而是在自动划分楼板单元后，将板间荷载按照其作用位置和范围分摊到附近的单元节点上，因此此时的计算是通用有限元方式的精确计算。

3.2 总信息

这里对当前标准层楼板恒活荷载、导荷方式做统一设置，如果局部房间楼板与此设置的不一致时，可通过【恒载】、【活载】等菜单中相关命令进行单独定义。

3.2.1 楼面恒活

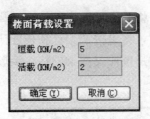

图 3-2　恒活荷载定义

恒活设置对话框如图所示：

【自动计算现浇板自重】：勾选，程序根据板厚度、材料容重自动计算现浇板自重。此时定义楼面恒载时不应再包含楼板自重。

【活荷载折减设置】：楼面荷载传导计算中是否考虑活荷载折减。勾选时，点击对话框上

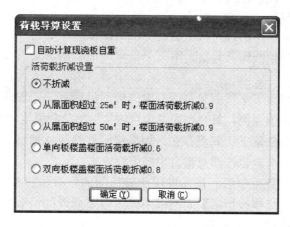

图 3-3 荷载导算设置

【设置折减参数按钮】，在弹出的活荷载设置对话框设置折减系数。

3.2.2 导荷方式

用于设置楼板荷载的导荷方式。

用户可对房间导荷设置 3 种导荷方式：

（1）对边传导方式：只将荷载向房间两对边传导，在矩形房间上铺预制板时，程序按板的布置方向自动取用这种荷载传导方式。使用这种方式时，需指定房间某边为受力边。

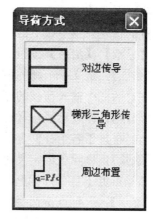

图 3-4 导荷方式

（2）梯形三角形方式：对现浇混凝土楼饭且房间为矩形的情况下程序采用这种方式。

（3）沿周边布置方式：将房间内的总荷载沿房间周长等分成均布荷载布置，对于非矩形房间程序选用这种传导方式。使用这种方式时，可以指定房间的某些边为不受力边。

3.3 恒载输入

用于对局部楼面、梁、墙、柱、次梁、墙洞、节点进行恒荷载的定义和布置。如下图所示：

图 3-5 构件恒荷载输入

1）楼板恒载

在荷载总信息中已经定义了当前标准层的楼面恒活荷载，该值确定了本层所有房间的恒载面荷载值。本菜单是对局部个别房间的楼面恒荷载定义为其他值。

如果用户修改了本层荷载总信息中的楼面恒荷载，则程序只对此处修改了个别房间的值保留，其余按照总信息的楼面恒荷载值重新设置。

楼面荷载需依附于房间而存在。如果房间被修改或被删除，此处生成的新房间的楼面荷载也按照总信息中的值设置。

点击楼面恒载命令后，该标准层所有房间的恒载值将在图形上显示，此时可在弹出的【修改恒载】对话框中输入需要修改的恒载值，再在平面上选择需要修改的房间即可。

2）各构件的荷载输入

对梁、墙、柱荷载的输入过程，都是首先定义标准荷载，再将标准荷载布置到构件上。可在每个杆件上加载多个荷载。如果删除了杆件，杆件上的荷载也自动删除掉。

（1）荷载定义和布置对话框

荷载布置前必须要定义它的类型、值、参数信息。本程序对荷载定义和布置的管理采用了如下的对话框。对话框上面是【添加】、【修改】、【删除】、【显示】、【清理】按钮。

【添加】：定义一个新的荷载。点【新建】按钮，将弹出荷载定义对话框，在对话框中输入荷载的相关参数，即可定义完成。

【修改】：修改已经定义过的荷载信息。如果修改了标准荷载的参数，对于已经布置于各个杆件上的这种荷载也将自动变化。

【删除】：删除已经定义过的荷载信息。如果删除了标准荷载的参数，对于已经布置于各个杆件上的这种荷载也将自动删除掉。

【显示】：鼠标点击选择框内的某个荷载后再点击【显示】按钮，该类型的荷载将在荷载简图上加亮闪烁显示，用来查看该荷载的布置状况。

【清理】：清理荷载列表框内没有使用过的荷载类型，软件将在所有楼层内搜索，并将列表框中没有布置使用过的荷载删除。

列表框中荷载的排序：在列表框各参数项上方点击可以实现荷载类型按照数字大小的重新排序，便于查找相关的荷载类型。

（2）荷载布置操作

用鼠标在荷载列表框选择某一标准荷载后，移动鼠标到需要布置的杆件或节点上点击鼠标左键即可完成一次布置。荷载布置的方式包括光标选择、轴线选择、框选、围区选择四种方式。在光标选择方式下，鼠标移动到构件时荷载可在该构件上预显。

（3）同类别荷载的叠加或覆盖替换布置

荷载布置时，如果杆件上原来已经布置了同类型的荷载，则可选择叠加或者覆盖替换两种布置方式。两种方式选项在下图的布置方式框中列出。叠加就是在原有荷载上叠加新布置的荷载，覆盖替换就是删除原来布置的荷载，用新的荷载替换。

比如梁上已经布置了数值为 2 的均布荷载，当布置数值为 3 的均布荷载时，选择叠加的结果就是梁上布置了数值为 2 和 3 的两个均布荷载；选择覆盖就是将原来数值为 2 的均布荷载替换成数值为 3 的均布荷载。

图 3-6　梁墙荷载列表

（4）梁、墙荷载：在梁上或墙上布置荷载，程序支持的荷载类型如图 3-7 所示。

（5）柱荷载：在柱节点上布置荷载，程序支持垂直集中荷载、底部均布荷载、水平集中力、分布梯形三种荷载类型。

（6）板间荷载：可输入板间的集中力和线荷载。

板间集中力定义的参数是集中力总值和集中力作用范围，集中力作用范围是输入矩形范围的宽和高，或者圆形范围的直径。布置板间集中力的操作类似于楼板上洞口的输入，是输入集中力矩形角点或圆形形心和房间角点的距离。

板间线荷载定义的参数是均布线荷载值和线荷载作用的宽度。布置板间线荷载是输入线荷载作用线的起点和终点。

（7）次梁恒载：同梁、墙荷载，不再赘述。

（8）节点荷载：可定义节点处布置含 6 个方向分量的集中荷载，包括竖向力、弯矩、水平力、扭矩。

（9）恒载删除：删除已布置在构件或节点上的恒荷载值。

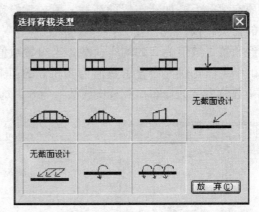

图 3-7 梁、墙荷载类型

图 3-8 柱荷载类型

3.4 活载输入

同恒荷载定义，这里不再赘述。

3.5 人防荷载输入

这里对需要设置人防荷载的楼层进行人防荷载的输入。人防荷载只能在±0以下的楼层上输入。输入方式是先定义人防顶板的均布面荷载，再把它们布置到设置人防荷载的房间上。如果在多个地下室标准层布置了人防荷载，就相当于布置了多层人防。如果仅在地下室层的某一部分房间上布置了人防荷载，就相当于布置了局部人防。

程序设置了两个菜单：人防设置和荷载布置。

（1）人防设置：用于为本标准层所有房间设置统一的人防等效荷载。界面如图3-9所示。用户可通过选择【人防设计等级】，程序按照规范自动给出该人防等级的顶板人防等效荷载的均布面荷载值。外墙的人防荷载面荷载值也在这里输入，程序可自动找出地下室外墙。

（2）荷载修改：使用该功能可以修改局部房间的人防荷载值。程序首先把用户在【人防设置】里设置的顶板人防荷载等效值布置到本层所有的房间,用户可在这里修改个别房间的人防荷载值。

在楼层的局部平面布置人防是常见的情况,此时对那些不需要布置人防荷载的房间,应将这些房间的人防荷载输入 0。程序对人防荷载为 0 的房间不标注任何数字。

运行本菜单后在弹出的【修改人防】对话框中输入人防荷载值并选取所需的房间即可。

图 3-9 人防设置

图 3-10 修改人防

3.6 吊车荷载输入

用于吊车荷载的定义、布置及修改删除操作。

首先,选择要布置吊车的标准层,进入荷载输入菜单,选择吊车荷载输入菜单。

使用方法是输入工程中用到的吊车资料,定义吊车工作区域的参数,然后选择吊车工作区域进行吊车布置。每布置了一个区域相当于布置了一跨吊车,可以在同一楼层或不同楼层布置多跨吊车。对于布置结果可以进行【修改】、【删除】、【显示查看】。

布置完成后,软件根据平面网格数据和吊车布置数据,自动计算用于结构计算的吊车荷载。吊车荷载沿着吊车工作区域成对布置在各个柱顶

图 3-11 吊车荷载菜单

节点,可以根据边跨、抽柱、柱距不同等情况生成不同的吊车荷载。在荷载显示菜单下,可以立即查看软件生成的吊车荷载。

3.6.1 吊车布置

点击吊车布置菜单,弹出如下对话框。

上图数据中,吊车资料和折减系数,对所有楼层都是共用的。因此,吊车资料和折减系数的修改,会影响到所有楼层的计算。吊车工作区域参数,只对当前楼层要布置的区域有效。

(1)吊车资料

根据设计资料提供的吊车参数,输入吊车跨度、起重量、轮压、轮距等资料。输入的吊车资料显示在吊车资料序号列表中,吊车布置时,直接

图 3-12　吊车布置

选择已经定义吊车的序号即可。

吊车资料的输入，可以在上图所示对话框中，选择增加或者修改，出现如图 3-13 所示对话框，输入相关参数即可。

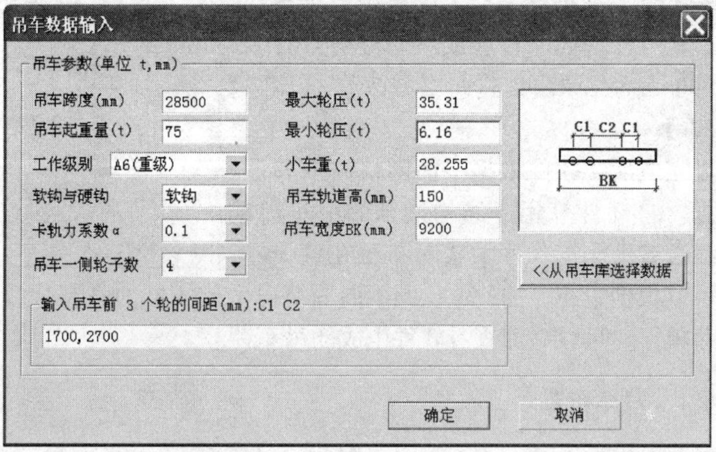

图 3-13　吊车数据输入

也可以选择导入吊车库，出现图 3-14 所示对话框，从软件提供的吊车资料库中进行选择。

（2）多台吊车组合时的吊车荷载折减系数

根据荷载规范规定输入，结构内力分析和荷载组合时，要使用这两个系数。

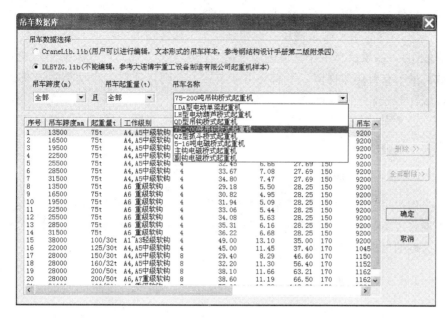

图 3-14　吊车数据库

（3）吊车工作区域参数

进行吊车布置时，要用光标选择两根网格线，这两根网格线确定了吊车工作的轨迹和范围。与第一根、第二根网格线的偏心，是指吊车轨道中心与相应网格线的距离（绝对值）。

（4）吊车工作区域

定义完参数后，选择确定，用光标选择吊车工作区域进行布置。

软件提示：用鼠标选择第一根网格线起始点、终止点（图 3-15①、②节点），选择第二根网格线起始点、终止点（图 3-15③、④节点），最终确定吊车工作的轨迹和范围。

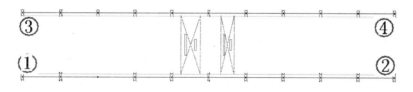

图 3-15　吊车工作区域

选择吊车工作区域的要求和特点：

① 所选网格线所在直线和吊车梁是平行的。

② 所选网格线的起始点、终止点必须是有柱节点，一般吊车运行的边界也是有柱的。

③ 所选网格线的 4 个端点，必须围成一个矩形，否则软件会提示为无效区域。

④ 选择网格线的顺序，选择端点的顺序，软件没有规定，可以任意选

择，软件自动排序，对计算结果没有影响。

⑤ 当修改了平面布置后（例如删除了工作区域内的柱或者修改柱截面等操作），如果吊车工作区域的 4 个端点仍然布置了柱而且坐标不变，该区域的吊车布置仍然保留，不需要重新布置。否则，软件会自动删除该布置区域。

定义完吊车工作区域参数后，选择确定，用光标在模型平面图上选择吊车工作区域进行布置。

3.6.2　查询修改

用于对已布置的吊车荷载参数即吊车工作区域进行查询和修改。选择查询修改菜单命令，在模型平面图上点击吊车工作区域中任意一点，弹出该区域的吊车布置参数对话框，可对这些参数进行查看和修改。

3.6.3　吊车删除

用于删除已经布置的吊车工作区域及区域内的吊车荷载。选择此命令，在模型视图中点选吊车区域即可完成删除。

在上部结构计算软件中将自动读取建模程序中的各标准层吊车布置数据和吊车荷载数据，进行内力分析和荷载组合。

3.7　风荷载和地震荷载

风荷载和地震荷载的设置在设计参数菜单下进行，主要是设置相关的参数。

对于风荷载主要是输入修正后的基本风压、风荷载的体形系数等参数，并选择风荷载的计算方式。在上部结构计算程序中程序可自动计算作用在建筑各层的风荷载。

对于地震荷载主要是输入地震烈度、场地土等参数，并选择地震计算的各种选项。地震作用的计算在上部结构计算程序中进行。

可以看出，对于恒、活、人防、吊车荷载的输入，需要将荷载布置到相关的楼层和构件上，需要一系列的人机交互布置操作；而风荷载、地震作用是输入相关参数，由程序自动计算荷载作用并自动施加到相关楼层和构件上。

3.8　荷载编辑

1）荷载查询

程序提供多种方式对于已经布置的荷载显示查询。

Tip 显示已布荷载：在非布置荷载的状态下，或点取【荷载查询】菜单后，鼠标移动到某个荷载后稍加停留，屏幕上将弹出 Tip 条显示该荷载的详细参数，有恒、活荷载类型、荷载值及布置参数等。如果鼠标停靠在某根构件下，则 Tip 条中将显示该构件上布置的荷载个数，以及每个荷载的详细参数。

2）荷载删除

点取删除菜单后，鼠标移动到某荷载后该荷载将被加亮，确认后即可删除。如果某根杆件被加亮，确认后该杆件上的所有荷载将被删除。同样框选一批构件后这批构件和其上的荷载被加亮，确认后这批构件上的所有荷载将被删除。

3）拾取布置

先选取某个荷载后，可将其复制到其他构件上去。程序可自动识别拾取的荷载类型是梁、墙荷载、柱间荷载还是节点荷载，分别按照该类荷载的布置方式将它们复制到其他构件上。

因此这是一种荷载的复制布置方式。一次只能拾取复制一种荷载或一根构件上的荷载。只能在同类型的构件上复制荷载，如梁、墙荷载只能被复制到梁、墙上，节点荷载只能被复制到其他节点上等。

4）利用属性框修改荷载

鼠标双击某个荷载后，屏幕上将会出现该荷载的属性框，用户可在该属性框中对该荷载进行修改。鼠标双击某根构件后，屏幕上出现的属性框中将会显示该构件上的所有荷载，用户可在属性框中修改任何一个荷载，还可以删除某个荷载。

5）层间复制

用于将当前标准层上的构件或节点上的荷载拷贝到其他标准层。包括梁、墙、柱、次梁及节点荷载。当两层之间某构件在平面上的位置完全一致时，就会进行荷载的复制。

6）Undo、Redo 菜单

点击可随时进行操作的取消回退或者恢复。

3.9　荷载导算及技术条件

荷载导算包括两个步骤：

1）楼面荷载（恒、活、人防）向房间周边的梁、墙构件的传导计算，程序中称为"楼面荷载导算"。计算结果是梁、墙构件承受的楼板传来的恒活荷载，是上部结构计算的重要数据来源。

2）各层恒载、活载（包括结构自重）自上至下经过柱、墙、支撑的传导计算，称为"竖向导荷"。竖向导荷的用途很多，可以生成供基础设计用的上部结构的平面恒、活荷载，是砌体结构墙体受力计算的主要依据，还用于上部结构的重力二阶效应计算等。竖向导荷必须在全楼组装完成后进行。

从模型荷载输入菜单退出时设置了荷载导算选项。

3.9.1 荷载导算原则

输入的荷载应为荷载标准值，输入的楼面恒荷载应根据建模时【自动计算楼板自重】选项决定现浇楼板自重是否考虑到楼面恒荷载中。对预制楼板的自重，应加入到楼面恒荷载中。

楼面荷载统计荷载面积时，考虑了梁、墙偏心及弧梁、墙时弧中所含弓形的面积。

楼面均布荷载传导路线如下：

现浇矩形板时，按梯形或三角形规律导到次梁或框架梁、墙；

预制楼板时按板的铺设方向；

房间非矩形时或房间矩形但某一边由多于一根的梁、墙组成时，近似按房间周边各杆件长度比例分配楼板荷载。

可使用【导荷方向】功能人为控制楼面荷载传导的方向：

房间内有二级次梁或交叉次梁时，程序先将楼板上荷载自动导算到次梁上，再把每层的所有次梁当作一个交叉梁系作超静定分析求出次梁的支座反力，并将其加到承重的主梁或墙上；

计算完次梁，再把每层主梁当作一个以柱和墙为竖向约束支承的大的交叉梁系计算，计算时柱与墙处无位移，但在每个无柱节点处有三个位移，通过这种计算可保证在无柱节点处梁与梁之间荷载传递正确，交叉梁（作主梁输入）之间的集中力等；

经过以上两步交叉梁系计算后，从原则上说，一根梁作为主梁输入和作为次梁输入这两种方式对该梁本身和结构整体的计算结果都是一样的。

各层恒活荷载、包括结构自重，还可逐层沿承重结构传下，形成作用于底层柱、墙根部的荷载，可作为基础设计用，该荷载在程序中称为"平面恒活荷载"，因荷载在各层上的竖向剪力是计算求出的，但往下传时，未做柱墙与梁间的有限元分析，因此该荷载仅为竖向轴力，无柱底墙底的剪力弯矩。

恒活荷载从上往下各层传导计算时，柱的上下层荷载传递是简单方便、一一对应的，在墙处，如果上下层墙体的节点是一一对应的，则上层荷载也可一一对应直接传给下层，但是，如果墙布置时上下层节点并不一一对应，或墙的下层是与柱连接支撑时，情况要复杂得多，程序将想方设法把当前层的墙上荷载往下传，大致原则是：

根据上层墙找出包含在其左右节点中的所有其他节点；

找出这些节点所包含或相连的下层墙或柱，我们称为支撑点；

当支撑点数≥2时，将上层墙荷载化为均布载，再根据下面节点的距离比例分配给下层各杆件；

当支撑点数≤1时，将把上层墙当作一个像梁那样的传力构件，同本层其他梁一起用整层交叉梁系计算的方法将荷载传至其他柱或墙，再传给下层；

当支撑点数为 0，即墙悬空时，要求用户必须在墙下层的相应位置布置一根梁，否则该墙荷载将无法传递下去。

3.9.2 活荷载折减

程序提供两种活荷载的折减方式。

第一种是在荷载输入后选择考虑楼面活荷载的折减，参见《荷载规范》GB 50009—2012 第 5.1.2-1 条。考虑楼面活荷载折减后，导算出的主梁活荷载均已进行了折减，这可在计算前处理的【荷载校核】菜单中查看结果，在后面所有菜单中的梁活荷载均使用折减后的结果。但是，程序对导算到墙上的活荷载没有折减。

当计算楼板配筋时，考虑全部楼面活载。

当计算楼板上的次梁（当连续梁算）时，考虑全部楼面活载。

第二种是在荷载检验校核的竖向求导菜单中还可按《荷载规范》GB 50009—2012 第 5.1.2-2 条考虑对墙、柱和基础的活荷折减系数，该系数各层一般不同，程序取用荷载规范值为隐含值。在上部结构计算软件中也可考虑这种折减。

第四章　楼层组装

楼层组装的菜单项如图 4-1 所示：

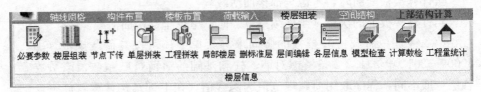

轴线网格　构件布置　楼板布置　荷载输入　楼层组装　空间结构　上部结构计算
必要参数　楼层组装　节点下传　单层拼装　工程拼装　局部楼层　删标准层　层间编辑　各层信息　模型检查　计算数检　工程量统计
楼层信息

图 4-1　楼层组装菜单

4.1　必要参数

因建模中的模型检查和建模退出时荷载导算的需要，必须提供几个必要的参数，如人防荷载必须要在设置地下室的楼层进行，这里要求输入地下室层数，设置底层支座信息需要设置参数【与基础相连构件的最大底标高】，计算自重需要输入材料容重等。

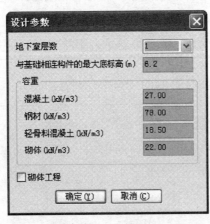

图 4-2　设计参数

本菜单中设置的这几个参数，在上部结构计算菜单中的【参数设置】菜单中也有相同的内容，它们的作用是相通的。

参数【与基础相连构件最大底标高（m）】用来确定柱、支撑、墙柱等构件底部节点是否生成支座信息，如果某层柱、支撑或墙柱底节点以下无竖向构件连接，且该节点标高位于"与基础相连构件最大底标高"或其以下，则该节点处生成支座。

【地下室层数】和【与基础相连构件最大底标高（m）】两个参数同时可在【楼层组装】菜单里设置。

容重参数在用户没有设置时程序取用如上的隐含值。在建模退出的竖向导荷时要用到材料容重参数。

4.2 楼层组装

楼层组装就是建立楼层表，即将已经输入的各个标准层按照需要的顺序逐层录入，搭建出完整的建筑模型。

楼层组装中的基本概念：

【自然层】：楼层表中组装成实际建筑的楼层称为自然层，楼层组装就是有序的布置自然层的过程，这是由用户手工完成的。每个自然层在布置时的参数有【标准层号】、【层高】、【层底标高】，其含义如下：

【标准层号】：自然层的结构平面布置、楼面信息、荷载信息和层高完全来源于其对应的标准层，不同的自然层可以对应同一个标准层；反言之，若几个自然层对应了同一个标准层，则这几层的各项信息必然相同。

【层高】：标准层的高度，也是自然层的层高，该高度是指结构层高，即本层楼板上皮与上层楼板上皮的垂直距离。程序要求对应于同一个标准层的各个自然层的层高必须相同。该参数在这里是为了用户参照，不能修改。

【层底标高】：该标高为一个绝对标高值，对于一个工程来说所有楼层的底标高只能有一个唯一的参照（比如±0.000），该标高即为每个自然层相对于唯一参照的高差。通过该参数即可完全获知楼层的上下顺序。

结合标准层平面布置、层高、层底标高三个参数可以完全确定一个楼层在空间中的实际位置，楼层的上下串联组装即以这三个参数作为依据。

【楼层名称】：楼层名称是自然层的建筑楼层属性，如地下2层、地下1层、地上1层等。程序可以根据地下室层数自动生成自然层的名称属性，即将地下室部分从上至下称为地下1层、地下2层等；其余自下至上从1层顺序排列起名。

对话框上的【自动命名】按钮用来自动设置各层层名。如果用户设置

图 4-3　楼层组装

了该名称，将在后面的各种计算简图、文本文件输出时，在标注建模的自然层名称的同时，也标注这里定义的楼层属性名称。

下面介绍楼层组装对话框中的各项栏目。

【标准层号】：指定要添加的楼层所属的标准层，交互框的下拉列表中列出了所有已定义的标准层名称；

【复制层数】：定义采用当前标准层要添加的楼层数量；

【层高】：定义需要添加的楼层的层高；

【楼层名称】：是自然层的建筑楼层属性，如地下2层、地下1层、地上1层等。定义了楼层的层名后，程序在后续计算程序的各种计算简图、文本文件输出时，在标注建模的自然层名称的同时，也标注这里定义的楼层属性名称；在施工图设计程序中将以【楼层名称】代替自然层名称标识某个楼层；

【层底标高】：指定或修改层底标高；

【自动计算底标高】：勾选新增加的楼层将根据上一层（此处所说的上一层，指【组装结果】列表中光标选中的那一层）的标高加上一层层高获得一个默认的底标高数值；

【增加】：按以上参数设置添加若干楼层；

【修改】：将当前对话框内设置的【标准层】、【层高】、【层名】、【层底标高】替换在组装结果楼层列表中选中的楼层；

【插入】：在当前对话框内参数设置选中的楼层前插入指定数量的楼层；

【删除】：删除楼层组装框中选定的标准层；

【全删】清空当前所有楼层组装信息；

【自动命名】：由程序对组装好的楼层自动取楼层名称。程序可以根据地下室层数自动生成自然层的名称属性；

【标准层排序】：将已有的标准层号重新按照楼层组装中自下至上的顺序重新排列。用户逐层输入标准层时，标准层号是按照输入的顺序排列的，在这里按照自下至上的顺序重新排列，更便于查找，更符合工程习惯；

【地下室层数】、【与基础相连构件的最大底标高】：这是两个建模的必要参数，同时放在这里便于楼层命名时使用。

4.3 广义层的概念

楼层组装一般而言都是按从低到高的规则顺序进行组装的。但对于部分楼层关系比较复杂的结构，比如多塔、连体等结构而言，单一的从低到高的方式就不再合适。而楼层组装中提供的层底标高参数，也正是为了完成此类结构的建模而设置的。例如一个双塔结构，可以先按串联的方式组装一个塔，输入完毕后再从第二个塔的底层开始组装，只要第二塔底层的底标高输入正确，则组装效果可以达到要求。

诸如此类利用楼层的绝对位置进行组装的方式，可以使楼层组装摆脱从低到高的限制，而且可以达到上接多层或者下接多层的效果，得到较高程度的自由化，这种组装方式称为"广义层"方式。

4.4　单层拼装

可调入其他工程或本工程的任意一个标准层，将其全部或部分地拼装到当前标准层上。操作和工程拼装相似。

4.5　工程拼装

使用工程拼装功能，可以将已经输入完成的一个或几个工程拼装到一起，这种方式对于简化模型输入操作、大型工程的多人协同建模都很有意义。

工程拼装功能可以实现模型数据的完整拼装。程序支持两种拼装方式：（1）合并顶标高相同的楼层；（2）楼层表叠加。

两种拼装方式的拼装原则如下：

（1）合并顶标高相同的楼层

按楼层顶标高相同时，该两层拼接为一层的原则进行拼装，拼装出的楼层将形成一个新的标准层。这样两个被拼装的结构，不一定限于必须从第1层开始往上拼装的对应顺序，可以对空中开始的楼层拼装。多塔结构拼装时，可对多塔的对应层合并，这种拼装方式要求各塔层高相同，简称"合并层"方式。

（2）楼层表叠加

楼层表叠加的拼装方式得益于广义楼层方式的建模。这种拼装方式可以将工程B中的楼层布置原封不动的拼装到工程A中，包括工程B的标准层信息和各楼层的层底标高参数。实质上就是将工程B的各标准层模型追加到工程A中，并将楼层组装表也添加到工程A的楼层表末尾。

例如，对于多塔结构的拼装使用楼层表叠加方式时，每一个塔的楼层保持其分塔时的上下楼层关系，组装完某一塔后，再组装另一个塔，各塔之间的顺序是一种串联方式。而此时各塔之间的层高、标高均不受约束，可以不同。

在点击【楼层表叠加】按钮后，程序首先会弹出下图所示对话框。要求输入"合并的最高层号"。

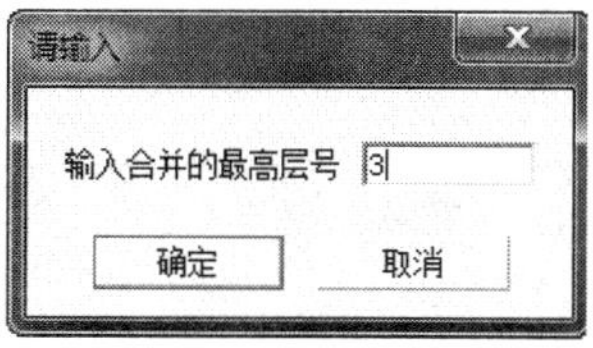

该参数的含义是：若输入了此参数，假设输入值为5，则对于B工程的1～5层以下的楼层直接按标准层拼装的方式拼装到A工程的1～5层上，生成新的标准层，而对于B

图4-4　输入合并最高层号

工程 6 层以上的楼层，则使用楼层表叠加的方式拼装。

其主要作用是，多塔拼装时，可以对大底盘部分采用"合并拼装"方式，对其上各塔采用楼层表叠加的方式，即"广义楼层"的拼装方式。从而达到分块建模，统一拼装的效果。

4.6 层间编辑

层间编辑菜单可将各种操作在多个或全部标准层上同时进行，省去来回切换到不同标准层再去执行同一菜单的麻烦，如需在第 1～10 标准层上的同一位置加一根梁，则先在层间编辑菜单定义编辑 1～10 层，然后只需在第 1 层布置梁，这个布置梁的操作将自动在第 1～10 层做出，不但操作大大简化，还可免除逐层操作造成的布置误差。类似操作还有画轴线，布置、修改、删除构件和荷载，修改构件的偏心信息等。

点层间编辑菜单后程序提供一对话框，如图 4-5 所示，对需要进行层间编辑的标准层进行增删操作，全部删除的效果就是取消层间编辑操作。

层间编辑状态下，对每一个操作程序会出现下图所示对话框，用来控制对其他层的相同操作。如果取消层间编辑操作，点取选项（5）即可。

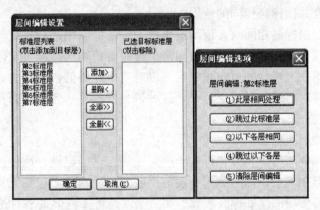

图 4-5　层间编辑设置及选项

4.7 层间复制

层间复制菜单可将某个标准层的构件复制到指定的其他标准层中。

点层间复制菜单后程序提供一对话框，可对层间复制表进行增删操作，注意只选要复制的标准层，被复制构件的标准层不选。

4.8 整楼模型

用三维轴测方式显示组装完成后的整体结构模型。

4.9　节点下传

对于梁托柱、梁托墙、梁托斜杆、墙托柱、墙托斜杆、斜杆上接梁等的情况，需要将上层的柱、墙、斜撑所在的节点传到下层，这样才能保证上下层杆件的正确连接。

针对上层构件的定位节点在下层没有对应节点的情况，软件提供了节点下传功能，可根据上层节点的位置在下层生成一个对齐节点，并打断下层的梁、墙构件，使上下层构件可以正确连接。

节点下传有自动下传和交互选择下传两种方式。程序在建模退出时设置了选项：【生成梁托柱、墙托柱节点】，就是做这种自动下传节点的。一般情况下自动下传可以解决大部分问题，包括：梁托柱、梁托墙、梁托斜杆、墙托柱、墙托斜杆、斜杆上接梁的情况。如果执行了该选项后再重新回到建模状态，可以看到在下层的相关位置出现了自动设置的节点。

在楼层组装菜单下设置了【节点下传】菜单，用来交互选择下传。对于部分情况，软件自动下传情况没有处理，需要用户使用【节点下传】菜单，交互选取需要下传的节点，包括下列情况：

（1）本层梁、墙超出层高，上层的柱、支撑、墙等构件抬高了底标高，此类情况由于上层构件底部不在本层构件范围内，所以其底部节点未传递至本层，需要手工增加。

（2）上下两墙平面位置交叉，但端点都不在彼此的网格线上，则上下两墙网格线的平面交点上应手工设置节点下传。如图 4-7 所示。该情况下还需注意，要先在上层两墙交点位置手工增加节点，方可指定该节点下传打断下层墙体。

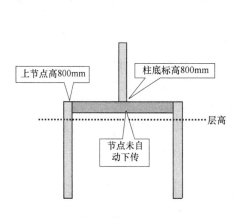

图 4-6　手动节点下传

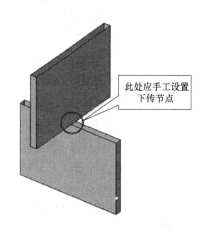

图 4-7　手工增加节点

上层墙与下层梁平面位置交叉，但端点都不在彼此网格线上，则上墙与下梁网格线的平面交点位置应手工设置节点下传。

4.10 各层信息

通过对话框可以集中的填写、查看、修改各标准层的楼层信息。这里的楼层信息是各标准层定义时的【本层信息】菜单中的内容。

层号	层高(mm)	板厚(mm)	楼面荷载		砼强度等级					保护层厚度			主筋级别			
			恒	活	柱	梁	墙	板	支撑	柱	梁	板	柱	梁	墙	柱
1	3600	100	6	3.5	40	30	25	30	25	30	30	15	HRB400	HRB400	HRB400	HRB400
2	3700	100	6	3.5	40	30	25	30	25	30	30	15	HRB335	HRB335	HRB400	HRB400
3	4500	100	6	3.5	40	30	25	30	25	30	30	15	HRB335	HRB335	HRB400	HRB400
4	1700	100	6	3.5	40	30	25	30	25	30	30	15	HRB335	HRB335	HRB400	HRB400
5	2800	100	6	3.5	40	30	25	30	25	30	30	15	HRB335	HRB335	HRB400	HRB400
6	930	100	4	1	40	30	30	30	25	30	30	15	HRB335	HRB335	HRB400	HRB400

图 4-8 楼层信息设置

对各标准层相同的参数数值在对话中可以一次性地操作修改，如 7 个标准层的混凝土强度等级相同，则可以用鼠标将 7 个方格统一加亮，再输入定义的数值即可。

4.11 模型检查

本菜单用于对整楼模型与荷载布置可能存在的不合理之处进行检查和提示，从而帮助用户建立对后面的设计计算更稳定合理的模型。

如果建模有错程序提供出错提示列表，出错列表左侧为出错所在标准层号，对于非标准层相关出错信息放在其他栏目内，如构件截面定义的错误就放在其他栏目内。

单击列表左侧的出错标准层号，列表右侧给出该标准层的出错项目列表，同时程序切换到该标准层平面；用户单击列表中的某个出错项目后，程序将把出错位置放大，把出错构件加亮，并在出错构件上标出列表中提示的 ID 号。因此用户将很容易查到出错的位置。

进一步确认提示的构件连接关系问题可以通过【单线模型】显示查找，或者将模型裁剪到出错位置附近的局部模型进一步查找。

模型数检常见的检查内容有：

（1）墙洞超出本层墙高：墙洞超出本层墙高的部分将在计算时忽略掉。

（2）两节点间网格数量超过 1 段：比如一段直线加上一段圆弧。这在某些忽略弧形的情况下会造成所包围的区域异常。这样的网格如果用在基础布置中，将不能用围区方式生成筏板。

（3）柱悬空：柱下方无构件支撑并且不在底层，不是和基础相连，没有设置成支座。有时虽然下层对应位置布置了柱，但是下层柱顶和本层柱底在高度上重叠或不相接，造成的原因常是下层节点输入了上节点高，或本层柱输入了底标高造成的。

有时程序提示了柱悬空，但看到的该上下层柱截面是重叠的，造成这种现象的原因是上下相邻层柱所在的节点不在同一位置，虽然看起来上下柱截面是重叠的，但是节点之间距离超出 50mm。

可以通过单线模型查看，在单线模型下构件用单线显示且不显示偏心，因此能够更清晰地看到构件本层之间、上下层之间的联系。此时对于这种柱悬空情况细看一定是分离的。

可以通过【节点归并】菜单，指定该处的上下层节点向指定层的该节点归并。

（4）墙悬空：墙下方无构件支撑并且不在底层，未和基础相连，没有设置成支座。有时虽然下层对应位置布置了墙，但是下层墙顶和本层墙底在高度上重叠或不相接，造成的原因常是下层节点输入了上节点高，或本层墙输入了底标高造成的。

当墙搭在下层的布置有墙或梁的网格线上，但在下层搭接处没有节点，此时可通过【节点下传】菜单，指定该悬空墙两端节点下传，在下层支撑墙处生成节点即可。

（5）梁悬空：梁系没有竖向杆件支撑从而悬空（飘梁）。有时互相连接的若干梁悬空也都会给出悬空提示。这些情况将造成计算中断。

（6）楼层悬空：楼层组装时，楼层的底标高输入的不对，例如广义楼层组装时，因为底标高输入有误等原因造成该层悬空。

（7）±0 以上楼层输入了人防荷载：人防荷载只能布置在地下室层，如没有设置地下室层数却又输入了人防荷载将会给出此提示。

（8）构件截面定义检查：用户定义的截面不合理，这些不合理常造成计算出错或者计算异常。提示常见的不合理现象有：

截面尺寸为 0，如矩形某边长为 0，墙厚为 0 等，这将造成 0 截面杆件使计算出错；

钢与混凝土组合截面：内部型钢尺寸超出外包矩形；内部钢结构各段尺寸互相重叠或为 0；整个截面的材料定义不应定义为钢材料，而应定义为混凝土等。

（9）荷载超出杆件范围：是对荷载定义和输入的检查，梁、墙上交互输入荷载作用部位超出了构件范围，计算时不允许这种状况，将把这样的荷载忽略掉。

（10）弧网格超出 180°：超出 180°的梁或墙，其围取的房间信息可能判断错误，并且后续部分求弧网格角度的程序有可能基于此假设。

（11）悬挑梁检查：出错处常是主、次梁输入时未能捕捉上造成不相连的情况；大截面柱时，梁的节点没有布置到柱所在节点的另外节点，但节点间没有梁连接等情况；斜梁悬挑的数检，常是误输了梁的一端标高，造成和另一端不能连接。

（12）柱与下层柱未直接连接：上下层柱的截面相连，但是不在同一个 X、Y 坐标的节点上，下层这两个节点之间有梁杆件相连。如果下层这两个节点之间没有杆件相连，将提示柱悬空。

（13）墙与下层墙未直接连接：上下层墙的截面相连，但是相应的网格线不在同一条直线上，墙不是左右两端节点与下层墙相连，可能只有一个点相连。

（14）下层柱重叠的检查：提示为柱悬空。

（15）梁在楼层间布置的检查：对于层间梁，一般不应布置到本楼层范围以外，特别是不应布置到本层的底层地面位置，那样会形成和下层的刚性板连接而出错，除非是顶层，层间梁不应输入到本层层高以上位置，而应输入到上一层（但对于斜梁，可允许其一个节点布置到本层范围以外）。

（16）梁、墙偏心过大：当梁或墙设置了相对于网格线的偏心时，其梁（墙）中心线和网格线之间不应再存在节点，如果存在节点常造成荷载导算或结构计算的异常。这种节点有时是上面相邻楼层的柱或墙的节点下传造成的。

4.12　计算数检

在上部结构计算模块的前处理的【生成计算数据及数检】菜单执行之后，如果数据检查发现问题将给出数检报告"check. Out"。这里设置的计算数检菜单可以在模型上直接显示数检有问题的构件，从而便于用户查找。

软件逐条列出数检报告中的内容，鼠标双击每一条，即可显示该条对应的楼层与构件。如图 4-9 所示。

如果用户没有执行过计算前处理的生成数据与数检菜单，没有对应的数检报告 check. out，则此处的计算数检菜单不起作用。

图 4-9　计算数检

4.13 模型退出时执行的选项

在模型输入退出前程序还可根据用户选择进行如下工作（图 4-10），这些选项的执行常是后续的计算设计需要的必不可少的步骤，当模型没有相关的修改时某些选项不用重新执行，以提高效率。

生成梁托柱、墙托柱的节点：如模型有梁托上层柱或斜柱，墙托上层柱或斜柱的情况，则应执行这个选项，当梁托或墙托的相应位置上没有设置节点时，程序自动增加节点，以保证结构设计计算的正确进行。

跨越整层的跃层柱自动打断：可将用户输入的跨越整层的跃层柱或墙自动打断、分到下面相应层中。

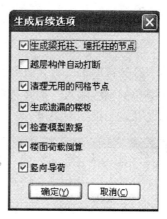

图 4-10　生成后续选项

清除无用的网格、节点：模型平面上的某些网格节点可能是由某些辅助线生成，或由其他层拷贝而来，这些网点可能不关联任何构件，也可能会把整根的梁或墙打断成几截，打碎的梁会增加后面的计算负担，不能保持完整梁、墙的设计概念，有时还会带来设计误差，因此应选择此项把它们自动清理掉。执行此项后再进入模型时，原有各层无用的网格、节点都将被自动清理删除。

生成遗漏的楼板：遗漏的楼板将导致该房间上荷载的丢失和楼板的丢失。如果某些层没有执行【生成楼板】菜单，或某层修改了梁、墙的布置，对新生成的房间没有再用【生成楼板】去生成，则应在此选择执行此项。程序会自动将各层及各层各房间遗漏的楼板自动生成。遗漏楼板的厚度取自各层信息中定义的楼板厚度。

检查模型数据：功能同【模型检查】菜单。

楼面荷载导算：程序做楼面上恒载、活载的导算。完成楼板自重计算，并对各层各房间作从楼板到房间周围梁、墙的导算，如有次梁则先做次梁导算。生成作用于梁、墙的恒、活荷载。

楼面荷载导算是上部结构计算等后续设计的必要条件。

竖向导荷：完成从上到下顺序各楼层恒、活荷载的传导，生成作用在底层基础上的平面荷载，包括平面恒荷载和平面活荷载。程序还生成各层柱和墙上承受的本层及以上各层传来的荷载，该荷载用于砌体结构计算，还用于上部结构计算中的重力二阶效应分析。

因此竖向导荷的结果在本系统的三处应用：一是基础设计如果要采用的平面恒荷载和平面活荷载；二是砌体结构设计计算；三是上部结构计算中如果选用了重力二阶效应分析。

第五章　空间模型

除了逐层输入方式以外，建模软件还提供了空间模型的输入方式。和主菜单的轴线输入、构件布置、楼板布置、荷载输入、楼层组装并列，最后是【空间模型】菜单。

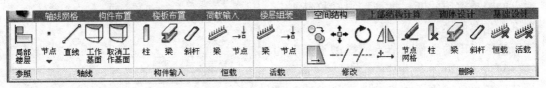

图 5-1　空间建模菜单

空间模型的特点是输入空间网格线并在其上布置构件和荷载，逐层建模时输入的轴线只能在水平面上进行，空间网格线则可以在空间的任意方向绘制。对于不易按照楼层模型输入的复杂空间模型，可以按照空间模型方式输入。

平面建模时输入的轴线为红色，空间建模菜单输入的空间网格线为黄绿色，这样可以区分开来，突出空间网格的特点。

可以导入已有的用 AutoCAD 建立的空间网格，导入的网格也以黄绿色显示。

建模程序以逐层建模方式为主，同时提供空间建模方式，并使二者密切结合。这是因为设置了复杂空间结构的建筑工程，其大部分仍设置了楼层，对楼层部分按照逐层建模方式效率高得多。完全依靠空间建模方式建模的实际工程很少。

用户应在逐层建模操作完成，且楼层组装后，再操作空间模型菜单补充输入空间模型部分。为了空间模型的定位，空间建模应以已有的楼层模型为参照，空间建模是在已有的楼层模型上补充输入。

除了完全没有设置平面楼层的建筑，一般在空间建模时，应首先选择参照的楼层自然层。参照的楼层可以是一个楼层，比如需在顶层设置空间桁架时就选择顶层作为参照的楼层；也可以选择多个楼层，如需在某几个楼层之间搭建空间模型。

空间模型还可以建在已有楼层的内部，比如古建的大屋顶，可将大屋顶的柱和屋面梁部分作为普通的楼层建模，将屋顶下的多重檩架部分按照空间模型输入，软件计算时可将多重檩架作为屋顶层的子结构自动连接处理。类似这类形式的还有层顶的桁架结构。如果同时在多个楼层布置了桁架，可在多个已有楼层将空间模型同时输入，软件可将布置在多个楼层的桁架作为各个楼层的子结构自动连接处理。

空间网格是在参照的平面楼层网格上输入，空间网格的输入可捕捉平面楼层网格定位，由于经过全楼组装后的自然层的空间位置已经确定，所以输入的空间网格也随之确定。当楼层组装修改后自然层空间位置将发生变化，空间模型也将随之变化。

空间网格的颜色为黄绿色，在空间模型菜单中布置的构件和荷载，只能布置在黄绿色的空间网格线上，而不能布置在参照的平面楼层网格上。

导入已有的空间网格时，也应首先选择参照的自然楼层，将导入的模型用鼠标动态移动，布置到已有的楼层上。

在目前的空间模型中，设置了柱、斜杆和梁构件的布置，没有设置楼板布置和墙、墙上洞口的布置。荷载方面设置了恒、活荷载的输入，每种荷载设置了梁间荷载和节点荷载的输入。由于没有空间楼板的输入，也就没有楼板荷载的输入和导算的功能。

5.1　空间模型的输入

空间模型的各菜单说明如下：

5.1.1　参照的局部楼层

选择参照的楼层号。

空间建模前，应完成各个平面楼层的输入，并进行了楼层组装。用户在这里选择参照的自然楼层号。

这里调出的菜单就是【局部楼层】菜单，可以选择一个楼层或者几个楼层。

程序将把选出的楼层显示在屏幕上，显示的有该楼层的轴线网格节点，以及布置的构件。

在输入空间网格线时，可以捕捉参照楼层的轴线网格节点，但是不能捕捉参照楼层上的构件，也就是说，楼层上的梁、柱、墙等构件处于锁定状态，只能起到显示参考作用。因为空间网格的定位只需要用到参照楼层的轴线网格节点，用户可以通过显示控制菜单，关闭构件的显示。

同样输入空间网格时，已经布置的空间网格上的构件也处于锁定状态，不能对其进行捕捉操作。

为了方便输入空间网格线，可以使用【裁剪】和【裁剪恢复】菜单控制屏幕上显示的部分，包括参照楼层和输入的空间结构。

5.1.2　导入 AutoCAD 轴网

可以导入已有的在 AutoCAD 中建立的空间轴网。程序将 AutoCAD 轴线转化成本程序识别的空间网格线，并布置到已输入的楼层上。

导入前也应选择参照的楼层，操作时用鼠标动态拖动转化好的空间网格，使其和参照楼层的节点捕捉定位。

5.1.3　空间轴线输入

在这里输入空间的线和节点。

按照楼层输入方式时，输入的点、线等图素只限于水平面上，空间建模菜单下取消这一限制，可以随意绘制空间任意的点、线。因此，空间点的坐标输入是三维的，需要输入它的 X、Y、Z 的三个值。比如输入空间直线时，其第一点确定后，第二点的定位需要输入相对于第一点的 X、Y、Z 方向的三个值。

绘制出的空间线将以黄绿色显示，以便和平面楼层的红色网格线区别开来。绘出的空间线将在相交处自动打断成分段的网格和节点。

程序设置了【节点】、【直线】两个菜单。

节点输入菜单有三项：【节点】、【定数等分】、【定距等分】。

【节点】：直接输入空间节点，可以连续输入。

【定数等分】：在一条已有的空间直线上等分输入节点，等分数量由用户输入。

【定距等分】：在一条已有的空间直线上按照用户输入的距离输入节点。

图 5-2　节点输入
菜单

5.1.4　工作基面

工作基面是绘制空间线的重要工具。当需要绘制的图素位于空间某同一平面内时，可以将这一平面事先定义为工作基面，随后绘制图素的操作将锁定在工作基面内进行。这样用户可以像绘制二维图素一样方便地绘制三维图素。在工作基面内，将基面的 Z 方向锁定，鼠标只能在基面内绘制，绘制的方式、使用的各种工具和在普通平面上相同。

由于大部分的空间线是处在某一平面内的，如空间桁架的杆件处在 X-Z 或 Y-Z 的竖向平面内，可以将某一 X-Z 或 Y-Z 的竖向平面定义成工作基面，再在上面绘制桁架轴线就很方便了。

定义工作基面的操作是：逆时针方向选择已有的空间三个点确定工作基面，选择基面的原点，定义基面的 X 轴方向。定义工作基面完成后，将在工作基面的原点处出现一个较小的坐标轴。随后的绘制图素的操作将锁定在该工作基面内，直到点取【取消工作基面】菜单。

5.1.5　构件输入

可以在空间网格上布置柱、斜杆和梁构件。定义柱、斜杆和梁截面的方式和前面的楼层建模时相同，布置斜杆和梁时，没有设置偏心转角的内容。程序将空间布置的杆件按照其截面宽向下的整体坐标考虑。

原来的斜杆布置，设置了按照"节点"的方式布置和按照"网格"的方式布置。在空间建模下布置斜杆时，程序隐含按照"网格"方式布置。

柱只能在垂直的轴线上布置，布置时可输入柱相对于节点的偏心和转角，其偏心值和转角值都是相对于整体坐标系的数值。

5.1.6 荷载输入

荷载分为恒荷载、活荷载的输入，每种荷载下设置了【梁间荷载】和【节点荷载】两种荷载的输入。

【梁间荷载】、【节点荷载】的定义方式和布置方式和前文按照楼层输入的方式相同。

5.1.7 修改

提供对空间网格的编辑修改命令。菜单有【复制】、【移动】、【镜像】、【旋转】、【拖动】、【延伸】、【裁剪】、【移动节点】等。

5.1.8 删除

提供对空间网格、构件、荷载的删除功能。菜单有【删除网格节点】、【删除梁】、【删除斜杆】、【删除恒载】、【删除活载】。

5.1.9 空间模型的显示

单独的空间模型将在【空间模型】菜单下显示。

点取【全楼模型】菜单，空间模型部分将可以和全楼模型一起显示。

5.2 空间模型的计算前处理和计算

在上部结构计算程序中，空间模型部分按照建模的状况和已有的楼层连接在一起。前、后处理将空间模型作为特殊的一个楼层对待，并安排作为最后的一个标准层和自然层。

在特殊构件定义中空间模型作为最后的标准层处理；

在荷载校核、空间计算简图中它们将是最后的一个自然层显示；

在计算结果显示中，可对空间模型部分按照三维内力菜单显示输出。

有空间模型时需要注意的主要方面是：

（1）由于空间模型在计算时被当作一个楼层，在施工模拟计算时也被当作一个放到最后的楼层处理。当空间模型不是处于最顶层时这种处理将与实际有较大出入，因此这时用户应针对空间层与楼层的实际连接情况，人工修改施工次序。

（2）如果空间模型的结构材料和其他楼层不同，比如空间模型是空间钢结构、而其他楼层是混凝土结构，则在结构计算前对这两种结构体系设置不同的阻尼比。在计算参数的地震计算参数中，设置阻尼比时有三个选项：【结构统一阻尼比】、【按材料取阻尼比】、【按楼层取阻尼比】。

第六章　计算前处理

从【模型与荷载输入】菜单退出并点取【上部结构计算】菜单进入到上部结构计算程序时，程序首先进入到计算前处理部分。

图 6-1　前处理及计算菜单

计算前处理包括的菜单有：计算参数、特殊构件定义、多塔定义、楼层属性查看修改、风荷载查看修改、柱计算长度查看修改、生成结构计算数据、数据检查报告、计算简图。这些内容是在模型荷载输入完成后，对结构计算信息的重要补充。

第一次结构计算前，计算参数菜单是必须要执行的。在反复计算调整中，譬如回到建模菜单修改模型与荷载输入，或者调整前处理了其他菜单，如果没有对设计计算参数内容的修改，可以不用再执行计算参数菜单。

特殊构件定义、多塔定义、楼层属性查看修改、风荷载查看修改、柱计算长度查看修改等菜单是根据需要执行的，不是必须执行的菜单。在反复计算调整中，如果没有新的修改，这些菜单也不必重新运行。

结构计算前必须要生成结构计算数据，没有这一步也不能查看结构计算简图。但是生成计算数据的操作可以和计算连续进行，在结构计算菜单的选项中，第一项是【生成数据＋全部计算】，该菜单可以将生成结构计算数据和结构计算的操作一步完成。

特殊构件定义是计算前处理的重要的、用户操作最多的工作，它不但内容多，包含的菜单层级也多。我们用 Ribbon 风格的菜单把它们集中地、紧凑地放置在这里。

特殊构件的定义，有【特殊梁】的定义：例如：定义【不调幅梁】，定义【连梁】、【转换梁】、【连梁分缝】、【交叉配筋】、【杆端约束】、【刚度系数】、【扭矩折减】等。还有【特殊柱】、【特殊支撑】、【特殊墙】、【板属性】、【节点属性】、【抗震等级】、【材料强度】等的定义。

这里采用了四级菜单是带绿色三角形的，特点是点取某一个菜单后，整批四级菜单的内容不退出，仍保留在原位置。这是因为这里的菜单内容多，切换的也多，它们整体保持在原处，便于用户随时点取操作。

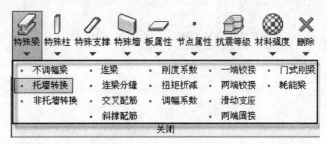

图 6-2 特殊构件定义菜单

用户点取关闭可以关闭这批菜单，或者用户点取其他三级菜单也会自动关闭当前的菜单显示。

6.1 计算与设计参数

设计人员在运行结构分析与计算前，需根据工程实际情况正确设置计算与设计参数。参数修改后，软件会自动存盘，并可以直接将参数文件（spara.par）拷贝到其他工程中作为默认设置。设计参数共有如下选项卡：【结构总体信息】、【计算控制信息】、【风荷载信息】、【地震信息】、【设计信息】、【活荷信息】、【构件设计信息】、【材料信息】、【地下室信息】、【荷载组合】。

每页选项卡的标题排列于左侧，分别点击即打开各个卡的参数页。

6.1.1 结构总体信息

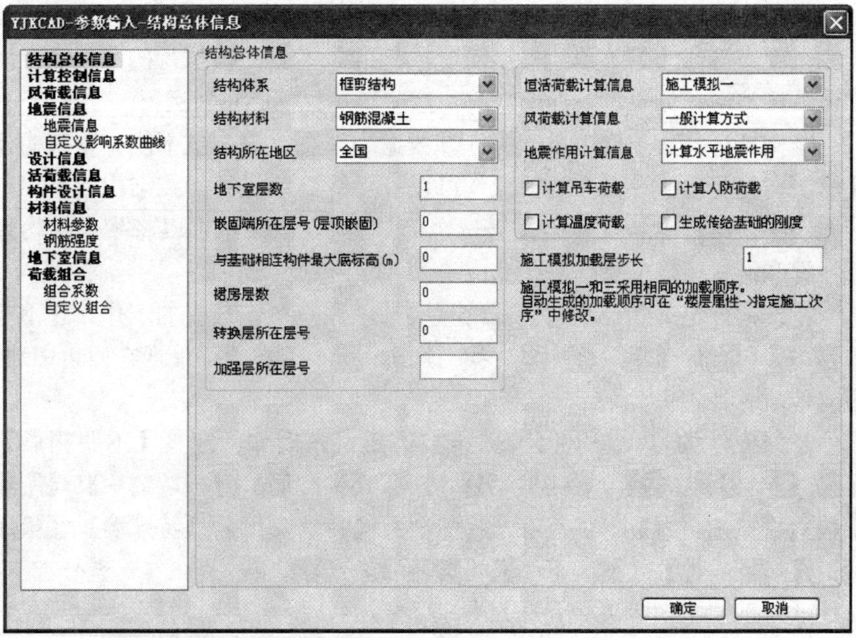

图 6-3 结构总体信息

参数含义及取值方法如下：

1）结构体系

软件提供的选项是根据现行规范的相关规定整理的。该参数直接影响整体指标统计、构件内力调整、构件设计等内容。

（1）框架结构

影响强柱弱梁、强剪弱弯调整系数，框架结构单独规定；

影响轴压比限值取值，框架结构单独规定；

影响层刚度比计算方法，《高层建筑混凝土结构技术规程》JGJ 3—2010（以下简称《高规》）区分框架结构和非框架结构；

影响柱纵筋最小配筋率，Ⅳ类场地较高建筑要提高最小配筋率。

图 6-4　结构体系

（2）框剪结构

影响轴压比限值取值；

按《高规》第 8.1.4 条进行楼层地震剪力调整。

（3）框筒结构

影响轴压比限值取值；

按《高规》第 9.1.11 条进行楼层地震剪力调整。

（4）筒中筒结构

影响轴压比限值取值；

按《高规》第 9.1.11 条进行楼层地震剪力调整。

（5）剪力墙结构

（6）部分框支剪力墙结构

抗震设计时，落地剪力墙弯矩取底层墙底内力，并进行弯矩调整；

转换层上下刚度比计算；

当转换层在 3 层及 3 层以上时，框支柱、剪力墙底部加强部位的抗震等级自动提高一级。

（7）板柱—剪力墙结构

影响轴压比限值取值；

风荷载、地震作用层剪力调整。

（8）异形柱框架结构

按《混凝土异形柱结构技术规程》JGJ 149—2006（以下简称《异形柱规程》）进行强柱弱梁、强剪弱弯调整；

如果是Ⅳ类场地、高度超过 28m，对最小配筋率提高 0.1%；

影响轴压比限值取值。

（9）异形柱框剪结构

按《异形柱规程》进行强柱弱梁、强剪弱弯调整；

影响轴压比限值取值，异形柱框架与框剪结构有不同的取值。

（10）配筋砌块砌体结构

底部加强区高度取值；

轴压比限值取值；

最大配筋率按配筋砌体确定。

（11）砌体结构

执行砌体结构相关规范的规定。

（12）底框结构

执行底框结构的相关规定。

（13）钢框架—中心支撑

执行《建筑结构抗震规范》ZBBZH/CJ 4（以下简称《抗震规范》）关于钢框架—中心支撑的相关规定；

按 $0.25V_0$ 调整。

（14）钢框架—偏心支撑

执行《抗震规范》关于钢框架—偏心支撑的相关规定；

按 $0.25V_0$ 调整。

（15）单层工业厂房

执行《抗震规范》关于单层工业厂房的相关规定。

（16）多层工业厂房

执行《抗震规范》关于多层工业厂房的相关规定。

2）结构材料

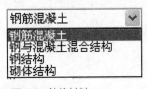

图 6-5　结构材料

【钢筋混凝土】：指结构主要材料为钢筋混凝土，软件按混凝土结构相关规范计算并调整地震作用和风荷载计算结果，如 $0.2V_0$ 调整、筒体结构层地震剪力调整、板柱—剪力墙调整等。

【钢与混凝土混合结构】：指结构主要材料为钢、钢筋混凝土或型钢混凝土、钢筋混凝土的结构，软件按相关规范计算并调整地震作用和风荷载计算结果，如 $0.2V_0$ 调整、筒体结构层地震剪力调整等。

【钢结构】：指结构主要材料为钢结构，在地震作用调整和风荷载计算时，软件按钢结构有关规范执行。如果工程设置了 $0.2V_0$ 调整相关参数，则软件自动按 $0.25V_0$ 调整。

【砌体结构】：按砌体结构有关规范计算地震作用和风荷载，并对砌块墙进行抗震验算。

3）结构所在地区

【全国】：按国家规范、规程进行结构设计；

【广东】：整体计算与构件设计时，对于广东规程有规定的，按广东规程执行；

【上海】：整体计算与构件设计时，对于上海

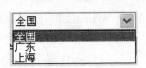

图 6-6　所在地区

规程有规定的，按上海规程执行。

4）地下室层数

指与上部结构同时进行内力分析的地下室部分的层数。该参数对结构整体分析与设计有重要影响，如地下室侧向约束需要施加在地下室周边节点上；地下室外墙平面外设计；风荷载计算时，起算位置为地下室1层顶；剪力墙底部加强区起算位置为地下室1层顶等。

5）嵌固端所在层号

该参数用于确定设计时的嵌固层，如嵌固端梁柱的配筋构造、嵌固层刚度比限值等方面。

软件以输入的嵌固层层顶嵌固，如果地下室顶板作为上部结构嵌固端，则该参数数值＝地下室层号；如果在基础顶面嵌固，则该参数数值＝0。软件默认嵌固端所在层号＝地下室层号，如果修改了地下室层号，应注意确认嵌固端所在层号是否需要修改。

输入嵌固端所在层号后，软件按规范的相关规定进行设计，如按《抗震规范》第6.1.14.3.2条对梁、柱钢筋进行调整；按《高规》第3.5.2条确定刚度比限值等。如果嵌固层以下设置了地下室，则按《抗震规范》第6.1.3条，将嵌固端所在层号当作地下1层，且不降低嵌固端所在层号的抗震等级；对于嵌固端所在层以下的各层的抗震等级和抗震构造措施的抗震等级分别自动设置：对于抗震等级自动设置为四级抗震等级，对于抗震构造措施的抗震等级逐层降低一级，但不低于四级。

6）与基础相连构件最大底标高

用来确定柱、支撑、墙柱等构件底部节点是否生成支座信息，如果某层柱或支撑或墙柱底节点以下无竖向构件连接，且该节点标高位于【与基础相连构件最大底标高】以下，则该节点处生成支座。

7）裙房层数

《抗震规范》第6.1.10条文说明中指出：有裙房时，加强部位的高度也可以延伸至裙房以上一层。

软件在确定剪力墙底部加强区高度时，对于有裙房的结构，取底部加强区高度不小于裙房层＋1层。

另外，该参数还用于多塔结构自动分塔计算时的构件设计结果取大。拆分单塔时，裙房及以下层构件可能被拆分后的多个单塔共有，而这些构件很可能属于拆分后各单塔的边缘部位，受力状态与实际相差较大，因此软件在进行整体模型与单塔模型构件设计结果取大时，将不包括裙房及以下楼层的构件。

裙房层数在填写时注意要包含地下室层数。

8）转换层号

《高规》第10.2节指出带转换层结构主要有两种：带托墙转换层的剪力墙结构（部分框支剪力墙结构）和带托柱转换层的筒体结构。规范对这两种结构做出了规定，有共性的规定，也有各自不同的规定。

共性的规定主要有：《高规》第 10.2.2 条，剪力墙底部加强部位高度不小于转换层＋2 层；《高规》第 10.2.3 条，计算转换层上下层刚度比等；《高规》第 10.2.4 条，转换构件在水平地震作用下的标准内力放大。

对于部分框支剪力墙结构，规范做出了特殊规定，如：《高规》第 10.2.6 条："对部分框支剪力墙结构，当转换层的位置设置在 3 层及 3 层以上时，其框支柱、剪力墙底部加强部位的抗震等级宜按本规程表 3.9.3 和表 3.9.4 的规定提高一级采用，已为特一级时可不提高"；《高规》第 10.2.16 条第 7 款，框支框架承担的地震倾覆力矩应小于结构总地震倾覆力矩的 50％；《高规》第 10.2.17 条，部分框支剪力墙结构框支柱的水平地震剪力标准值的调整；《高规》第 10.2.18 条，部分框支剪力墙结构中，特一、一、二、三级落地剪力墙底部加强部位的弯矩设计值调整；

如果设置了转换层层号，软件将执行共性的规定；如果设计人员将结构体系设置为【部分框支剪力墙结构】，则软件还将执行部分框支剪力墙结构的相关规定。

需要注意的是，转换构件（如转换梁、转换柱）软件没有自动识别功能，需要设计人员手工指定。

转换层号在填写时注意要包含地下室层数。

9）加强层所在层号

该参数对于筒体结构层地震剪力调整、加强层构件设计等方面有影响。如果设置了加强层，软件将按规范要求进行设计，如：《高规》第 9.1.11 条规定，筒体结构楼层地震剪力调整要去除加强层及其上、下层；《高规》第 10.3.1 条，加强层及其相邻层的框架柱、核心筒剪力墙的抗震等级应提高一级；《高规》10.3.3 条，加强层及其相邻层框架柱的轴压比应按其他楼层框架柱的数值减小 0.05 采用，加强层及其相邻层核心筒剪力墙应设置约束边缘构件等。

该参数除了在设计参数中设置外，还可在多塔定义中手工指定。

10）恒活荷载计算信息

图 6-7　恒活荷载计算信息

该参数主要控制恒活荷载计算。

【不计算恒活荷载】：软件不计算恒活荷载。

【一次性加载】：一次施加全部恒载，结构整体刚度一次形成。

【施工模拟一】：结构整体刚度一次形成，恒载分层施加。这种计算模型主要应用于各种类型的下传荷载的结构。

【施工模拟三】：采用分层刚度分层加载模型。第 n 层加载时，按只有 1～n 层模型生成结构刚度并计算，与【施工模拟一】相比更接近于施工过程。

11）风荷载计算信息

【不计算风荷载】：软件不计算风荷载。

图 6-8　风荷载计算信息

【一般计算方式】：软件先求出某层 X、Y 方向水平风荷载外力 F_X、F_Y，然后根据该层总节点数计算每个节点承担的风荷载值，再根据该楼层刚性楼板信息计算该刚性板块承担的总风荷载值并作用在板块质心；如果是弹性节点，则直接施加在该节点上，最后进行风荷载计算。

【精细计算方式】：软件先求出某层 X、Y 方向水平风荷载外力 F_X、F_Y，然后搜索出 X、Y 方向该层外轮廓，将 F_X、F_Y 分别施加到相应方向外轮廓节点上，并在侧向节点上同时作用侧向风产生的节点力，然后进行风荷载计算。由于精细计算方式的风荷载只作用在外轮廓节点上，因此在计算某一方向风荷载时，软件将区分正向风与逆向风。对于房屋顶层，设计人员在确定风荷载施加方向（X 向或 Y 向）后，软件自动计算风荷载并换算成梁上分布荷载。

软件在输出风荷载工况时，对于 X 向风，将输出＋WX、－WX 两种工况，对于 Y 向风，将输出＋WY、－WY 两种工况。

12）地震作用计算信息

《抗震规范》第 3.1.2 条规定：抗震设防烈度为 6 度时，除本规范有具体规定外，对乙、丙、丁类的建筑可不进行地震作用计算。

图 6-9　地震作用计算信息

《抗震规范》第 5.1.6.1 条规定：6 度时的建筑（不规则建筑及建造于Ⅳ类场地上较高的高层建筑除外），以及生土房屋和木结构房屋等，应符合有关的抗震措施要求，但应允许不进行截面抗震验算。

如果设计人员选择【不计算地震作用】，则软件不进行地震作用计算。

如果设计人员选择【计算水平地震作用】，则软件只计算水平地震作用，分 X、Y 方向；如果设置了【水平力与整体坐标夹角】A_{ng}，则沿 X 正向与整体坐标系逆时针转动 A_{ng} 后方向；如果设置了【斜交抗侧力构件方向角度】，则除了沿整体坐标系的 X、Y 方向计算地震作用外，再沿斜交抗侧力构件方向计算地震作用。

如果设计人员选择【计算水平和竖向地震作用】，则软件同时计算水平和竖向地震作用，并且在荷载组合时分别考虑只有水平地震参与的组合、只有竖向地震参与的组合、水平地震为主的组合以及竖向地震为主的组合。

13）计算吊车荷载

该参数用来控制是否计算吊车荷载。如果设计人员在建模中输入了吊车荷载，则软件会自动勾选该项。如果工程中输入了吊车荷载而又不想在结构计算中考虑时，可不勾选该项。

该选项同时影响荷载组合，勾选该项，则荷载组合时将考虑吊车荷载。

14）计算人防荷载

该参数用来控制是否计算人防荷载。如果设计人员在建模中输入了人防荷载，则软件会自动勾选该项。如果工程中输入了人防荷载而又不想在结构计算中考虑时，可不勾选该项。

该选项同时影响荷载组合，勾选该项，则荷载组合时将考虑人防荷载。

15）计算温度荷载

该参数用来控制是否计算温度荷载。

该选项同时影响荷载组合，勾选该项，则荷载组合时将考虑温度荷载。

16）生成传给基础的刚度

该参数用来控制上部结构计算时是否生成传给基础的凝聚刚度，勾选该项，则基础计算时可考虑上部结构刚度的影响。

17）加载步长、自动设定

对于一般的单塔工程，可能一个自然层为一个施工工段，但对于一些传力复杂的结构，可能需要指定某些楼层为一个施工工段，如带转换层结构、外挑结构的楼层等，另外对于按广义层方式建模的结构，也应根据上下层的连接关系指定施工次序。

软件自动生成各楼层施工次序时属于同一施工工段的连续楼层数，比如一个 4 层结构，如果参数填 2，表示 1、2 层属于同一施工工段，3、4 层属于同一施工工段。

软件默认为一个楼层一次施工，设计人员可根据工程实际进行修改。

自动生成的加载顺序可在前处理的【楼层属性】→【指定施工次序】中修改。

6.1.2 计算控制信息

该选项中的参数主要与结构计算相关。

1）水平力与整体坐标夹角

该参数为地震作用、风荷载计算时的 X 正向与结构整体坐标系下 X 轴的夹角，逆时针方向为正，单位为度。

改变该参数时，地震作用和风荷载计算时的 X 正向将发生改变，进而影响与坐标系方向有关的统计结果，如风荷载计算时的迎风面宽度、风荷载、地震作用计算时的层外力、层间剪力、层间位移、层刚度等指标。如果只想计算最不利方向地震作用，可在参数【斜交抗侧力构件附加方向角度】中增加相应角度来考虑。

如果结构存在抗侧力构件方向和 X、Y 方向一致，则沿着 X、Y 方向计算的地震作用是不可少的。因此，如果仅仅为了改变风荷载的方向而在此处输入不等于 0 的角度时，宜将结构原 X、Y 主轴方向同时输入到【斜交抗侧力构件附加方向角度】参数中，以考虑结构原有 X、Y 方向地震作用效应。

2）梁刚度放大系数按《混凝土结构设计规范》GB 50010—2010 取值

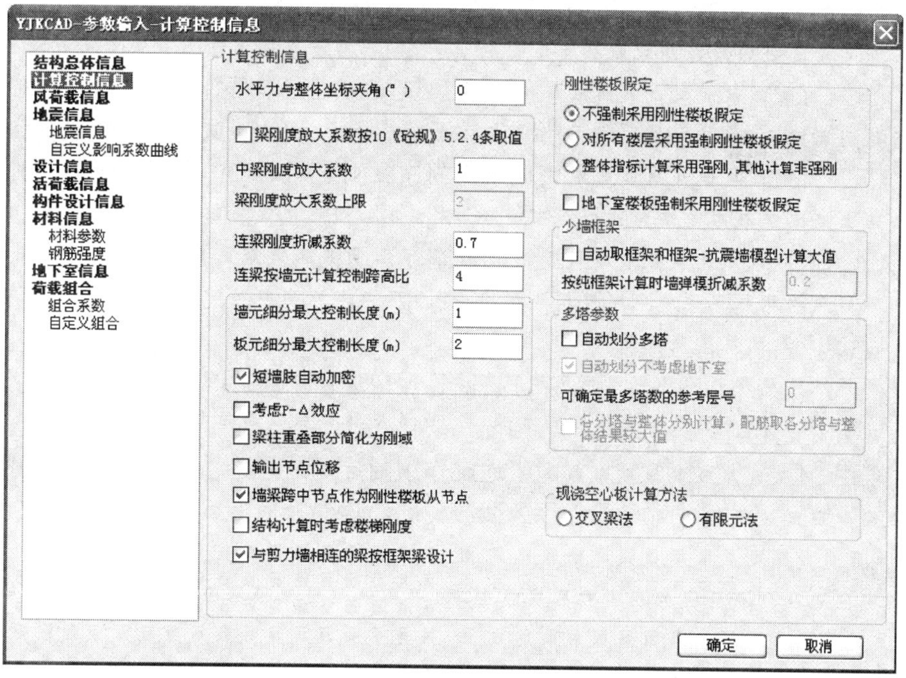

图 6-10 计算控制信息

《混凝土结构设计规范》（以下简称《混凝土规范》）第 5.2.4 条规定："对现浇楼盖和装配整体式楼盖，宜考虑楼板作为翼缘对梁刚度和承载力的影响。梁受压区有效翼缘计算宽度 b'_f 可按表 5.2.4 所列情况中的最小值使用；也可采用梁刚度增大系数法近似考虑，刚度增大系数应根据梁有效翼缘尺寸与梁截面尺寸的相对比例确定"。

勾选该项，软件自动按《混凝土规范》中表 5.2.4 所列情况计算梁有效翼缘宽度，并根据考虑翼缘后 T 形截面和原矩形截面抗弯刚度比值计算刚度放大系数。这样，平面中不同位置的梁的刚度放大系数均可能不同。

勾选该项，则【中梁刚度放大系数】将不起作用。

3）中梁刚度放大系数

软件在计算梁抗弯刚度时，只按照建模时输入的梁的截面尺寸及材料信息计算。而实际情况是，对于现浇楼板，在采用刚性楼板假定时，楼板作为梁的翼缘，是梁的一部分，因此软件采用此系数来考虑楼板对梁刚度的贡献。

如果填 1 表示不做放大，如果填大于 1 的值，则梁刚度放大系数可在 1.3～2.0 范围内取值。软件自动搜索中梁和边梁，对有楼板相连的梁进行刚度放大，其他情况的梁刚度不放大。

设计人员可在特殊梁定义中对每根梁的刚度放大系数进行修改。

4）梁刚度放大系数上限

该参数与上文 2）内容配套使用，主要是考虑到选择按上文 2）内容取值时，有时因为平面布置的问题，使得刚度放大系数计算值较大，因此软件提供了【刚度放大系数上限】参数，使得计算值不大于该值。

5）连梁刚度折减系数

《高规》第5.2.1条规定："高层建筑结构地震作用效应计算时，可对剪力墙连梁刚度予以折减，折减系数不宜小于0.5"，条文说明中指出：抗震设计的框架—剪力墙或剪力墙结构的连梁刚度相对墙体较小，而承受的弯矩和剪力很大，配筋设计困难。因此，可考虑在不影响承受竖向荷载能力的前提下，允许其适当开裂（降低刚度）而把内力转移到墙体上。

软件根据该参数对连梁刚度进行折减，并且对按框架梁输入或墙开洞方式生成的连梁均有效。

根据规范的规定，连梁刚度折减是在地震作用计算时的要求，连梁刚度折减会影响结构固有属性。因此，软件在计算时，对于不同的计算要求采用不同模型的计算结果，对于地震作用的计算结果，软件采用折减模型的计算结果；对于非地震作用的荷载情况，软件采用不折减模型的计算结果。这样，设计人员只需操作一次即可得到所有的计算结果。

6）连梁按墙元计算控制跨高比

目前软件支持两种建模方式输入连梁，一种是先输入连梁左右墙肢，再将连梁按普通梁输入；另一种是先输入一片墙，再在墙上开洞生成墙梁。两种建模方式生成的连梁的计算模型是不同的，一种是按杆单元计算，一种是按壳单元计算。

连梁建模时，不同设计人员有不同的建模习惯，有的习惯按开洞方式建模，也有的设计人员习惯了按框架梁建模。当连梁截面高度较大且跨高比很小时，按杆单元计算的计算结果误差较大。为了满足这类设计人员的需求，软件增加了【连梁按墙元计算控制跨高比】参数，对于按框架梁建模的连梁，当跨高比小于输入的数值时，软件自动将该梁转换为壳单元模型计算，并进行更细的网格划分。

7）墙元细分最大控制长度

该参数用来控制剪力墙网格划分时的最大长度，软件在网格划分时，确保划分后的小壳单元的边长不大于给定限值。该参数对分析精度略有影响，对于一般工程可取0.5～1.0m。

8）板元细分最大控制长度

该参数用来控制弹性楼板网格划分时的最大长度，软件在网格划分时，确保划分后的单元边长不大于给定限值。

9）短墙肢自动加密

由于有限元计算时对于水平向只划分了1个单元的较短墙肢计算误差较大，程序可对长度超过0.6倍的网格细分尺度并且只划分了一个单元的较短墙肢自动增加到2个单元，以提高墙肢内力计算的准确性。

10）考虑 P-Δ 效应

这里的 P-Δ 效应指结构整体计算时是否考虑的重力二阶效应，不包括构件设计时的 p-δ 效应。选择该项，则软件在结构计算时考虑重力二阶效应，否则不考虑。软件在设计结果文件中输出了结构是否应该考虑重力二阶效应的判断结果，设计人员可以参考软件输出结果进行设置。

11）梁柱重叠部分简化为刚域

选择该项，软件在计算时梁柱重叠部分作为刚域计算，梁计算长度及端截面位置均取到刚域边，否则计算长度及端截面均取到端节点。刚域尺寸按《高规》第5.3.4条计算。

12）输出节点位移

该参数用来控制是否输出各工况下节点详细位移。如果勾选该项，则软件在 wdisp. out 文本文件中除了输出各层位移指标外，还将输出各工况下节点位移。

13）墙梁跨中节点作为刚性楼板从节点

对于墙梁，当与之相连的楼板按刚性楼板计算时，网格划分后与楼板相连节点将作为刚性楼板的从节点。由于受到刚性楼板约束，水平荷载作用下的梁端剪力一般较不受刚性楼板约束时大。

软件增加该选项，默认勾选。不勾选时，墙梁跨中与楼板相连节点为弹性节点，梁端剪力一般较勾选时小。

14）结构计算时考虑楼梯刚度

如果在建模时布置了楼梯，可在这里勾选在结构计算时考虑楼梯的刚度。程序对楼梯跑和中间休息平台板按照有限单元的板元计算，采用弹性板6的计算模型，中间休息平台板为平板，梯跑为斜板或折板。程序自动对各个楼梯跑和中间休息平台划分单元，单元尺寸隐含为0.5米。

可在生成结构计算数据以后计算简图菜单的【轴测简图】下看到各个楼梯跑和中间休息平台划分单元的效果。

如果没有勾选此项，尽管布置了楼梯，程序在结构计算时将忽略楼梯的存在，不会考虑楼梯的刚度。

15）与剪力墙相连的梁按框架梁设计

如果不勾选此项，则软件将搭接在剪力墙上的梁按照非框架梁设计，即其抗震等级设为5。在同一轴线上的连续梁的各支座中，如果包含有柱，则软件将该连续梁按照框架梁设计。当支座中仅包含有墙时，勾选此项则按照框架梁设计；不勾选此项则按照非框架梁设计。

16）刚性楼板假定

软件提供三个选项：

（1）不强制采用刚性楼板假定：结构基本模型，按设计人员的建模和特殊构件定义确定；

（2）对所有楼层采用强制刚性楼板假定：软件按层、塔分块，每块采用强制刚性楼板假定；

（3）整体指标计算采用强刚，其他计算非强刚：根据规范要求，某些整体指标的统计需要在刚性楼板假定前提下进行。如果设计人员选择该项，则软件只在计算相应结构指标时采用强制刚性楼板假定的计算结果，在计算其他指标及构件设计时采用非强制刚性楼板假定的结果。这样，设计人员只计算一次即可完成整体指标统计与构件设计。

软件采用刚性楼板假定模型进行计算的内容主要有：层刚心、层间剪力与层间位移之比方式计算的层刚度、位移比等。

17）地下室楼板强制采用刚性楼板假定

对于带地下室的工程，软件以弹簧模拟地下室侧土约束并施加在地下室楼板上。对于有分块刚性板的地下室结构，勾选该项，将按一整块刚性板处理；否则将弹簧施加在各块刚性板上。

18）自动取框架和框架—抗震墙模型计算的较大值

《抗震规范》第6.2.13.4条规定："设置少量抗震墙的框架结构，其框架部分的地震剪力值，宜采用框架结构模型和框架—抗震墙结构模型二者计算结果的较大值"。

选择该项，软件自动生成不考虑抗震墙的框架模型，生成方法为在原模型基础上对墙弹性模量乘以【按纯框架计算时墙弹模折减系数】，降低墙对整体刚度的贡献来近似考虑纯框架模型，如果填0则相当于不考虑墙。

勾选该项，则软件自动取两个计算模型设计结果较大值作为最终设计结果。

19）按纯框架计算时墙弹模折减系数

该参数与【自动取框架和框架—抗震墙模型计算大值】配合使用，用来在少量抗震墙的框架结构模型基础上生成框架模型。

20）自动划分多塔

该参数主要用来控制多塔楼工程是否自动划分多塔，勾选该项，软件自动划分多塔。

21）自动划分不考虑地下室

该参数主要用来控制多塔楼工程自动划分多塔时，地下室部分是否也划分多塔，勾选该项则地下室及以下部分不划分多塔。

22）可确定最多塔数的参考层号

该参数与"各分塔与整体分别计算，配筋取分塔与整体结果较大值"配合使用，软件在对多塔楼工程自动分塔时，以该层自动划分的塔数作为该结构最终划分的塔数。如果该层以上的某层中又出现了某个塔分离成多个塔的情况，程序仍将这些分离部分当作一个塔来对待。

软件隐含取裙房或者地下室的上一层为自动划分多塔的起算层号，该层号可由用户修改。

23）各分塔与整体分别计算，配筋取分塔与整体结果较大值

《高规》第5.1.14条规定："对多塔楼结构，宜按整体模型和各塔楼分开的模型分别计算，并采用较不利的结果进行结构设计"。

《高规》第10.6.3条第4款规定："大底盘多塔楼结构，可按本规程第5.1.14条规定的整体和分塔楼计算模型分别验算整体结构和各塔楼结构扭转为主的第一周期与平动为主的第一周期的比值，并应符合本规程第

3.4.5 条的有关要求"。

设计人员将整体模型建好后，软件自动按规范要求划分多塔，并分别计算划分后各单塔模型，然后与整体模型计算结果比较取大，同时在设计结果中提供分别查看各单塔计算结果与整体模型计算结果功能。这样，设计人员只需一次将整体模型建好，一次计算就能得到整体模型和分塔的计算结果。

24）现浇空心板计算方法

对于现浇空心板，软件提供两种计算方法，交叉梁法和有限元法。

交叉梁法：根据布置信息确定肋梁位置及顶、底翼缘宽度，然后将柱、墙等竖向构件作为固定支座进行计算，主梁刚度也将计入。

有限元法：根据布置信息计算出单位宽度抗弯刚度，然后进行网格划分，按有限元方法进行计算。

6.1.3 风荷载信息

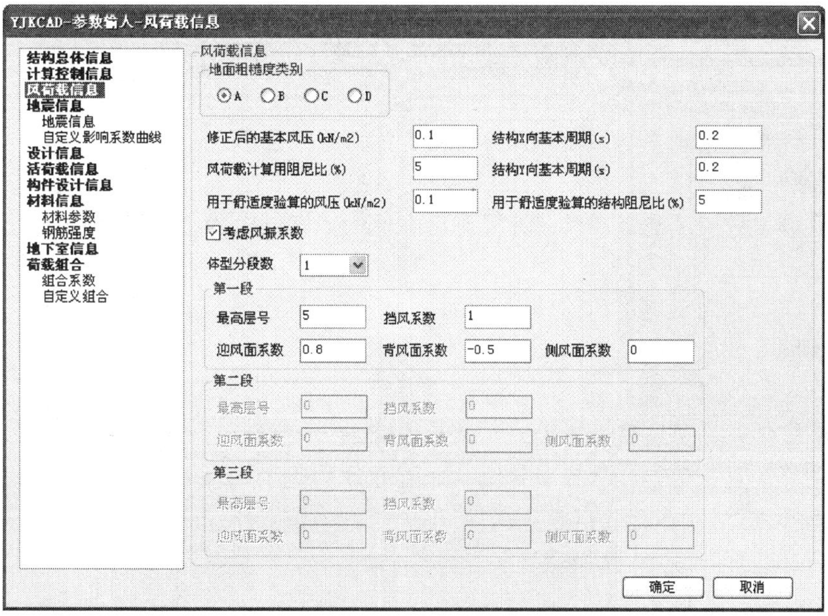

图 6-11　风荷载信息

该选项卡主要提供与风荷载计算相关的参数设置。

1）地面粗糙度类别

分 A、B、C、D 四类。

2）修正后的基本风压

这里所说的修正后的基本风压，是指沿海、强风地区及规范特殊规定等可能在基本风压基础上，对基本风压进行修正后的风压。对于一般工程，可按照《建筑结构荷载规范》GB 50009—2012（以下简称《荷载规范》）的规定采用。

《高规》第 1.2.2 条规定，对风荷载比较敏感的高层建筑，承载力设计时应按基本风压的 1.1 倍采用。对于该条规定，软件通过【荷载组合】选项卡的【承载力设计时风荷载效用放大系数】来考虑，不需且不能在修正后的基本风压上乘以放大系数。

3）结构 X 向、Y 向基本周期

该参数主要用于风荷载计算时的脉动增大系数计算。由于 X 向、Y 向风荷载对应的结构基本周期值可能不同，因此这里输入的基本周期区分 X、Y 方向。软件按《荷载规范》简化公式计算基本周期并作为默认值，设计人员可将计算后的结构基本周期填入重新计算以得到更准确的风荷载计算结果。

4）风荷载计算用阻尼比

该参数主要用于风荷载计算时的脉动增大系数计算。

5）用于舒适度验算的风压

风振舒适度验算用的风压，可参考《高层民用建筑钢结构技术规程》JGJ 99—1998（以下简称《高钢规》）相关规定。

6）用于舒适度验算的结构阻尼比

风振舒适度验算用的阻尼比，《高规》第 3.7.6 条建议取 0.01～0.02。

7）考虑风振系数

该参数用来控制风荷载计算时是否计算风振系数。

8）体型分段数

该参数用来确定风荷载计算时沿高度的体型分段数，目前最多为 3 段。

9）最高层号

该参数用来确定当前分段所对应的最高结构层号，起始层号为前一段最高层号+1。

10）挡风系数

软件在计算迎风面宽度时，按该方向最大宽度计算，未考虑中通、独立柱等情况，使得计算风荷载偏大，因此软件提供挡风系数。设计人员可根据通风部分的面积占总迎风面面积的比例，设置小于 1 的挡风系数，对风荷载进行折减来近似考虑。

11）迎风面系数、背风面系数

该参数用来设置沿风荷载作用方向的迎风面、背风面系数。

12）侧风面系数

该参数用来设置侧风面体型系数。

6.1.4 地震信息

该选项卡主要提供与地震作用计算相关的参数设置。

1）设计地震分组

根据《抗震规范》附录 A 及地方相关标准的规定选择。

2）设防烈度

依据《抗震规范》及地方相关标准的规定指定设防烈度，如图 6-13

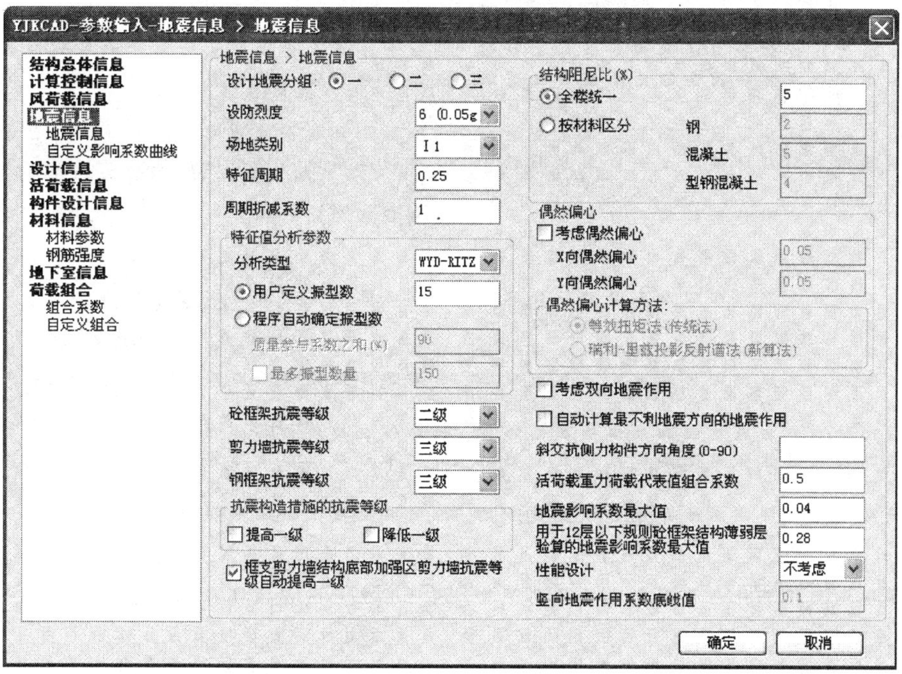

图 6-12 地震信息

所示。

3）场地类别

依据工程实际情况选择，《抗震规范》增加了 I_0 类场地，如图 6-14 所示。

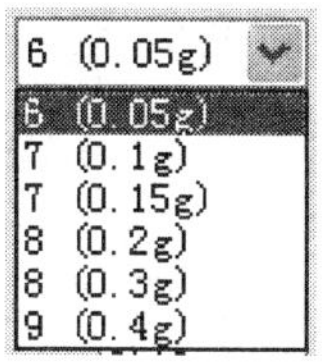

图 6-13 设防烈度

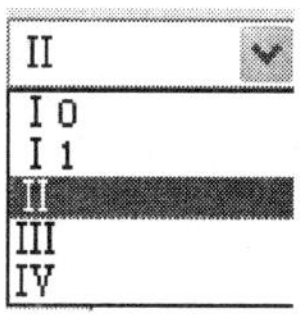

图 6-14 场地类别

4）特征周期

根据场地类别和设计地震分组取值。

5）周期折减系数

高层建筑结构整体计算分析时，只考虑了主要结构构件（梁、柱、剪力墙和筒体等）的刚度，没有考虑非承重结构构件的刚度，因而计算的自振周期较实际的偏长，按这一周期计算的地震作用偏小。因此，在计算地震作用时，对周期进行折减。

《高规》第 4.3.17 条规定："当非承重墙体为砌体墙时，高层建筑结构的计算自振周期折减系数可按下列规定取值：框架结构可取 0.6～0.7；框架—剪力墙结构可取 0.7～0.8；框架—核心筒结构可取 0.8～0.9；剪力墙结构可取 0.8～1.0"。

该参数只影响地震效应计算，不影响结构固有属性分析。

6）特征值分析参数

在这里设置了多个参数控制计算地震特征值及地震力计算。

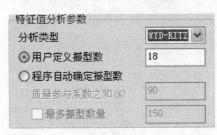

图 6-15　特征值分析参数

（1）分析类型

软件提供两种特征值计算方法由用户选择，常用的为 WYD-Ritz 法。

① WYD-Ritz 法

Ritz 向量法是由 Wilson，Yuan（袁明武）和 Dickens 在 1982 年提出的，并称为 WYD-Ritz 向量法，它最初用来求解地震的动力响应问题。由于它的基向量是由地震作用生成的，这一方法又广泛地被称为"载荷相关的 Ritz 向量法（load dependent Ritz vector approach）"。后来，袁明武等人将这一方法用于大型特征值问题的计算，使 Ritz 向量法成为一种极为有效的特征值算法。在 2002 年我们将迭代引入 Ritz 向量法来改善其特征值与特征向量的精度，使其成为一种高效的精确特征值算法。

② Ritz 向量法

Ritz 向量法考虑了荷载的空间分布，并且可以忽略不参与动态响应的振型，从而原系统方程的部分近似特征解。与精确特征值算法相比，该方法可以用更少的计算量达到更精确的结果，使用计算不多的振型个数就可达到要求的质量参与系数。但是其结果在一些情况下会偏于保守，而且由于这种方法计算的质量参与系数并不是精确结果，故要求其参与质量达到90％未必合理。在使用传统算法计算大规模多塔、大跨、竖向地震遇到困难时，用户可以考虑选择 Ritz 向量法计算地震作用。

（2）计算振型个数

软件提供两种计算振型个数的方法，一是用户直接输入计算振型数，二是软件自动计算需要的振型个数。

① 用户定义振型数

《抗震规范》第 5.2.2 条文说明中指出：振型个数一般可以取振型参与质量达到总质量 90％所需的振型数。

《高规》第 5.1.13 条规定："抗震设计时，B 级高度的高层建筑结构、混合结构和本规程第 10 章规定的复杂高层建筑结构，宜考虑平扭耦联计算结构的扭转效应，振型数不应小于 15，对多塔楼结构的振型数不应小于塔楼数的 9 倍，且计算振型个数应使振型参与质量不小于总质量的 90％"。

计算振型个数可根据刚性板数和弹性节点数估算，比如说，一个规则的两层结构，采用刚性楼板假定，由于每块刚性楼板只有三个有效动力自由度，整个结构共有 6 个有效动力自由度。可通过 wzq. out 文件中输出的有效质量系数确认计算振型数是否够用。

软件在计算时会判断填写的振型个数是否超过了结构固有振型数，如果超出，则软件按结构固有振型数进行计算，不会引起计算错误。

② 程序自动确定振型数

勾选此项后，要求同时填入参数【质量参与系数之和（％）】，软件隐含取值为90％。

在此选项下，软件将根据振型累积参与质量系数达到"质量参与系数之和"的条件，自动确定计算的振型数。

这里还设置了一个参数：【最多振型数量】，即对软件计算的振型个数设置最多的限制。如果在达到"最多振型数量"限值时，振型累积参与质量依然不满足"质量参与系数之和"条件，程序也不再继续自动增加振型数。

如果用户没有指定"最多振型数量"，则软件根据结构特点自动选取一个振型数上限值。

7)（型钢）混凝土框架抗震等级、钢框架抗震等级、剪力墙抗震等级

（型钢）混凝土框架抗震等级：应用于建模时按框架梁、柱、支撑方式输入的混凝土、型钢混凝土、钢管混凝土构件。

钢框架抗震等级：应用于建模时按框架梁、柱、支撑方式输入的钢构件。

剪力墙抗震等级：应用于建模时输入的混凝土、钢板混凝土、配筋砌块砌体墙。

8) 抗震构造措施的抗震等级提高（或降低）一级

该参数用来设置抗震构造措施的抗震等级相对抗震措施的抗震等级的提高（或降低），主要用于抗震构造措施的抗震等级与抗震措施的抗震等级不同的情况，如：

（1）《抗震规范》第3.3.2条："建筑场地为Ⅰ类时，对甲、乙类的建筑应允许仍按本地区抗震设防烈度的要求采取抗震构造措施；对丙类的建筑应允许按本地区抗震设防烈度降低一度的要求采取抗震构造措施，但抗震设防烈度为6度时仍应按本地区抗震设防烈度的要求采取抗震构造措施"。

（2）《抗震规范》第3.3.3条："建筑场地为Ⅲ、Ⅳ类时，对设计基本地震加速度为0.15g和0.30g的地区，除本规范另有规定外，宜分别按抗震设防烈度8度（0.20g）和9度（0.40g）时各抗震设防类别建筑的要求采取抗震构造措施"。

如果场地类别和设防烈度满足条件（1），软件会自动勾选抗震构造措施的【降低一级】；如果场地类别和设防烈度满足条件（2），软件会自动勾选抗震构造措施的【提高一级】。

在 wpj∗.out 文本文件中会分别输出抗震措施的抗震等级和抗震构造措施的抗震等级。

9) 框支剪力墙结构底部加强区剪力墙抗震等级自动提高一级

根据《高规》表3.9.3、表3.9.4，框支剪力墙结构底部加强区和非底

部加强区的剪力墙抗震等级一般情况下相差一级。选取此项时，框支剪力墙结构底部加强区剪力墙抗震等级将自动提高一级，省去设计人员手工指定的步骤。

10）结构阻尼比

这里的阻尼比只用于地震作用计算。

《抗震规范》第 5.1.5 条规定：除有专门规定外，建筑结构的阻尼比应取 0.05。

《抗震规范》第 8.2.2 条对钢结构抗震计算的阻尼比做出了规定。

《高规》第 11.3.5 条规定：混合结构在多遇地震作用下的阻尼比可取为 0.04。

其他情况根据相关规范规定取值。

软件提供两种设置阻尼比的方法：

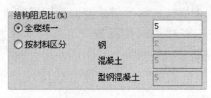

图 6-16　结构阻尼比

（1）全楼统一

即设置全楼统一的阻尼比值；

（2）按材料区分

如果结构由不同材料组成可勾选此项，此时可设置不同材料的阻尼比值，据此软件准确计算地震作用。

11）考虑偶然偏心

《高规》第 4.3.3 条规定："计算单向地震作用时应考虑偶然偏心的影响"。

如果设计人员勾选该选项，则软件在计算地震作用时，分别对 X、Y 方向增加正偏、负偏两种工况，偏心值依据【偶然偏心值（相对）】参数的设置，并且在整体指标统计与构件设计时给出相应计算结果。

对于偶然偏心工况的计算结果，软件不进行双向地震作用计算。

12）X 向、Y 向偶然偏心值（相对）

在此设置 X 向、Y 向的偶然偏心值。

13）偶然偏心的计算方法

（1）等效扭矩法

首先按无偏心的初始质量分布计算结构的振动特性和地震作用；然后计算各偏心方式质点的附加扭矩，与无偏心的地震作用叠加作为外荷载施加到结构上，进行静力计算。这种模态等效静力法比标准振型分解反应谱法计算量小，但在复杂情况下会低估扭矩作用。

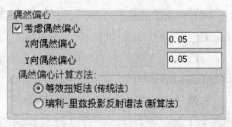

图 6-17　偶然偏心

（2）瑞利—利兹反应谱法

根据质量偏心对原始的质量矩阵做一个变换，求解过程中利用了这种关联关系对原始求得的振型进行变换得到新的振型向量，而不需要重新进行特征值计算。瑞利—利兹反应谱法比等效扭矩法计算精度高，比标准振型分解反应谱法效率高。

14）考虑双向地震作用

《抗震规范》5.1.1.3 条规定："质量和刚度分布明显不对称的结构，应计入双向水平地震作用下的扭转影响"。

勾选该项，则 X 向、Y 向地震作用计算结果均为考虑双向地震后的结果；如果有斜交抗侧力方向，则沿斜交抗侧力方向的地震作用计算结果也将考虑双向地震作用。

15）自动计算最不利地震方向的地震作用

软件自动计算最不利地震作用方向，并在 wzq.out 文件中输出该方向，并提供【自动计算最不利地震方向的地震作用】参数。勾选该项，则软件自动计算该方向地震作用。相当于在参数【斜交抗侧力方向角度】中自动增加了一个角度方向的地震作用计算。

16）斜交抗侧力构件方向角度

《抗震规范》第 5.1.1 条第 2 款规定："有斜交抗侧力构件的结构，当相交角度大于 15°时，应分别计算各抗侧力构件方向的水平地震作用"。

如果工程中存在斜交抗侧力构件与 X 方向、Y 方向的夹角均大于 15°，可在此输入该角度进行补充计算。

17）活荷载重力荷载代表值组合系数

指的是计算重力荷载代表值时的活荷载组合值系数。

18）地震影响系数最大值

地震影响系数最大值由【设防烈度】参数控制，软件会根据该参数的变化自动更新地震影响系数最大值。

如果要进行中震弹性或不屈服设计，设计人员需要将【地震影响系数最大值】手工修改为设防烈度地震影响系数最大值。

19）用于 12 层规则混凝土框架结构薄弱层验算的地震影响吸收最大值

该参数仅用于按《抗震规范》第 5.5.4 条简化方法对 12 层及以下纯框架结构的弹塑性薄弱层位移计算。

20）性能设计

《抗震规范》和《高规》均对性能设计做出了规定，软件为了适应规范的要求，提供了该参数。

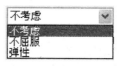

图 6-18　性能设计

软件处理方法如下：

中震（或大震）弹性设计：

（1）在【地震影响系数最大值】中输入中震（或大震）的地震影响系数最大值；

（2）与抗震等级有关的增大系数取为 1.0。

中震（或大震）不屈服设计：

（1）在【地震影响系数最大值】中输入中震（或大震）的地震影响系

数最大值；

(2) 荷载分项系数取 1.0，组合时不考虑风荷载；

(3) 与抗震等级有关的增大系数取为 1.0；

(4) 不考虑承载力抗震调整系数；

(5) 钢筋和混凝土材料强度采用标准值。

21）竖向地震作用系数底线值

《高规》第 4.3.15 条规定："高层建筑中，大跨度结构、悬挑结构、转换结构、连体结构的连接体的竖向地震作用标准值，不宜小于结构或构件承受的重力荷载代表值与表 4.3.15 所规定的竖向地震作用系数的乘积"。

如果竖向地震计算方法为振型分解反应谱法，则软件将判断计算结果是否小于该底线值，如果小于该底线值，则对竖向地震计算结果进行放大。

22）自定义影响系数曲线

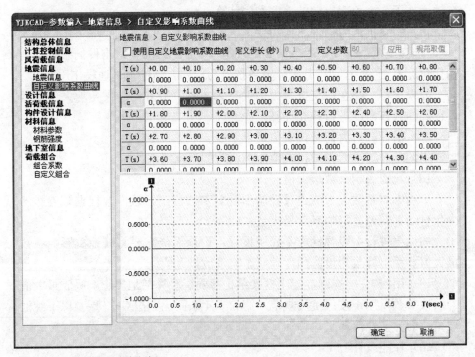

图 6-19 自定义影响系数曲线

软件提供了自定义影响系数曲线功能。选中【使用自定义地震影响系数曲线】后，表格及相应按钮变为可编辑状态，设计人员可以自行定义地震影响系数曲线，也可点击【规范取值】按钮来查看规范规定的影响系数曲线。

6.1.5 设计信息

该选项卡主要提供与设计调整相关的参数设置。

1）最小剪重比地震内力调整

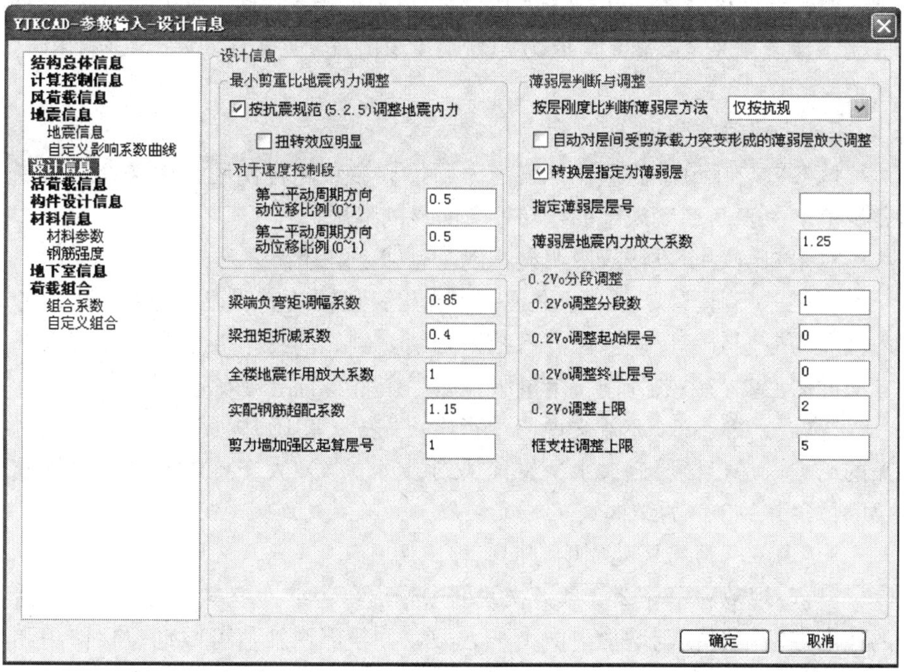

图 6-20　设计信息

《抗震规范》第 5.2.5 条条文说明中指出："由于地震影响系数在长周期段下降较快，对于基本周期大于 3.5s 的结构，由此计算所得的水平地震作用下的结构效应可能太小。而对于长周期结构，地震动态作用中的地面运动速度和位移可能对结构的破坏具有更大影响，但是规范所采用的振型分解反应谱法尚无法对此做出估计。出于结构安全的考虑，提出了对结构总水平地震剪力及各楼层水平地震剪力最小值的要求，规定了不同烈度下的剪力系数，当不满足时，需改变结构布置或调整结构总剪力和各楼层的水平地震剪力使之满足要求。例如，当结构底部的总地震剪力略小于本条规定而中、上部楼层均满足最小值时，可采用下列方法调整：若结构基本周期位于设计反应谱的加速度控制段时，则各楼层均需乘以同样大小的增大系数；若结构基本周期位于反应谱的位移控制段时，则各楼层 i 均需按底部的剪力系数的差值 $\Delta\lambda_0$ 增加该层的地震剪力——$\Delta F_{Eki} = \Delta\lambda_0 G_{Ei}$；若结构基本周期位于反应谱的速度控制段时，则增加值应大于 $\Delta\lambda_0 G_{Ei}$，顶部增加值可取动位移作用和加速度作用二者的平均值，中间各层的增加值可近似按线性分布"。

《抗震规范》不仅规定了最小剪重比调整系数，同时也规定了调整方法。软件按照上述方法调整层地震剪力，当底部总剪力相差较多时，结构的选型和总体布置需重新调整，不能仅采用乘以增大系数方法处理。

《抗震规范》条文说明中指出：满足最小地震剪力是结构后续抗震计算的前提，只有调整到符合最小剪力要求才能进行相应的地震倾覆力矩、构件内力、位移等等的计算分析；即意味着，当各层的地震剪力需要调整时，原先计算的倾覆力矩、内力和位移均需要相应调整。软件根据最小剪重比调整结果对后续的倾覆力矩统计，内力、位移计算等均进行相应调整。

2）扭转效应明显

该参数与【最小剪重比地震内力调整】参数配合使用，用来处理《抗震规范》中表 5.2.5 规定的扭转效应明显的情况。

对于如何判断扭转效应明显，规范有如下解释：

《抗震规范》第 5.2.5 条文说明中指出：扭转效应明显与否一般可由考虑耦联的振型分解反应谱法分析结果判断，例如前三个振型中，二个水平方向的振型参与系数为同一个量级，即存在明显的扭转效应。

《高规》第 4.3.12 条文说明中指出："表 4.3.12 中所说的扭转效应明显的结构，是指楼层最大水平位移（或层间位移）大于楼层水平位移（或层间位移）1.2 倍的结构"。

3）第一、第二平动周期方向位移比例

《抗震规范》第 5.2.5 条条文说明中指出：若结构基本周期位于反应谱的速度控制段时，则增加值应大于 $\Delta\lambda_0 G_{Ei}$，顶部增加值可取动位移作用和加速度作用二者的平均值，中间各层的增加值可近似按线性分布。

软件提供该参数，当 X 或 Y 方向结构基本周期位于速度控制段时，软件按该系数计算调整系数，填 0 按加速度控制段的方法取值，填 1 按位移控制段的方法取值，填 0~1 之间的数，则插值求调整系数。

当 X 或 Y 方向结构基本周期不位于速度控制段时，该参数不起作用。

4）梁端负弯矩调幅系数

在竖向荷载作用下，可考虑框架梁端塑性变形内力重分布对梁端负弯矩乘以调幅系数进行调幅。现浇框架梁端负弯矩调幅系数可为 0.8~0.9。

软件自动搜索框架梁并给出默认值，非框架梁、挑梁不调幅。

软件可对恒载、活载、活荷不利布置、人防荷载的计算结果进行调幅。

调幅梁、调幅系数可在特殊构件补充定义中手工修改。

5）梁扭矩折减系数

建筑结构楼面梁受扭计算时应考虑现浇楼盖对梁的约束作用。当计算中未考虑现浇楼盖对梁扭转的约束作用时，可对梁的计算扭矩予以折减。梁扭矩折减系数应根据梁周围楼盖的约束情况确定。

软件自动搜索梁左右楼板信息，并给出默认值。设计人员可在特殊构件补充定义中手工修改。

6）全楼地震作用放大系数

该参数将放大地震作用的所有计算结果。可通过此参数来放大地震作用，提高结构的抗震安全度。

7）实配钢筋超配系数

对于 9 度设防烈度的各类框架和一级抗震等级的框架结构，框架梁和连梁端部剪力、框架柱端部弯矩、剪力调整应按实配钢筋和材料强度标准值来计算，但在计算时因得不到实际配筋面积，目前通过调整计算设计内力的方法进行设计。该参数就是考虑材料、配筋因素的一个放大系数。

另外，在计算混凝土柱、支撑、墙受剪承载力时也要使用该参数估算实配钢筋面积。

8) 剪力墙加强区起算层号

该参数主要用于有地下室结构中剪力墙加强区向下延伸的情况。

9) 按层刚度比判断薄弱层方法

《抗震规范》中表 3.4.3-2 对侧向刚度不规则的判断条件为：该层的侧向刚度小于相邻上一层的 70%，或小于其上相邻三个楼层侧向刚度平均值的 80%。

《高规》第 3.5.2 条对侧向刚度比的规定区分框架和非框架结构，其中对框架结构的规定与《抗震规范》的规定一致，而框剪结构的规定有区分。

为了适应规范的不同规定，软件提供了三个选项：高规和抗规从严、仅按抗规、仅按高规，供设计人员选择。

10) 自动对层间受剪承载力突变形成的薄弱层放大调整

《抗震规范》第 3.4.3 条和《高规》第 3.5.8 条均对由于层间受剪承载力突变形成的薄弱层做出了地震作用放大的规定。由于计算受剪承载力需要配筋结果，因此需先进行一次全楼配筋设计，然后根据楼层受剪承载力判断后的薄弱层再次进行全楼配筋，这样会对计算效率有影响。因此软件提供该参数，勾选该项，则软件自动根据受剪承载力判断出来的薄弱层再次进行全楼配筋设计，如果没有判断出薄弱层则不会再次进行配筋设计。

11) 转换层指定为薄弱层

带转换层结构属于竖向抗侧力构件不连续结构，一般宜将转换层指定为薄弱层。软件提供该选项，由设计人员控制是否需要将转换层指定为薄弱层。

12) 指定薄弱层层号

软件根据上下层刚度比判断薄弱层，并自动进行地震作用调整，但对于竖向不规则的楼层不能自动判断为薄弱层，需要设计人员手工指定。

可用逗号或空格分隔楼层号。

13) 薄弱层地震力放大系数

该参数用于薄弱层的地震力放大。

《抗震规范》第 3.4.4 条第 2 款规定："平面规则而竖向不规则的建筑，应采用空间结构计算模型，刚度小的楼层的地震剪力应乘以不小于 1.15 的增大系数"。

《高规》第 3.5.8 条规定："侧向刚度变化、承载力变化、竖向抗侧力构件连续性不符合本规程第 3.5.2、3.5.3、3.5.4 条要求的楼层，其对应于地震作用标准值的剪力应乘以 1.25 的增大系数"。

默认值为 1.25。

14）0.2V₀分段调整

《抗震规范》第6.2.13条、《高规》第8.1.4条对框剪结构框架剪力调整做出了相关规定。

软件在执行上述规定时，要求设计人员手工指定0.2V₀分段调整的相关信息，并按该信息进行调整。

0.2V₀调整分段数：设置分段调整时的分段数。

0.2V₀调整起止层号：设置某分段的起止楼层号，用逗号或空格分隔。

如果将结构材料指定为【钢结构】或将结构体系设为【钢框架—中心支撑结构】或【钢框架—偏心支撑结构】，软件自动按0.25V₀调整框架部分的地震剪力。

对于筒体结构的地震剪力调整，在将结构体系设为【框筒结构】或【筒中筒结构】后，软件自动按《高规》第9.1.11条判断并调整框架部分及剪力墙部分地震剪力，并在wv0.2q.out文件中输出调整系数。

15）0.2 V₀调整上限

该参数指的是0.2 V₀调整时放大系数的上限，默认为2；如果输入负数，则无上限限制。

16）框支柱调整上限

该参数指的是框支柱调整时放大系数的上限，默认为5；如果输入负数，则无上限限制。

框支柱地震剪力调整不需要指定起止楼层号，但需要在特殊构件定义中指定框支柱。

6.1.6 活荷载信息

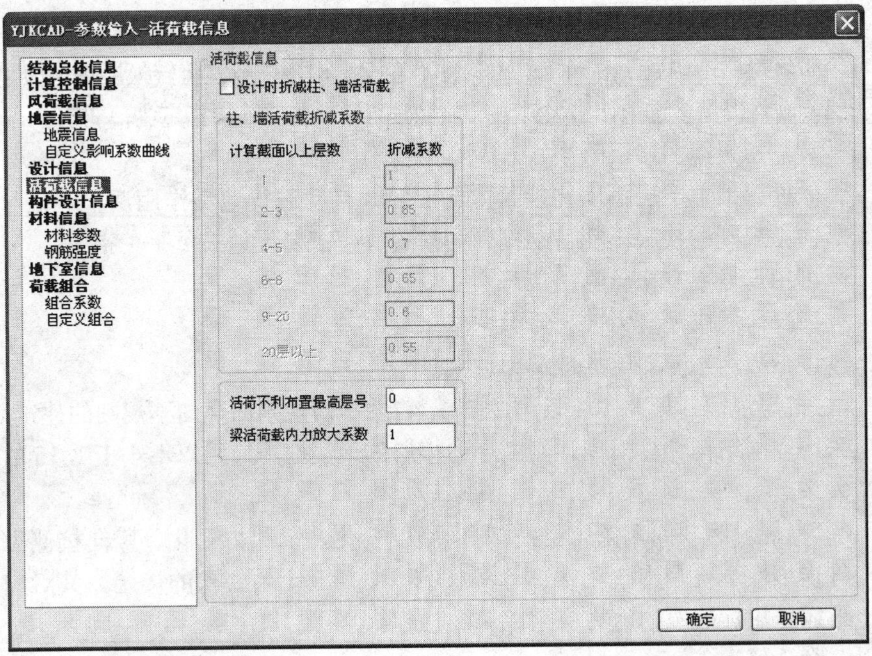

图6-21 活荷载信息

该选项卡主要提供与活荷载计算相关的参数设置。

1）设计时折减柱、墙活荷载

该参数用来控制在设计时是否折减柱、墙活荷载。

2）折减系数

该参数用来设置相应楼层数时的折减系数，软件提供的选项及参数默认值与《荷载规范》的规定相一致。

3）活荷不利布置最高层号

该参数主要控制梁考虑活荷载不利布置时的最高楼层号，小于等于该楼层号的各层均考虑梁的活荷载不利布置，高于该楼层号的楼层不考虑梁的活荷载不利布置。如果不想考虑梁的活荷载不利布置，则可以将该参数填0。

需要注意的是，该参数只控制梁的活荷载不利布置。

4）梁活荷载内力放大系数

《高规》第5.1.8条规定："高层建筑结构内力计算中，当楼面活荷载大于4kN/m²时，应考虑楼面活荷载不利布置引起的结构内力的增大；当整体计算中未考虑楼面活荷载不利布置时，应适当增大楼面梁的计算弯矩。"该放大系数通常可取为1.1～1.3，活载大时选用较大数值。

输入梁活荷载内力放大系数是考虑活荷载不利布置的一种近似算法，如果用户选择了活荷载不利作用计算，则本系数填1即可。

软件只对一次性加载的活载计算结果考虑该放大系数。

如果设计人员在计算时同时考虑了活荷载不利布置和活荷载内力放大系数，则软件只放大一次性加载的活载计算结果。

6.1.7 构件设计信息

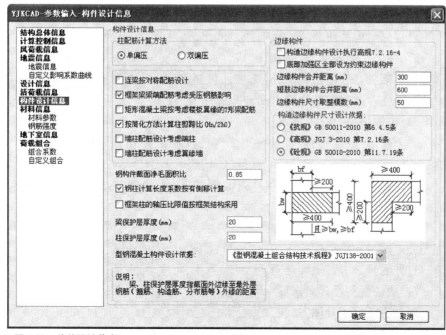

图 6-22 构件设计信息

该选项卡主要提供与构件设计相关的参数设置。

1）柱配筋计算方法

对于混凝土柱的配筋设计，目前软件提供了两种方法：单偏压和双偏压。单偏压指按照《混凝土规范》第 6.2 节的相关规定计算；双偏压指按照《混凝土规范》附录 E 的相关规定计算。

对于角柱、异形柱，软件自动采用双偏压方式配筋。

2）连梁按对称配筋设计

选择该项，则连梁正截面设计时按《混凝土规范》第 11.7.7 条对称配筋公式计算配筋；否则按普通框架梁设计。

3）框架梁梁端配筋考虑受压钢筋影响

《抗震规范》第 6.3.3 条第 1 款规定："梁端计入受压钢筋的混凝土受压区高度和有效高度之比，一级不应大于 0.25，二、三级不应大于 0.35。"

《抗震规范》第 6.3.3 条第 2 款规定："梁端截面的底面和顶面纵向钢筋配筋量的比值，除按计算确定外，一级不应小于 0.5，二、三级不应小于 0.3。"

如果勾选该项，则软件在框架梁端配筋时确保受压钢筋与受拉钢筋的比例满足规范要求，且使得受压区高度也满足规范要求；不勾选该项，则软件在配筋时与跨中截面的配筋方式一致，即先按单筋截面设计，不满足才按双筋截面设计，不考虑上述规定。

4）矩形混凝土梁按 T 形梁配筋

《混凝土规范》第 5.2.4 条规定："对现浇楼盖和装配整体式楼盖，宜考虑楼板作为翼缘对梁刚度和承载力的影响。"

勾选该项，软件自动按《混凝土规范》中表 5.2.4 所列情况计算梁有效翼缘宽度，并按考虑翼缘后 T 形截面进行配筋设计。

软件只考虑受压翼缘的影响。

5）按简化方法计算柱剪跨比

勾选该项，软件按 $H_n/2h_0$ 方法计算柱剪跨比，否则按 M/Vh_0 方法计算柱剪跨比，并将剪跨比输出到 wpj 文件中。

6）墙柱配筋设计考虑端柱

对于带边框柱剪力墙，最终边缘构件配筋是先几部分构件单独计算，然后叠加配筋结果，一部分为与边框柱相连的剪力墙暗柱计算配筋量，另一部分为边框柱的计算配筋量，两者相加后再与规范构造要求比较取大值。这样的配筋方式常使配筋量偏大。

勾选该项，则软件对带边框柱剪力墙按照柱和剪力墙组合在一起的方式配筋，即自动将边框柱作为剪力墙的翼缘，按照工形截面或 T 形截面配筋，这样的计算方式更加合理。

7）墙柱配筋设计考虑翼缘墙

即是否按照组合墙方式配筋。

① 规范条文

《混凝土规范》第9.4.3条规定在承载力计算中，剪力墙的翼缘计算宽度可取剪力墙的间距、门窗洞间翼墙的宽度、剪力墙厚度加两侧各6倍翼墙厚度、剪力墙墙肢总高度的1/10四者中的最小值。

《抗规》第6.2.13条第3款规定，抗震墙结构、部分框支抗震墙结构、框架—抗震墙结构、框架—核心筒结构、筒中筒结构、板柱—抗震墙结构计算内力和变形时，其抗震墙应计入端部翼墙的共同工作。

不勾选此项（以往的设计）时，软件在剪力墙墙柱配筋计算时对每一个墙肢单独按照矩形截面计算，不考虑翼缘作用。

② 软件处理

勾选此项，则软件对剪力墙的每一个墙肢计算配筋时，考虑其两端节点相连的部分墙段作为翼缘，按照组合墙方式计算配筋。软件考虑的每一端翼缘将不大于墙肢本身的一半，如果两端的翼缘都是完整的墙肢，则软件自动对整个组合墙按照双偏压配筋计算，一次得出整个组合墙配筋；如果某一端翼缘只包含翼缘所在墙的一部分，则软件对该分离的组合墙按照不对称配筋计算，得出的是本墙肢配筋结果。

组合墙的计算内力是将各段内力向组合截面形心换算得到的组合内力，如果端节点布置了边框柱，则组合内力将包含该柱内力。

在配筋简图的右侧菜单中设置了【墙柱轮廓】菜单，点取该菜单后，鼠标悬停在任一剪力墙的墙肢上时，可以显示该墙肢配筋计算时采用的截面形状。不考虑翼缘时为矩形的单墙肢，考虑翼缘时为组合墙的形状。由于软件对于长厚比小于4的墙肢按照柱来配筋设计，因此当该墙肢不满足双偏压配筋条件时，将显示为矩形的单墙肢。

对于单独的矩形墙肢，是否勾选此项软件都按照单墙肢的对称配筋计算。

剪力墙墙柱的配筋简图的两端配筋结果，是否勾选此项的表示方式不同。不考虑翼缘墙时，给出一个配筋数值，表示按照对称配筋的纵筋值；考虑翼缘墙时，给出两个配筋数值，因为软件按照不对称配筋得出的墙肢两端可能是不同的纵筋计算结果。

8）钢构件截面净毛面积比

钢构件截面净面积与毛面积的比值，该参数主要用于钢梁、钢柱、钢支撑等钢构件的强度验算。

9）钢柱计算长度系数按有侧移计算

按《钢结构设计规范》GB 50017—2003附录D，钢柱计算长度系数取值分有侧移和无侧移两种，选择该项，则软件按有侧移计算；否则按无侧移计算。

10）框架柱的轴压比限值按框架结构采用

《高规》第8.1.3条第3款规定："当框架部分承受的地震倾覆力矩大于结构总地震倾覆力矩的50％但不大于80％时，框架部分的抗震等级和轴压比限值宜按框架结构的规定采用。"

《高规》第 8.1.3 条第 4 款规定："当框架部分承受的地震倾覆力矩大于结构总地震倾覆力矩的 80％时，框架部分的抗震等级和轴压比限值应按框架结构的规定采用。"

软件提供该参数，由设计人员确定框架柱的轴压比限值是否按框架结构采用。

11）梁、柱保护层厚度

《混凝土规范》第 8.2.1 条第 2 款的条文说明中："从混凝土碳化、脱钝和钢筋锈蚀的耐久性角度考虑，不再以纵向受力钢筋的外缘，而以最外层钢筋（包括箍筋、构造筋、分布筋等）的外缘计算混凝土保护层厚度。因此本次修订后的保护层实际厚度比原规范实际厚度有所加大。"

设计人员在设计该参数时要注意参数含义的变化。

12）型钢混凝土构件设计依据

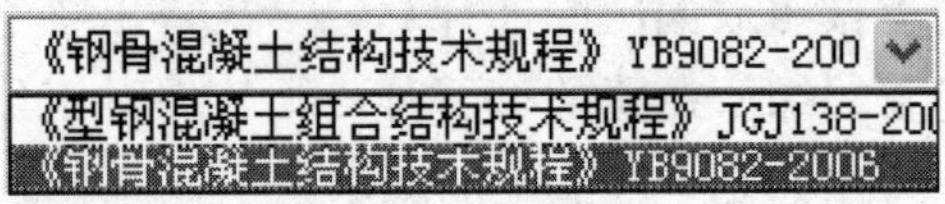

图 6-23　型钢规程

现在针对型钢混凝土构件设计的主要依据有：《型钢混凝土组合结构技术规程》JGJ 138—2001、《高层建筑钢—混凝土混合结构设计规程》CECS 230：2008、《钢骨混凝土结构技术规程》YB 9082—2006。目前软件提供了《型钢混凝土组合结构技术规程》JGJ 138—2001、《钢骨混凝土结构技术规程》YB 9082—2006 两个选项，供设计人员选择。

选择相应规程后，软件对型钢混凝土梁、型钢混凝土柱、型钢混凝土剪力墙均按照该规程公式计算配筋，并验算截面尺寸。

13）剪力墙构造边缘构件的设计执行《高规》第 7.2.16 条第 4 款

《高规》第 7.2.16 条第 4 款对抗震设计时，连体结构、错层结构及 B 级高度高层建筑结构中的剪力墙（筒体）构造边缘构件的最小配筋做出了规定。该选项用来控制剪力墙构造边缘构件是否按照《高规》第 7.2.16 条第 4 款执行。执行该选项将使构造边缘构件配筋量提高。

14）边缘构件合并距离

如果相邻边缘构件阴影区距离小于该参数，则软件将相邻边缘构件合并。

15）短肢墙边缘构件合并距离

由于规范对短肢剪力墙的最小配筋率的要求要高得多，短肢墙边缘构件配筋很大常放不下。将距离较近的边缘构件合并可使配筋分布更加合理。为此设此参数，软件隐含设置值比普通墙高一倍，为 600mm。

16）边缘构件尺寸取整模数

边缘构件尺寸按该参数四舍五入取整。

17）构造边缘构件尺寸设计依据

《高规》、《抗规》、《混凝土规范》关于构造边缘构件尺寸规定略有差异，软件提供该选项，供设计人员选择。

6.1.8　材料信息

1）混凝土容重（kN/m³）

一般情况下，钢筋混凝土结构的容重为 25kN/m³，若要考虑装修层的影响，混凝土容重可填入适当值。

2）砌体容重（kN/m³）

砌体结构的容重。

3）钢材容重（kN/m³）

一般情况下，钢材容重为 78kN/m³，若要考虑钢构件表面装修层重时，钢材的容重可填入适当值。

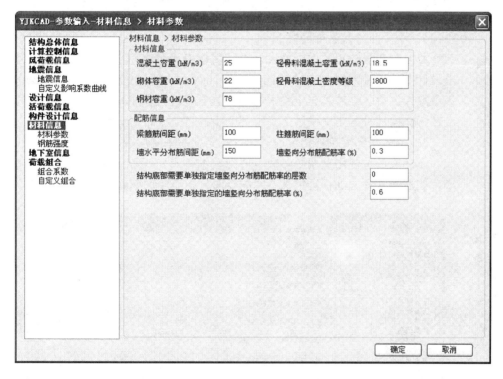

图 6-24　材料信息

4）轻骨料混凝土容重（kN/m³）

轻骨料混凝土的容重。

5）轻骨料混凝土密度等级

主要用来确定轻骨料混凝土的弹性模量，依据《轻骨料混凝土技术规程》JGJ 51—2002 填写。

6）钢构件钢材

软件根据《钢结构设计规范》GB 50017—2003 的相关规定提供图 6-25 所示 4 个选项。

图 6-25　钢材　　　　　　　　　　　　　　　图 6-26　钢筋类别

7）梁、柱箍筋间距，墙水平分布筋间距

该参数在进行混凝土构件斜截面配筋设计时使用，且输出的抗剪钢筋面积一般为单位间距内的钢筋面积。例如梁，如果施工图设计时加密区箍筋间距为 100mm，非加密区箍筋间距为 200mm，计算时输入的箍筋间距也为 100mm，则软件计算结果中，梁加密区箍筋面积可直接使用，非加密区箍筋面积需乘以换算系数 200/100＝2。

8）墙竖向分布筋配筋率

剪力墙在进行正截面配筋设计时，需要考虑分布钢筋的贡献。软件要求设计人员先输入墙竖向分布筋配筋率，然后才可确定墙端部钢筋面积。该参数作为特殊构件补充定义中墙竖向分布筋配筋率的默认值，设计人员可在特殊构件补充定义中手工指定某个墙的竖向分布筋配筋率。

9）结构底部需单独指定墙竖向分布筋配筋率的层数、配筋率

设计人员可使用这两个参数对剪力墙结构设定不同的竖向分布筋配筋率，如加强区和非加强区定义不同的竖向分布筋配筋率。

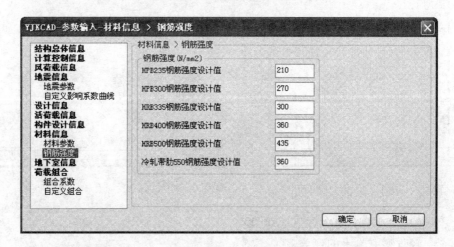

图 6-27　钢筋强度设计值

该选项卡用来设置某一钢筋类别对应的钢筋强度设计值。

6.1.9　地下室信息

该选项卡主要提供与地下室侧向约束、地下室外墙设计相关的参数设置。如果该工程无地下室，则该选项卡不可编辑。

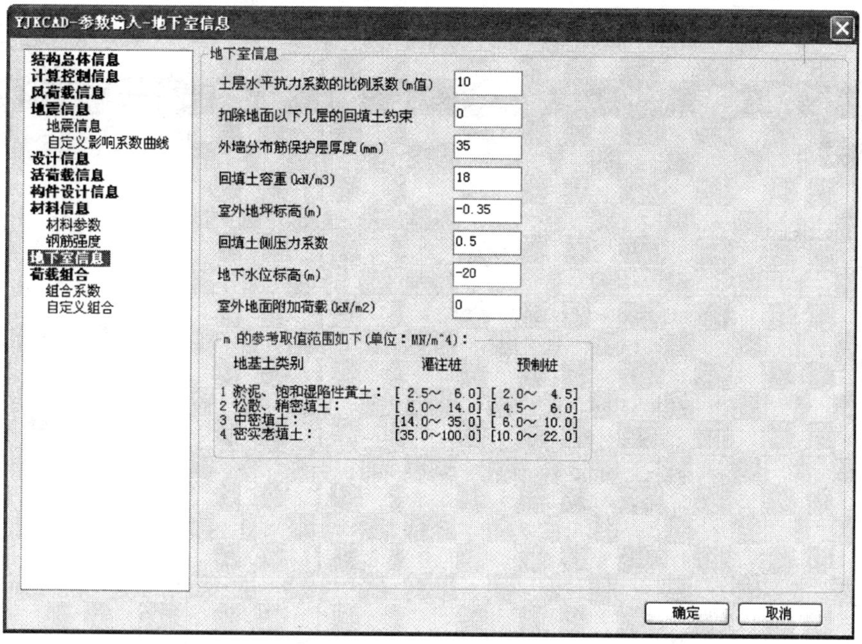

图 6-28　地下室信息

1）土层水平抗力系数的比例系数（m 值）

该参数可以参照《建筑桩基技术规范》JGJ 94—2008 中表 5.4.5 的灌注桩项来取值。其计算方法即是基础设计中常用的 m 法，可参阅基础设计相关的书籍或规范。

软件给出了常见地基土类别的 m 值取值范围。

2）扣除地面以下几层的回填土约束

该参数用来设置地下室若干层不考虑回填土约束。

3）外墙分布筋保护层厚度（mm）

该参数只在地下室外墙平面外配筋设计时用到。

4）回填土容重（kN/m³）

设置回填土容重。

5）室外地坪标高（m）

该参数用来计算地下室外墙土压力，为相对于地下 1 层顶板的标高值。

6）回填土侧压力系数

该参数用来计算地下室外墙土压力。

7）地下水位标高（m）

该参数用来计算地下室外墙水压力，为相对于地下 1 层顶板的标高值。

8）室外地面附加荷载（kN/m²）

对于室外地面附加荷载，应考虑地面恒载和活载。活载应包括地面上可能的临时荷载。对于室外地面附加荷载分布不均的情况，取最大的附加荷载计算。

6.1.10 荷载组合

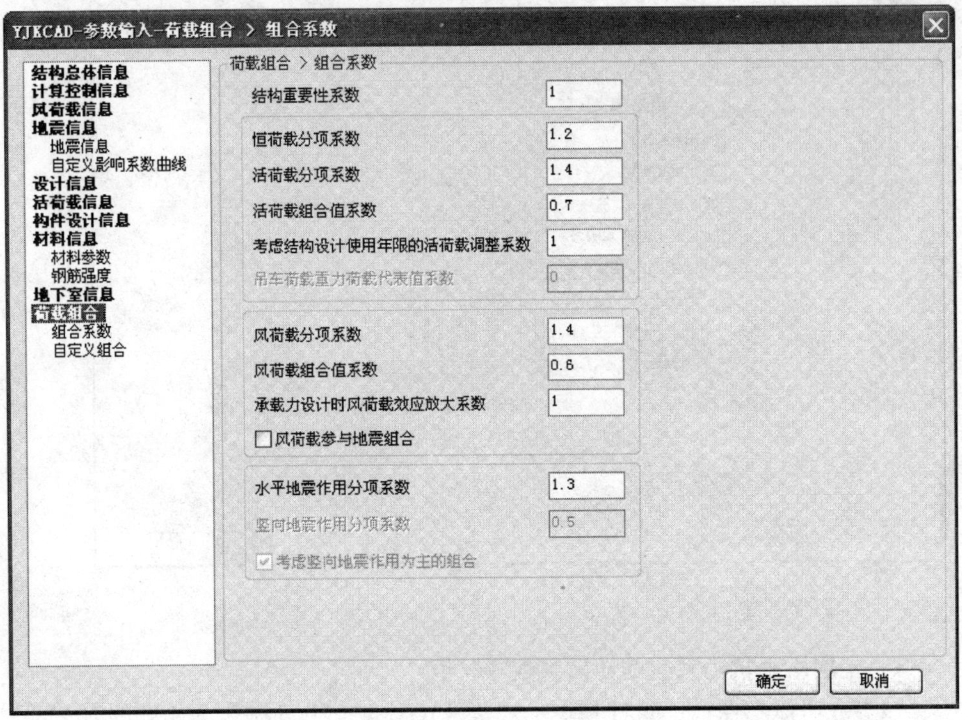

图 6-29 荷载组合

1）结构重要性系数

在持久设计状况和短暂设计状况下，对安全等级为一级的结构构件不应小于 1.1，对安全等级为二级的结构构件不应小于 1.0，对安全等级为三级的结构构件不应小于 0.9。

2）各分项系数

软件按规范规定给出默认值，设计人员根据工程实际情况填写。

3）考虑结构设计使用年限的活荷载调整系数

《高规》第 5.6.1 条做出了相关规定，当设计使用年限为 50 年时取 1.0，设计使用年限为 100 年时取 1.1。

4）吊车荷载重力荷载代表值系数

《抗震规范》中表 5.1.3 列举了计算建筑的重力荷载代表值时各可变荷载的组合值系数。其中，对于吊车考虑两种情况，硬钩吊车和软钩吊车，对于硬钩吊车需要考虑 0.3 的组合值系数。

软件提供【吊车荷载重力荷载代表值系数】，由设计人员确定带吊车结构在地震组合时的吊车荷载组合值系数。

该参数只在构件设计时起作用，在结构整体计算时不起作用。

5）承载力设计时风荷载效应放大系数

《高规》第 4.2.2 条规定："对风荷载比较敏感的高层建筑，承载力设计时应按基本风压的 1.1 倍采用”。软件提供该参数，设计人员可在此输入，软件只在承载力设计时才应用该参数。

6）风荷载参与地震组合

《高规》中表 5.6.4 给出了有地震作用组合时荷载和作用的分项系数，也做出了风荷载参与组合的相关规定，软件提供该选项，由设计人员确定风荷载是否参与地震组合。

7）考虑竖向地震为主的组合

《高规》中表 5.6.4 给出了竖向地震为主的组合的系数取值和适用情况，软件提供该选项，由设计人员确定是否考虑竖向地震为主的组合。

8）自定义荷载组合

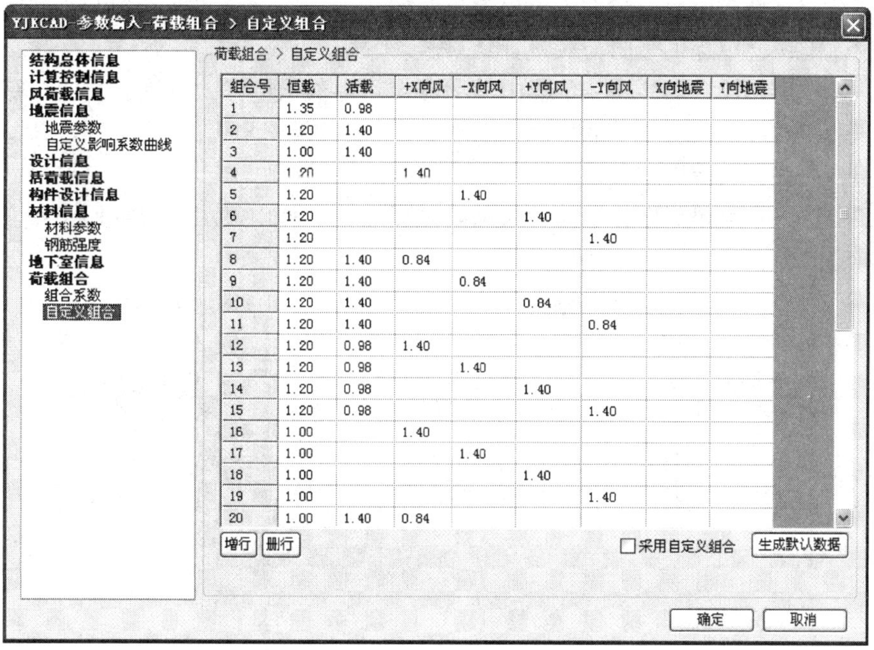
YJKCAD-参数输入-荷载组合 > 自定义组合
结构总体信息
计算控制信息
风荷载信息
地震信息
地震参数
自定义影响系数曲线
设计信息
活荷载信息
构件设计信息
材料信息
材料参数
钢筋强度
地下室信息
荷载组合
组合系数
自定义组合
荷载组合 > 自定义组合

组合号	恒载	活载	+X向风	-X向风	+Y向风	-Y向风	X向地震	Y向地震
1	1.35	0.98						
2	1.20	1.40						
3	1.00	1.40						
4	1.20		1.40					
5	1.20			1.40				
6	1.20				1.40			
7	1.20					1.40		
8	1.20	1.40	0.84					
9	1.20	1.40		0.84				
10	1.20	1.40			0.84			
11	1.20	1.40				0.84		
12	1.20	0.98	1.40					
13	1.20	0.98		1.40				
14	1.20	0.98			1.40			
15	1.20	0.98				1.40		
16	1.00		1.40					
17	1.00			1.40				
18	1.00				1.40			
19	1.00					1.40		
20	1.00	1.40	0.84					

增行
删行
采用自定义组合
生成默认数据
确定
取消

图 6-30　自定义荷载组合

软件提供自定义荷载组合功能，并根据参数设置自动生成荷载组合默认值，设计人员可以在此手工修改荷载组合分项系数及增、删组合。

设计人员修改荷载组合后，需要勾选【采用自定义组合及工况】，软件才使用自定义的荷载组合。

如果设计人员想恢复软件默认生成的荷载组合，可以点击【自动生成数据】恢复软件默认生成的荷载组合。

6.2　荷载简图与校核统计

本菜单是荷载简图、校核统计菜单，用于提供各层荷载简图，并对荷载做各种统计输出，便于用户校核。荷载简图可用于结构计算的重要存档内容。

主要用于恒载、活载、人防荷载的内容，风荷载可在前处理的风荷载部分或计算结果文件中查看，地震作用在计算结果文件中查看。

在荷载简图上程序隐含将恒载、活载放在一起显示出来，表达方式简洁、内容紧凑。

荷载分为两大部分，用户在模型荷载输入菜单中输入的内容和楼板上的面荷载导算到房间周边梁、墙上的部分。

提供各种荷载统计功能，如各层的人工输入荷载总值、楼面荷载导算总值、竖向荷载总值、水平荷载总值等。

提供竖向荷载导算结果显示功能，给出每层的柱、墙、支撑构件承受的本层和以上各层荷载值，并给出从上至下传导到本层的荷载总值。竖向荷载导算是在模型荷载输入菜单退出时的一个功能选项，该选项必须执行过才能在这里提供竖向荷载统计结果。

作用在梁、墙、柱、节点上的荷载，均以数值的形式标在杆件上，数值的格式就是荷载输入时的数据格式，如梁、墙荷载是荷载类别、荷载值、荷载参数等。

进入本菜单后先显示第 1 层的荷载简图，并弹出显示内容控制菜单在屏幕右侧：

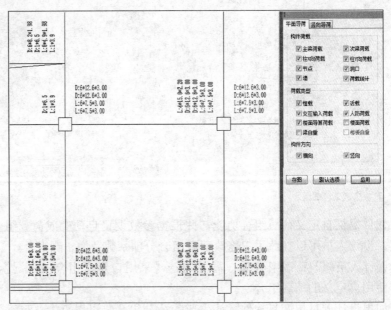

图 6-31　荷载简图

右侧的显示控制菜单分为平面导荷和竖向导荷两页。

6.2.1　平面导荷

平面导荷部分可以控制平面荷载简图上输出的内容。可从三个方面控制：

1）构件类别

分为主梁、次梁、柱 X 向、柱 Y 向、节点、洞口、墙，可选择只输出某些构件上的荷载。

荷载统计项可以在平面简图上输出本层荷载统计汇总结果，如图 6-32 所示。

	竖向(Z)恒载	竖向(Z)活载
楼面荷载：	1296.00	648.00
次梁：	0.00	0.00
分项荷载：		
梁：	1638.01	504.00
墙：	468.00	144.00
柱：	0.00	0.00
节点：	0.00	0.00
分项合计：	2106.01	648.00

图 6-32　荷载统计文本输出

2）荷载类型

分为恒载、活载、人防荷载、人工交互输入荷载、楼面导算荷载、梁自重。

3）构件方向

分为横向和竖向。当荷载显示较为拥挤时，可以选择将横向构件和竖向构件分开显示。

6.2.2　竖向导荷

竖向导荷控制选项如图 6-33 所示。

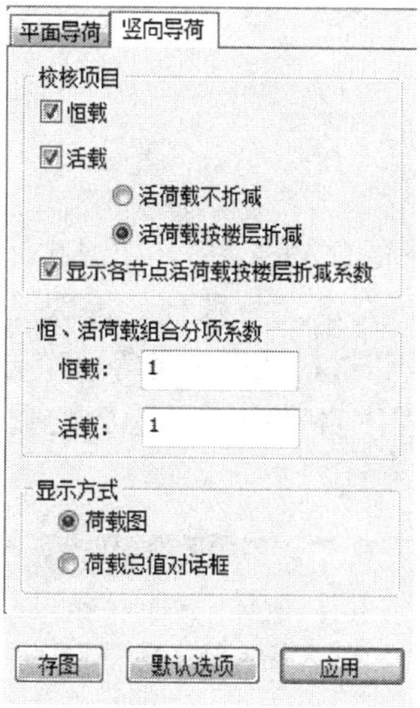

图 6-33　竖向导荷控制选项

可以在竖向导荷时对活荷载按照考虑楼层的折减系数计算统计。

可以输入恒、活荷载分项系数，按照设计组合值进行统计。

可以按照各层平面图输出竖向导荷结果，也可以按照【荷载总值对话框】方式输出，如图 6-34 所示。

荷载导算结果

水平荷载

	X方向	Y方向
本层层底荷载组合总值 (kN):	0	0
本层层底恒载总值 (kN):	0	0
本层层底活载总值 (kN):	0	0
本层自身荷载组合总值 (kN):	0	0
本层自身恒载总值 (kN):	0	0
本层自身活载总值 (kN):	0	0

竖向荷载

本层及以上各层荷载总值 (kN):	4064.01	自然层数:	16
其中 恒载值 (kN):	3416.01	本层层号:	16
活载值 (kN):	648.00		
本层荷载组合总值 (kN):	4064.01	第 16 层	
其中 恒载值 (kN):	3416.01	确定	
活载值 (kN):	648.00	上一层	
本层导荷楼面面积 (m2):	324.00	下一层	
本层楼面面积 (m2):	324.00		
本层平均每平米荷载值 (kN/m2):	12.54	返回	

图 6-34 荷载导算结果

6.3 特殊构件定义

这是为结构计算作补充输入的菜单，如图 6-35 所示，是前处理重要内容。通过这项菜单，可补充定义特殊柱、特殊梁、特殊墙、弹性楼板单元、节点属性、抗震等级和材料强度信息等八个方面。它们属于计算必需的若干属性，且大多是程序自动生成了隐含的数值，用户可在这里检查修改。

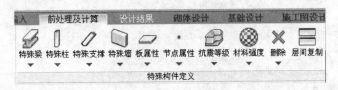

图 6-35 前处理及计算菜单

特殊构件定义信息的缺省值主要受前处理第一项菜单【计算参数】中相关定义的参数的影响，如抗震等级、材料强度、梁刚度放大系数、梁扭矩折减系数、梁弯矩调幅系数等，还有转换层号、地下室层数、框支剪力墙底部加强区抗震等级自动提高一级等参数。程序先用缺省值对所有的构件赋值，用颜色区分显示缺省值和用户指定值，缺省值以暗灰色显示，用户指定值以亮白色显示。缺省值会随着前面相关计算参数定义菜单中的参数改变而改变。

程序将用户修改过的特殊构件定义信息保存在建模数据中，每次前处理重新生成计算数据时只对未人工修改过的杆件重生成，但保留用户修改过的内容。程序对每项内容的自动生成的数值以暗色显示，一旦用户在特殊构件定义菜单进行指定，平面上从暗灰色变为以亮白色显示的值，对此部分程序总是优先予以保留。如果用户在前面的【计算参数】中修改了相关的参数后，在【特殊构件定义】中显示各种属性时，没有被人工修改过的构件——即原来显示暗灰色的构件的数值会跟着修改后的参数联动修改，但是人工修改过的构件依然保留原来人工定义的结果并以亮色显示。

特殊构件定义的八个菜单下都有很多子菜单，菜单下的绿色箭头表示该菜单包含下级菜单，鼠标在每个菜单稍作停靠后其下级菜单就会出现。

绿色箭头表示子菜单常驻屏幕，因为子菜单很多，且这些子菜单内容相近，当用户选取某一项了菜单后，其余了菜单仍停留在屏幕上，除非用户点取其他菜单才会消失。这样管理是为了用户便于在众多的子菜单中寻找。

一个工程经建模菜单或上部结构计算的设计参数定义菜单后，若需补充定义特殊柱、特殊梁、弹性楼板单元、材料强度和抗震等级等，可执行本项菜单，否则，可跳过这项菜单，因此这不是个必须要执行的菜单项。

这里对各类特殊构件的定义是以模型的标准层为单元进行的，而不是自然层。切换标准层的操作在右上角，和"模型荷载输入"时一样。

6.3.1 特殊梁

特殊梁包括不调幅梁、连梁、转换梁（托墙转换梁、非托墙转换梁）、连梁分缝、交叉配筋、斜撑配筋、刚度系数、扭矩折减、调幅系数、一端铰接、两端铰接、滑动支座、门式钢梁、耗能梁等 14 项子菜单。

图 6-36 特殊梁定义菜单

各种特殊梁的含义及定义方法如下：

1）不调幅梁

不调幅梁是指在配筋计算时不作弯矩调幅的梁，程序对全楼的所有梁都自动进行判断，首先把各层所有的梁以轴线关系为依据连接起来，形成连续梁，然后，以墙或柱为支座，把在两端都有支座的梁作为框架梁，以暗青色显示，在配筋计算时，对其支座弯矩及跨中弯矩进行调幅计算，把两端都没有支座或仅有一端有支座的梁（包括次梁、悬臂梁等）隐含定义为不调幅梁，以亮青色显示。用户可按自己的意愿进行修改定义，如想要把框架梁定义为不调幅梁，可用光标在该梁上点一下，则该梁的颜色变为亮青色，表明该梁已被定义为不调幅梁了，反过来，若想把隐含的不调幅梁改为调幅梁或想把定义错的不调幅梁改为调幅梁，只需用光标在该梁上点一下即可，则该梁的颜色变为暗青色，表明该梁已被改为调幅梁了。

2）连梁

连梁是指与剪力墙相连，允许开裂，可作刚度折减的梁。这里定义的连梁是指按照普通梁方式输入的剪力墙上的连梁。程序对全楼所有的梁都自动进行了判断，把两端都与剪力墙相连且至少在一端与剪力墙轴线的夹角不大于30°、跨高比小于5的混凝土梁隐含定义为连梁，以亮黄色显示，但当梁由于建模的原因被分成多段时，程序不自动判断为连梁，此时可进行交互指定。连梁的定义及修改方法与不调幅梁一样。

3）转换梁

程序对定义转换梁设置了两个菜单：托墙转换梁和非托墙转换梁。

托墙转换梁是指框支转换大梁，非托墙转换梁一般指的是托柱梁。程序将对托墙转换梁自动转化为壳单元计算，而对非托墙转换梁不做这样的转换，因此这里要分别定义。自动托墙转换，是程序自动分析该楼层梁是否为托墙转换梁并自动设置托墙转换梁属性的功能，其结果可以作为定义转换梁时的参考，提高定义效率。

程序没有隐含定义转换梁，需用户自定义，转换梁的定义及修改方法与不调幅梁相同，托墙转换梁以亮白色显示，非托墙转换梁以灰色显示。在设计计算时，程序对转换梁自动按照壳元计算、自动按抗震等级放大转换梁的地震作用内力、自动执行规范对转换梁要求的一系列调整。

4）连梁分缝、交叉配筋、对角暗撑、对角斜筋

这里对按照普通梁输入的连梁进行连梁分缝或者采用交叉配筋、对角暗撑、对角斜筋的配筋方式。详细内容可见下文"特殊墙"对按照剪力墙上开洞形成的连梁的说明。

5）刚度系数

梁刚度系数与"中梁刚度放大系数"和"连梁刚度折减系数"两个参数相关，程序自动判断中梁，边梁，连梁，相应取不同的缺省刚度系数。

中梁和边梁的搜索基于房间楼板信息，当两侧均有楼板时，默认为中梁，仅一侧有楼板时，默认为边梁。程序对中梁的刚度放大系数取为 B_K，边梁的刚度放大系数取为 $1.0+(B_K-1.0)/2$。如果两侧均无楼板相连，则不进行刚度放大。

连梁刚度系数取"连梁刚度折减系数"。一根梁的刚度系数是唯一的，如某根普通梁为连梁，则取连梁的刚度系数，不再与梁的刚度系数连乘。

在计算参数中如勾选【梁刚度放大系数按10《混规》取值】，则在此

处可以查看程序按照《混凝土规范》第 5.2.4 条表格自动计算出的刚度放大系数。

6）扭矩折减

扭矩折减系数的缺省值为"梁扭矩折减系数"，但对于弧梁和不与楼板相连的梁，不进行扭矩折减，缺省值为 1。

7）调幅系数

调幅系数的缺省值为"梁端负弯矩调幅系数"，程序自动搜索调幅梁，并赋予缺省的调幅系数。

钢梁在计算程序中强制为不调幅梁。

8）一端铰接、两端铰接、滑动支座、两端固接

在这里设置铰接梁，可设置梁为一端铰接、两端铰接或滑动支座。采用定义切换方式，即对固接梁的操作是定义铰接，对已经定义铰接端的再次操作是取消铰接定义。

一端铰接：用光标点取需定义的梁，则该梁在靠近光标的一端出现一红色圆圈，表示梁的该端为铰接，若一根梁的两端都为铰接，需在这根梁上靠近其两端用光标各点一次，则该梁的两端各出现一个红色圆圈。

两端铰接：用光标点取需定义的梁，则该梁成为两端铰接梁。

滑动支座梁：用光标点取需定义的梁，则该梁在靠近光标的一端出现一白色圆圈，表示梁的该端为滑动支座。

两端固接：将一端铰接或两端铰接梁定义为两端固接梁。

9）门式刚梁

用光标点取需定义的梁，则该梁以暗白色显示，表示该梁为门式刚架梁。门式刚架梁在验算时，按照轻钢规程进行。

10）耗能梁

用光标点取需定义的梁，则该梁以亮绿色显示，表示该梁为耗能梁。

6.3.2 特殊柱

特殊柱包括角柱、转换柱、门式刚柱、上端铰接、下端铰接、两端铰接、两端固接、剪力系数、水平转换、轴压比限值增减量共 10 项子菜单，如图 6-37 所示：

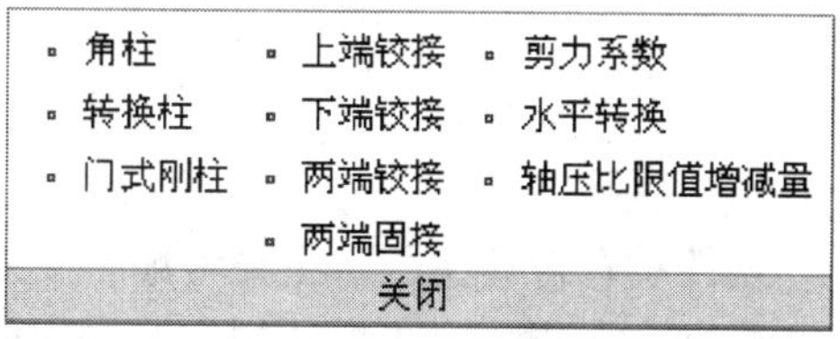

・角柱	・上端铰接	・剪力系数
・转换柱	・下端铰接	・水平转换
・门式刚柱	・两端铰接	・轴压比限值增减量
	・两端固接	
关闭		

图 6-37 特殊柱定义菜单

1）角柱

角柱没有隐含定义，需用户用光标依次点取需定义成角柱的柱，则该

柱旁显示"JZ"，柱变为暗黄色，表示该柱已被定义成角柱，若想把定义错的角柱改为普通柱，只需用光标在该柱上点一下即可，"JZ"标识消失，表明该柱已被定义为普通柱了。

2）转换柱

转换柱由用户自己定义。定义方法与角柱相同，框支柱标识为"KZZ"，颜色为亮白色，同转换梁。

3）门式刚柱

门式钢柱由用户自己定义。定义方法与角柱相同，门式刚柱标识为"MSGZ"，颜色为暗灰色，同门式刚梁。门式刚架柱在验算时，将按照轻钢规程。

4）上端铰接、下端铰接、两端铰接和两端固接

这里设置铰接柱，可以设置上端铰接柱、下端铰接柱、两端铰接、两端固接柱。

用户点取需定义为铰接柱的柱，上端铰接时柱节点位置绘出一个较大的红色圆圈，下端铰接则绘出一个较小的红色圆圈。

5）剪力系数

可以指定柱两个方向的地震剪力系数。这是针对广东规程提供的系数。

6）水平转换

《高规》第10.1.4条规定："转换结构构件可采用转换梁、桁架、空腹桁架、箱形结构、斜撑等，非抗震设计和6度抗震设计时可采用厚板，7、8度抗震设计时地下室的转换结构可采用厚板。特一、一、二级转换结构构件的水平地震作用计算内力应分别乘以增大系数1.9、1.6、1.3。"

对于桁架、空腹桁架、斜撑转换等形式，柱、支撑等构件都可能是转换结构的一部分。用户可在此指定某构件为水平转换构件，软件将对指定为水平转换构件属性的构件调整其水平地震作用计算内力。

7）轴压比限值增减量

《高规》第10.3.3条第2款规定："加强层及其相邻层的框架柱，箍筋应全柱段加密配置，轴压比限值应按其他楼层框架柱的数值减小0.05采用。"

《高规》第10.5.6条第2款规定："与连接体相连的框架柱在连接体高度范围及其上、下层，箍筋应全柱段加密配置，轴压比限值应按其他楼层框架柱的数值减小0.05采用。"

对于上述规定，软件没有自动执行，主要考虑自动判断的结果可能不符合工程实际，因此提供该功能。对于上述规定范围内的柱，用户可手工指定轴压比限值增减量，如填-0.05表示限值减小0.05。

对于其他情况的框架柱、框支柱，软件可自动根据规范相关规定确定轴压比限值。

6.3.3　特殊支撑

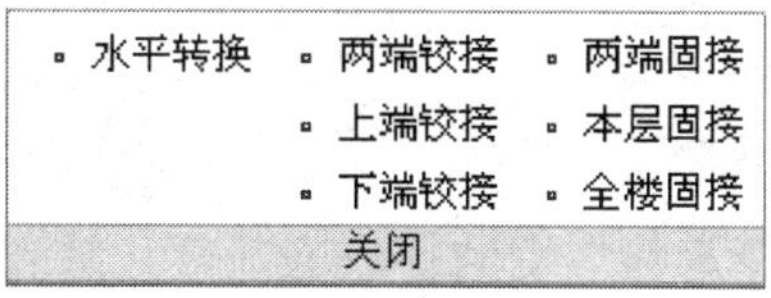

图 6-38　特殊支撑定义菜单

1）水平转换

《高规》第 10.1.4 条规定："转换结构构件可采用转换梁、桁架、空腹桁架、箱形结构、斜撑等，非抗震设计和 6 度抗震设计时可采用厚板，7、8 度抗震设计时地下室的转换结构可采用厚板。特一、一、二级转换结构构件的水平地震作用计算内力应分别乘以增大系数 1.9、1.6、1.3。"

对于桁架、空腹桁架、斜撑转换等形式，柱、支撑等构件都可能是转换结构的一部分。用户可在此指定某构件为水平转换构件，软件将对指定为水平转换构件属性的构件调整其水平地震作用计算内力。

2）铰接支撑

这里可以对斜柱支撑杆件设置铰接，可设置为上端铰接、下端铰接或两端铰接。铰接支撑的定义方法与铰接梁相同，铰接支撑的颜色为亮紫色，并在铰接端显示一红色圆圈。

对定义为混凝土材料的斜柱支撑，程序隐含设置成两端固接；但对于钢材料的支撑，当其截面最长边小于 700mm，且与垂直方向角度大于 20°时，程序将其隐含定义为两端铰接。如与实际情况不符，用户需进行修改。或通过全层固接、全楼固接菜单重新定义。

6.3.4　特殊墙

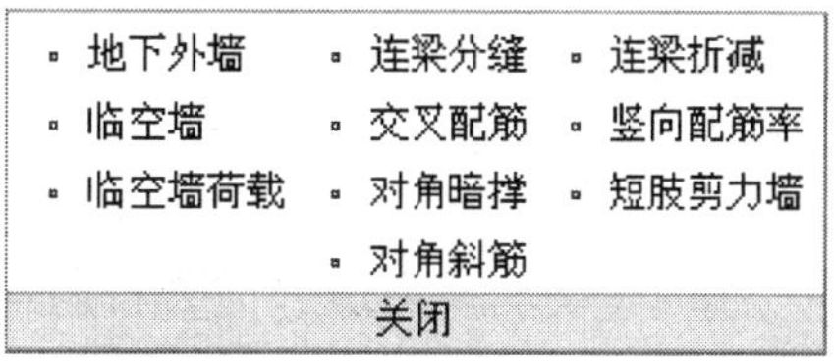

图 6-39　特殊墙定义菜单

1）地下外墙

程序自动搜索地下室外墙，并以白色标识，由于程序的搜索具有一定的局限性，用户可在此基础上进行人工干预。

当地下室层数改变时，仅地下室的外墙信息予以保留，对于非地下室楼层，程序不允许定义地下室外墙。

2）临空墙

点取这项菜单可定义地下室人防设计中的临空墙，操作方式与特殊梁一致，这里临空墙为紫色线绘制。只有在人防地下室层，才允许定义临空墙。

3）临空墙荷载

此项菜单可单独指定临空墙的等效静荷载，缺省值为：6级及以上时为110，其余为210，单位 kN/m²。

4）连梁分缝

《抗震规范》第6.4.7条：跨高比较小的高连梁，可设水平缝形成双连梁、多连梁或采取其他加强受剪承载力的构造。

分缝连梁就是对连梁中部全长设置一道或几道水平缝，点取本菜单后要求用户输入连梁分缝数量，如1或2，然后点取需设缝的连梁。

分缝连梁抗弯刚度及受力大大减少，可有效避免连梁超筋或大大减少连梁配筋。

5）交叉配筋

《混凝土规范》第11.7.10条：对于一、二级抗震等级的连梁，当跨高比不大于2.5时，除普通箍筋外，宜另配置斜向交叉钢筋。

按照混凝土规范提供的配置交叉斜筋的方式计算连梁钢筋，可比普通方式大大提高连梁的抗剪能力，从而大大减少超筋现象。用户可在本菜单下，将某些连梁设置成按照这种方式配筋。

6）对角暗撑

类似交叉斜筋，这里设置另一种连梁配筋方式，即按照对角暗撑的斜筋配筋方式。

7）对角斜筋

设置连梁配筋方式为对角斜筋。

以上三种措施对于按照墙洞口和按照普通梁输入的连梁都起作用。

8）连梁折减

可单独指定剪力墙洞口上方连梁的刚度折减系数，缺省值为"计算参数"调整信息页"连梁刚度折减系数"。

9）竖配筋率

可以在此处指定与统一定义的剪力墙竖向分布筋配筋率数值不同的剪力墙的竖向分布筋配筋率。如当某边缘构件纵筋计算值过大时，可以在这里增加所在墙段的竖向分布筋配筋率。

10）短肢剪力墙

设置墙柱的短肢剪力墙属性，可在程序自动识别的基础上进行修改。

软件自动识别的原则是：对于单肢剪力墙，或 L、T、十字形剪力墙，所有墙肢截面厚度不大于 300mm，且高度与厚度之比均在 $h_w/b_w \leqslant 8$ 时，为短肢剪力墙。

对于三个及以上墙肢相连的剪力墙，如折线型墙、Z 型墙的腹板墙肢等，软件不自动判断为短肢剪力墙。

短肢剪力墙在图形中以淡红色表示。

6.3.5 板属性

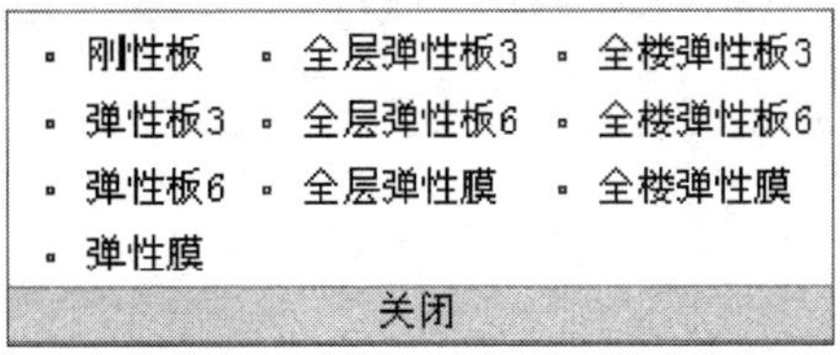

图 6-40 板属性定义菜单

1）显示刚性板

本菜单可以查看楼层的刚性板信息。

程序默认将同平面的相连的有厚度平板合并成刚性板块，同一层中允许存在多个刚性板块，但刚性板块之间不可有公共节点相连，因此，即使两房间楼板之间仅有一个公共节点，程序也会将两房间楼板归为一个刚性板块。

选择【强制刚性楼板假定】时，同一塔内楼面标高处所有的房间（包括开洞和板厚为零的情况）均从属同一刚性板，非楼面标高处的楼板，按照非强制刚性楼板假定的原则进行搜索，形成其余刚性楼板。

2）弹性板

弹性楼板是以房间为单元进行定义的，一个房间为一个弹性楼板单元，定义时，只需用光标在某个房间内点一下，则在该房间的形心处出现一个内带数字的小圆环，圆环内的数字为板厚（单位 cm），表示该房间已被定义为弹性楼板，在内力分析时将考虑该房间楼板的弹性变形影响；修改时，仅需在该房间内再点一下，则小圆环消失，说明该房的楼板已不是弹性楼板单元。在平面简图上，小圆环内为 0 表示该房间无楼板或板厚为零，（洞口面积大于房间面积一半时，则认为该房间没有楼板）。

弹性楼板单元分三种，分别为【弹性板 6】，【弹性板 3】和【弹性膜】，其中：

弹性板 6：程序真实地计算楼板平面内和平面外的刚度。

弹性板 3：假定楼板平面内无限刚度，程序仅真实地计算楼板平面外刚度。

弹性膜：程序真实地计算楼板平面内刚度，楼板平面外刚度不考虑（取为零）。

弹性板由用户人工指定，但对于斜屋面，如果没有指定，程序会缺省为弹性膜，用户可以指定为"弹性板 6"或者"弹性膜"，不允许定义"刚性板"或"弹性板 3"。

6.3.6 节点属性

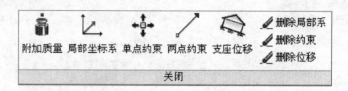

图 6-41　节点属性

1）附加质量

可指定节点的附加质量。附加质量是指不包含在恒载、活载中，但规范中规定的地震作用计算应考虑的质量，比如吊车桥架重量、自承重墙等。用户可用本菜单在层的节点上布置附加质量。这里输入的附加节点质量只影响结构地震作用计算时的质量统计。

2）局部坐标系

指定节点局部坐标系的 X 轴，Y 轴的方向。一旦指定了局部坐标系，则该节点自由度的释放/约束，相应方向上施加的弹簧，或者支座节点的强制位移，均按局部坐标系处理。

3）单点约束

对于设置为支座的节点，指定其约束/释放的自由度，并可在任一自由度上指定弹簧刚度。

对于中间楼层的节点，若指定了单点约束，则程序自动将该节点与下层对应构件的顶节点之间增加指定的约束，并可在任意自由度上指定弹簧刚度（相当于上下两层之间的两点约束）。界面如图 6-42 所示。

特殊构件定义中单点约束节点颜色为绿色。

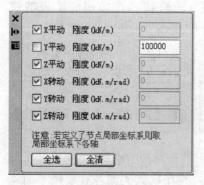

图 6-42　单点约束

4）两点约束

常用的约束设置方式，指定同标准层平面内两点间的约束关系，并可在任一自由度上指定弹簧刚度。由于必须是两个节点，因此对于工程中有节点上设置了滑动支座等情况，需要对于支座连接的两部分构件进行人为的拆分，建立距离相近的节点并分别布置构件，然后再指定该两点间的约束关系。

特殊构件定义和计算简图中均以绿色表示被约束节点，红色表示约束的主节点，绿线表示两节点间存在约束关系，并且附有文字标注。

5）支座位移

对于设置为支座的节点，指定其各自由度方向的强制位移（仅对嵌固的柱、墙、斜杆底部节点有效）。

6) 删除局部系、约束、位移

可以单个删除已定义的局部系、约束、位移。也可以通过自定义删除中的相关选项实现指定楼层的统一删除。

需注意的是，节点属性各项功能交互过程中，均需选中相关的节点。

6.3.7 抗震等级

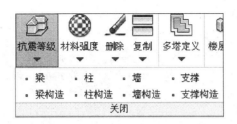

图 6-43 抗震等级定义菜单

1) 抗震等级

抗震等级缺省值从【计算参数】的【地震信息】页获得，并根据构件性质进行调整。

程序自动搜索主梁和次梁，主梁取框架抗震等级，次梁默认抗震等级为 5 级，即不抗震。主次梁搜索的原则：搜索连续的梁段，判断两端支座，如果有一端存在竖向构件作为支座，即按主梁取抗震等级，这里竖向构件包括柱、墙，竖向支撑。其余为次梁。

对于仅一端有支座的梁，即悬挑梁按照次梁取抗震等级。

转换梁无论主梁转换还是次梁转换，均按主梁取抗震等级。

转换层位置在 3 层及以上时，框支柱的抗震等级按《高规》中表 4.8.2 和表 4.8.3 的规定提高一级（《高规》第 10.2.5 条），此项调整是程序强制执行的。

剪力墙抗震等级缺省值从【地震信息】页【剪力墙抗震等级（非底部加强部位）】参数获得，但有时作些自动的调整，包括：

① 在【参数定义】菜单中如选择【框支剪力墙结构底部加强区剪力墙抗震等级自动提高一级（高规表 4.8.2、表 4.8.3）】，则程序对处于底部加强区的剪力墙的抗震等级自动提高一级，并在这里显示提高后的抗震等级；

② 转换层位置在 3 层及以上时，剪力墙底部加强部位的抗震等级按《高规》表 4.8.2 和表 4.8.3 的规定提高一级（《高规》第 10.2.5 条），此项调整是程序强制执行的，并在这里显示提高后的抗震等级。

对于位于嵌固层以下的各楼层，其抗震等级均取为 4 级（《高规》第 3.9.5 条条文说明）。

2) 抗震构造措施的抗震等级

程序支持手工指定构件抗震构造措施的抗震等级。

其默认值以构件抗震措施的抗震等级为基础，若在参数中设置了【抗震构造措施的抗震等级提高/降低一级】，则程序自动进行相应修正（但若构件为非抗震，则抗震构造措施抗震等级不作提高，若构件抗震等级为4级，则抗震构造措施抗震等级不作降低）。

对于位于嵌固层以下的各楼层，其抗震构造措施的抗震等级默认逐层递减一级，直至4级（《高规》第3.9.5条条文说明）。

6.3.8 材料强度

图 6-44 材料强度
定义菜单

特殊构件定义里修改材料强度的功能与模型荷载输入菜单中的功能一致，两处对同一数据进行操作，因此在任一处修改均可。

对于混凝土构件，程序只显示混凝土标号，钢构件仅显示钢号，型钢混凝土或钢管混凝土等复合截面，则同时显示混凝土标号和钢号，程序会自动按照截面类型进行判断。

缺省值为模型荷载输入菜单中层信息中的各层梁、柱、墙混凝土标号，钢构件钢号。

6.3.9 本层删除/全楼删除

点取这项菜单后，如图 6-45（*a*）所示，可清除当前标准层或全楼的特殊构件定义信息，使所有构件都恢复其隐含假定。另外，程序提供了自

（*a*）　　　　　　　　　（*b*）

图 6-45 特殊构件定义删除

定义删除功能，可以指定删除某些楼层某些构件的指定属性，对于不必一次性删除某类构件所有属性的情况进行了适应（如图 6-45（*b*）所示）。

6.3.10　层间复制

点取这项菜单可把在某一标准层中定义的框支柱、抗震等级等按坐标对应关系复制到当前标准层，以达到减少重复操作的目的。

6.3.11　三维状态下进行特殊构件定义

在特殊构件定义的各菜单下，点击界面右下方工具区的 图标，可将模型显示切换到三维线框状态，可在三维状态下进行特殊构件定义的交互设置。再点击该图标一次，则回复到平面状态。

除特殊构件定义模块外，风荷载交互定义、柱计算长度系数定义、温度荷载定义等均支持在三维线框状态下交互。

6.4　多塔定义

在计算参数的计算控制信息页中设置了【是否自动划分多塔】选项和相关的多塔定义参数，如果选择了自动划分多塔，则程序可以实现自动划分多塔。

本菜单用来查看审核多塔的划分情况，或者当自动划分多塔不能正常进行时，进行人工划分多塔。对于由于伸缩缝等情况造成的多塔，可以为风荷载的计算设置塔和塔之间的遮挡关系。

多塔定义的菜单如图 6-46 所示。

图 6-46　多塔生成菜单

6.4.1　多塔参数

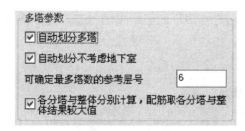

图 6-47　多塔参数定义菜单

1）自动划分多塔

程序有很强的自动划分多塔功能，对多塔结果应在多塔参数中勾选【自动划分多塔】，这样程序在计算生成数据时将按照多塔划分计算结果。

如果在【多塔定义】菜单下执行【自动生成】菜单，该命令和本参数将联动起作用。

2）自动划分时不考虑地下室

一般地下室是一个整体，不必按照多塔模型计算。而且，地下室常出现错层跃层、孤立的天井等容易导致自动划分异常的情况。程序隐含对地下室不划分多塔。

3）可确定最多塔数的参考层号

这个层的划分的塔数决定结构最高部分最终的塔的数量，对于多变体型的多塔结构，该参数可以影响多塔划分的效果。

比如，当塔楼顶部有多个突出的楼梯间、水箱间时，不应再将它们划分多塔。因此本参数的层号只要在该突出层以下，多个突出的小间仍被当作一个塔计算。

也不能将该层号填的太低，至少常设在裙房上一层。如果裙房和各塔无伸缩缝，该层号填在裙房层时，可造成划分的结果只有一个塔。

4）各分塔与整体分别计算，配筋取各分塔与整体较大值

选择执行本参数，程序将各分塔与整体分别计算，程序将进行各个塔的离散化处理，程序可对其中的每个塔按照规范的要求自动切分成单个塔，每个分塔各包含底部模型，切分底部模型的范围是塔下 45°范围。并对每一根构件的配筋选取本身所在的分塔计算结果和整体计算结果的较大值。计算将耗时很多。

选择本参数后，在生成计算数据后，可在计算简图下的计算分塔示意中看到每一个塔分开计算的三维模型。

6.4.2　自动生成

点取该菜单将进行多塔自动划分。如果本菜单没有执行，在生成数据文件时也会按照参数自动完成多塔划分。

程序找出每层的外轮廓，当存在多个闭合的外轮廓时，就将其作为多塔划分的依据，并考虑上下层之间的关联。对于伸缩缝分割的多塔程序也可以准确划分。

多塔划分完成后进入多塔的三维模型状态，程序将每层各塔的外轮廓沿层高拉伸并组装，各塔用不同的颜色分开。在此状态下，可以对程序划分的状况查看和修改。

6.4.3　分塔参数

对于多塔工程，软件支持指定分塔的部分参数，包括结构体系、风荷载体型系数等。其塔号以分塔结果中显示的塔号为准，在多塔平面、多塔

三维中均可查看塔号。

6.4.4 多塔显示的三种方式

程序提供了多塔划分结果的三种显示方式，分别由【三维显示】、【立面显示】,【多塔平面】三个菜单实现。

1）三维显示

这里用三维模型显示多塔的划分状态，程序将每层各塔的外轮廓沿层高拉伸并组装，各塔用不同的颜色分开。在此状态下，可以对程序划分的状况查看和修改。

2）立面显示

用类似糖葫芦串方式的简图显示多塔划分。

3）多塔平面

用平面简图方式显示各个塔的划分结果，逐层显示，对各个塔号部分标注不同的塔号。

6.4.5 对多塔自动划分修改的几个菜单

把多塔的参数填写得当，一般可以得出理想的自动划分效果。需要人工干预时，可以用程序提供的三个菜单。

1）修改塔号

用于对自动划分结果的合并处理，即把塔号分开的层合并到某一个塔号中。操作在三维彩色模型中进行，程序给出由各层拉伸体组成的全楼模型，不同塔号用不同颜色区分。用户先看好归并的塔号，在该塔模型上鼠标稍作停留，屏幕上即出现 Tip 条显示塔号。在对话框上填入塔号，然后用鼠标逐层选取要归并的层。

2）围区增加

在某一楼层上作塔号合并的操作，鼠标围区框住几个需要合并的区域即可。

6.4.6 多塔指定

本菜单用来人工逐层划分多塔，操作逐层进行，也可连续几个楼层进行。

人工划分多塔是在平面视图下，用户用鼠标画的多边形勾画出一个个塔的范围，可将各塔的划分在各层拷贝。

需要注意的是，对于运行过第三项交互修改过塔号或第四项交互指定过多塔数据的模型，程序将完全保留交互修改后的结果，无论模型如何变动都不再进行刷新，因此若之后模型经过了较大的修改后，多塔信息可能需要重新生成或定义，此时即需要用到下文 6.4.8 节——数据清空功能。

6.4.7 遮挡定义

通过这项菜单，可指定设缝多塔结构的背风面，从而在风荷载计算中自动考虑背风面的影响。

遮挡定义的操作是：首先指定起始和终止层号以及遮挡面总数，然后用闭合折线围区的方法依次指定各遮挡面的范围，每个塔可以同时有几个遮挡面，但是一个节点只能属于一个遮挡面。在伸缩缝处可对相邻的两个塔同时指定遮挡面。

6.4.8 数据清空

该菜单将清空多塔划分和楼层属性中的人工干预部分，包括对自动划分结果的人工修改部分，用【多塔指定】菜单人工划分多塔的结果、遮挡定义、交互设置的楼层属性、材料强度。

6.5 楼层属性

计算前处理的楼层属性菜单，可用来查看和修改楼层属性。屏幕上出现楼层的三维模型，它是用每个楼层的外围轮廓在层高范围的拉伸体组成的。如果定义了多塔，则对每一层按照分塔的范围显示。鼠标停靠在某个楼层上会即时 Tip 显示该楼层的层号、所属的塔号、层高以及楼层的其他属性，楼层的属性主要有地下室、嵌固层、底部加强区、转换层、裙房、薄弱层、加强层等，不同的楼层属性可用不同的颜色显示。

图 6-48　楼层属性菜单

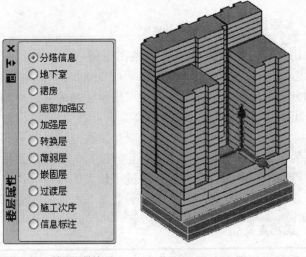

图 6-49　楼层属性选项

在三维模型旁出现楼层属性选项框，点取某一种属性，三维模型上就会用该属性的特殊颜色把相关的楼层标注出来。

6.5.1　楼层属性的修改

用户可以在三维模型上修改楼层的属性。目前支持加强层、底部加强区、过渡层的指定。

6.5.2　材料强度

指定各层（塔）中各类构件的材料强度，该强度默认值取自【模型荷载输入】中定义的标准层的材料强度，但若此处进行了修改，则实际计算模型中以此处设置为准（若特殊构件定义中单独指定了构件材料，则最终以特殊构件定义设置为准）。

对于楼层属性、材料强度的交互设置数据，在模型反复改动，但分塔数据未受干扰的情况下，软件会尽可能保留，但一旦模型信息更改较大（比如楼层组装变动等），引起了分塔数据失效，则此处设置需要注意校对一次，确保其仍然正确。另外需注意多塔定义中的数据清空功能，将清空交互设置的楼层属性、材料强度。

6.5.3　施工次序

对于设置了恒荷载加载考虑施工模拟的情况，其加载次序在此处查看和修改，各功能说明如下：

1）自动施工次序

当工程选用了施工模拟一或三方式进行模拟施工计算时，【生成数据】过程中自动生成施工次序，但程序并不是简单地按照一层一步的方式进行施工模拟，而是依据了一定原则，其目的是为了确保施工模拟中各步骤模型的合理性，避免出现模型提取的不合理而引起的内力不合理。此处的【自动施工次序】，可单独运行该功能并查看结果。

自动施工次序的原则如下：

① 对于程序设置为转换层或者该层中设置了转换梁、转换柱、水平转换构件的楼层，程序默认与其上两层同时加载；

② 对于楼层中存在梁托柱、梁托斜杆情况的楼层，程序默认与其上一层同时加载；

③ 对于广义层多塔的情况，程序会自动按各塔同时向上施工的原则设定各层的施工次序；

④ 施工加载的步长取参数设置中的相应设置。

2）指定施工次序

指定施工次序提供了手工合并/拆分各层施工次序的功能，选中按同一施工步骤进行施工的楼层即可实现调整，程序会自动进行相应的次序拆分和次序号调整。

3）表式施工次序

表式施工次序功能是通过表格方式列出各层的施工次序，可直接指定表格中的次序号进行施工次序的设定。

指定施工次序和表式施工次序的结果是联动的。另外，为了保留交互结果，一旦使用了【指定施工次序】或【表式施工次序】功能对施工次序进行过更改，则程序在【生成数据】过程中不再自动刷新施工次序。若需要程序恢复自动施工次序的默认值，只需再主动运行一次【自动施工次序】菜单即可（但是需注意，如果模型的自然层数、转换层号、参数中的施工模拟加载步长这三者之一发生变化时，【生成数据】功能会认为已有的次序可能失效，会对施工次序进行强制刷新）。

6.6 风荷载

风荷载菜单主要功能是对程序自动生成的风荷载进行校对、修改，也可指定屋面体型系数，从而考虑风对屋面梁的作用。其菜单如图 6-50 所示：

图 6-50 风荷载菜单

6.6.1 自动生成

根据【计算参数→结构总体信息】设置的风荷载计算方式，即一般计算方式或精细计算方式，自动计算结构的风荷载。

6.6.2 组号

此处的组即表示风荷载作用工况，包括＋X，－X，＋Y，－Y 四组，选择其中一组，即可显示和修改此工况下节点或梁上的风荷载信息。同样，在当前组号下运行【删除本组】命令，则会清空相应风荷载工况下的所有荷载值。

6.6.3 选择横向、屋面系数

精细计算方式时，可以根据输入的屋面体型系数自动计算屋面梁风荷载。选择横向是选择考虑风吸力的风荷载作用方向，按整体坐标系取。选择横向为 X 时，考虑 X 向风作用下，屋面上 X 方向的梁上的风吸力；反之亦然。

6.6.4 节点风荷载、梁上风荷载删改

交互修改当前组号下的节点风荷载、梁上风荷载。节点风荷载按全局坐标系取值，梁荷载为正时表示向下的压力。

对于以上各处交互输入的数据，程序会做优先考虑，自动计算结果不再将其覆盖。直至运行过【本组删除/全部删除】命令。

6.7 柱计算长度

6.7.1 操作

柱计算长度修改模块提供柱、支撑计算长度系数、梁面外长度的修改，其菜单如图 6-51 所示：

柱的计算长度系数可以由程序自动生成，这里显示程序自动生成的柱的计算长度系数，并可人工修改。

在平面简图上，每根柱支撑旁标注两个数字，分别为柱（或支撑）X 方向和 Y 方向的计算长度系数，X 方向、Y 方向为柱布置时的柱宽、柱高的方向。

图 6-51　计算长度系数菜单

需要修改时，可在屏幕对话框上分别填入 X 向、Y 向的计算长度系数，再点取需要修改的柱即可。

6.7.2 柱计算长度自动生成技术条件

柱计算长度分 X、Y 两个方向分别计算。X、Y 方向指的是柱布置时确定的局部坐标系，与柱布置时的转角有关系。柱子局部坐标系 X 方向弯矩对应 X 向计算长度，Y 向弯矩对应 Y 向计算长度。

柱计算长度等于柱段原始长度乘以计算长度系数。柱段原始长度由柱子的穿串方法和分段方法确定。

1）柱子的穿串和分段

柱的穿串：上下层同一节点有柱子时，才会穿成一串。目前不考虑上下层节点位置不一致但柱截面布置有重叠的情况。

柱的分段：串成柱串后，根据柱子周边构件情况及柱顶柱底设铰情况进行分段。分段工作在柱布置截面的 X 向和 Y 向分别进行，X 向段数、分段位置都有可能与 Y 向不同。程序以下列原则确定柱串上的分界点：

① 柱顶或柱底设了铰接，则铰接点一定是分界点；

② 柱边有墙，在墙顶和墙底各生成一个分界点。

柱边有梁的情况，软件会根据一定的判断准则判断梁是否对柱有约束

作用。有约束作用的梁会在梁上皮标高位置生成柱分界点，没有约束作用的梁自动被忽略。虚梁等情况不会作为约束梁。

2）计算长度系数

混凝土柱计算长度系数：

混凝土柱计算长度系数按《混凝土规》中表 6.2.20-2 的现浇楼盖部分计算，即底层柱为 1.0，其他为 1.25。不考虑吊车柱和装配式楼盖等情况；

如果柱底无其他构件连接，则认为是底层柱；

与墙相连的柱段计算长度系数统一取 0.75。

钢柱计算长度系数：

柱边有墙的柱段计算长度系数统一取 0.75；

其他情况钢柱计算长度系数按《钢结构设计规范》GB 50017—2003（以下简称《钢规》）附录表 D-1 或表 D-2 计算。算出结果大于 6.0 时，按 6.0 处理；

程序根据预定义的参数区分有/无侧移，不考虑《钢规》第 5.3.3 条的相关判断准则；

柱顶或柱底铰接时，K_1 或 K_2 取 0；

如果柱顶或柱底与墙相连且未设铰接，则认为是刚接，K_1 或 K_2 取 10；

底层柱柱底未设铰接，则取 K_2 为 10；

梁线刚度和按标高相近的一组梁的线刚度之和考虑；

计算梁线刚度时，考虑了梁刚度调整系数。

6.8　温度荷载

图 6-52　温度荷载定义菜单

温度荷载菜单下，按自然层定义各层节点上的温差，目前支持两个工况的定义。温度荷载定义菜单如图 6-52 所示：

其中，节点温差用于交互指定节点的温差（默认为当前层构件的顶部节点），全楼温差则统一指定所有节点的温差。正值表示升温，负值表示降温。

6.9　生成数据和数检

6.9.1　生成结构计算数据

生成结构计算数据是计算前处理的最终工作，它把用户输入的建筑模型与荷载转化成计算模型，并加入计算前处理菜单的补充内容，在此过程中还对结构计算模型进行了又一次数据检查，如有缺陷或错误则生成数据检查文件 check. out。

这一步是结构计算的前提条件，是计算前的必要步骤。这步完成后可以查看计算简图。

在结构计算菜单中有若干选项，第一项是【生成数据＋全部计算】，如果不查看计算简图，生成结构计算数据可以和计算菜单一并执行，从而简化操作。

生成计算数据的过程需要一定的时间，程序弹出进度框，即时显示每一步的内容进展状况。

结构计算是一个反复调试、反复进行的过程，如果修改了建筑模型，或者修改了计算前处理菜单中的内容，如修改了计算参数、修改了特殊构件定义的内容、修改了多塔划分的内容等，则应重新生成结构计算数据，否则前面的修改内容不能传到结构计算。

如果建筑模型或者计算前处理的内容做了修改，而用户没有重新生成数据和计算，又要进入计算结果菜单时，由于计算结果是根据修改前的模型完成的，与现有模型可能不匹配，有时甚至造成结果显示错误。为此，程序将给出提示（图 6-53）。

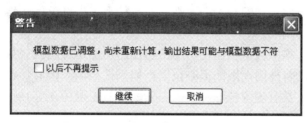

图 6-53　输出结果与数据不符警告

6.9.2　数据检查文件

在生成结构计算数据文件过程中，如果检查出缺陷或错误，程序将在屏幕上弹出提示框，告诉用户有多少警告性信息，有多少错误信息。同时程序将这些信息写入数据检查文件 check.out。该文件放在"计算设计结果"目录中。

点取【数检报告】菜单可以打开数据检查文件。

错误信息以"Err"标示，如节点周围杆件全部铰接等，这些错误可能导致计算中断或出错。

警告信息以"Warn"标示，如悬挑梁，长度过短的杆件等，用来提示用户，看这些问题是否可能导致计算异常。

计算模型数检完成后，部分构件相关的提示，可以返回建模菜单，使用【楼层组装→计算数检】功能弹出提示框，其中的列表可以在图形上定位到提示的构件，方便查改模型。

6.10　结构计算简图

结构计算简图有三项菜单：平面简图、轴测简图、自动分塔示意。

6.10.1　平面简图

以平面图方式表现计算模型，即二维图。对梁按单线画，对柱、墙按照截面尺寸画。着重标示杆件节点和墙单元划分后的出口节点。柱、墙节点都在其形心位置，梁按照其形心画单线，如果梁和柱、墙有偏心，可在图上看出它们之间的位置关系。

6.10.2　轴测简图

以三维图方式表现计算模型，对梁、柱、斜杆、墙都按照单线画，对剪力墙画出单元划分状况，对于斜板或者用户设置的弹性板，也画出板的单元划分状况。

对墙、梁都按照它的形心位置画出，如果梁与柱或梁与墙之间有偏心，则在梁端用玫红色线段和柱或墙相连，标示出梁的偏心刚域。

如果上下层墙之间有偏心，则在上层墙下和下层墙上的每个出口节点之间画出红色的短线，标示上下墙的偏心刚域。

如果上下层柱之间有偏心，则在上层柱下画出红色的短线，标示上下柱之间的偏心刚域。

对于柱，如果柱是独立柱，则按照柱的形心位置画出。如果该柱在墙端节点上，则将柱画在墙的形心位置，如果柱与墙有偏心，则没有表现这种偏心相连。没有表现柱和墙的偏心分离是为了避免误解，但实际的计算模型里是考虑了这种柱和墙之间的偏心状况的。

对于轴测简图，可以逐层显示，用右上的菜单逐层向上或向下切换楼层，或直接选择某一楼层。可以使用右上的【全楼显示】菜单全楼一起显示，也可以用右上的【局部楼层】菜单只显示局部的几个楼层。

使用右下的【裁剪显示】菜单，可以从模型中选择需要查看的某一部分，使用【裁剪恢复】菜单恢复显示原有模型。

另外，轴测简图中可以详细显示部分计算模型的编号等信息，通过弹出的列表可进行显示开关。如图6-54 所示。

图 6-54　轴测简图显示
开关

6.10.3　自动分塔示意

当需要定义多塔结构，且在计算参数选择了【各分塔与整体分别计算，配筋取分塔与整体结果较大值】，生成结构计算数据之后，可在这里看到程序自动剖分的各个分塔的三维图。在全楼的三维线框图上，用户选择某一个塔号，程序对该塔加亮显示。

第七章 结构整体计算和构件内力配筋计算

7.1 操作步骤

7.1.1 计算菜单选项

经过模型与荷载输入菜单的建模与荷载定义，并经过前处理若干菜单的信息补充后，设计人员启动前处理菜单的最右边一项【结构计算】菜单进行计算。

这里的计算是上部结构计算软件的核心部分，按内容主要分为两大部分。一部分是结构基本有限元计算、地震作用计算、构件内力计算等，这部分在菜单中简称为"计算"；另一部分为规范要求的各种整体指标统计、设计指标计算、设计内力的各项调整、荷载效应组合和构件截面配筋的设计计算，这部分在菜单中简称为"设计"。

用户可以有选择地进行结构整体分析与构件设计。软件提供如图 7-1 所示几种计算选项：

1）生成数据＋全部计算

执行该项，软件自动执行前处理的生成数据菜单，然后接力"全部计算"，全部计算包括了"计算"和"设计"两部分内容。

2）全部计算

执行该项，软件自动进行计算和设计两部分内容的处理。执行该选项之前，设计人员需要已经完成了"生成结构计算数据"的操作。

图 7-1 计算选项菜单

3）只计算（不设计）

执行该项，软件只进行"计算"部分的处理，包括结构基本有限元计算、地震作用计算、位移和内力的计算等，并输出构件标准内力，而不进行整体指标统计和构件设计等"设计"内容。

4）只设计（不计算）

执行该项，软件只执行结构整体指标统计与构件设计，包括规范要求的各种整体指标统计、设计指标计算、设计内力的各项调整、荷载效应组合和构件截面配筋的设计计算，而不再重新进行有限元结构整体计算。该选项必须在已经完成"计算"部分的内容后才能执行。该选项主要适用于设计人员只修改了与设计相关的参数（如只修改与设计相关的设计参数、构件属性等）后重新进行设计。

5）自定义计算

执行该项，软件只进行参数选项中勾选选中内容的计算，其他内容均不计算。该选项主要适用于设计人员只关注部分计算结果的情况。需要注意的是，这里的参数主要用于排除某些计算内容。如果在结构整体参数中没有选择相关的计算，这里即使勾选也不会进行相关计算。

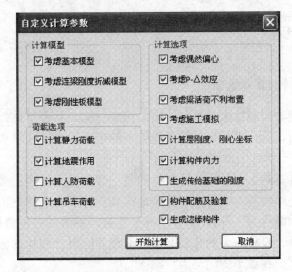

图7-2　自定义计算选项

7.1.2　计算过程说明

在"计算"部分，软件考虑多模型机制，即对于同一结构模型，在软件内部会根据计算内容和选项自动生成不同的有限元模型进行计算，这是适应2010规范的计算流程的主要变化。

一般工程的计算离不开三个部分：基本模型、剪力墙连梁刚度折减模型和规定水平力计算模型。

基本模型：主要用于恒、活、风以及吊车荷载、施工模拟分析和给基础的上部结构刚度凝聚的计算；

剪力墙连梁折减模型：进行地震反应谱分析和地震相关的计算：例如：地震力、地震工况位移、偶然偏心；

规定水平力计算模型：该模型考虑连梁折减并采用强制刚性楼板假定，用于进行2010年版规范要求的规定水平力计算，生成位移比等结构整体性能指标，同时进行楼层刚度中心和刚度比的计算。

如果用户选择采用强制刚性楼板假定模型进行计算，则"连梁折减模型"与"规定水平力计算模型"为同一模型，程序会自动在"连梁折减模型"中增加相关整体指标的计算。

计算过程中，程序弹出进度框显示计算的各个阶段和使用的时间。

图 7-3　进度处理对话框

在"设计"部分，程序要进行结构各种整体控制指标的统计计算、进行各层的构件配筋设计计算和进行边缘构件的设计计算。

7.1.3　有局部振动模型的提示

局部振动经常是由于结构模型不合理、有缺陷而造成的。程序在计算中可以对结构中可能存在局部振动情况的振型与楼层做出判断，当程序查出局部振动现象时，将在计算完成后在屏幕上给出提示框，告知用户局部振动发生的位置、层号以及局部振动的振型号以供参考。

根据提示，用户可以直接双击振型号查看对应的振型动画，从动画显示上可以直接看到模型出现的问题。

通过局部振动查看的常见问题有：

未能正常连接的杆件，如梁构件没有能够搭接在支座上造成梁悬空，支撑构件和其他构件未能连接上造成一端连接的摇摆。这是结构建模发生的错误，对于这种情况必须修改模型，重新计算。

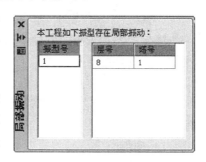

图 7-4　局部振动提示

局部结构的刚度太弱，造成局部结构的振动消耗了很多的计算振型，造成地震计算的 X 向或 Y 向的有效质量系数达不到 90% 甚至很低。可以修改模型增加对于局部结构的约束，实在不行就增加计算振型数量，直到有效质量系数达到 90% 以上。

因此，通过局部振动的提示可以查到大量结构的缺陷和错误，是一种保证计算结果正确性的有效手段。

当然，局部振动提示是一种警告性提示，有时的局部振动不会对计算结果的正确性有影响，用户应酌情处理。

7.2 分析结果的图形显示

本章说明的全部计算结果文本文件都是程序自动生成的，图形文件是根据用户操作相应菜单生成的。计算结果的文本文件和图形文件都存放在工程目录下的"设计结果"子目录中。

结构计算完成后程序自动转到【设计结果】菜单下，并首先打开第1层的配筋平面图。

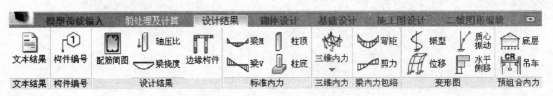

图 7-5　设计结果菜单

在这里程序提供两种方式输出计算结果，一是各种文本文件，二是各种计算结果图形。

设计结果部分的菜单有：文本结果、构件编号图、配筋简图、轴压比图、梁挠度图、边缘构件图、标准内力图、三维内力图、梁内力包络图、地震振型和各工况下的变形动画，吊车荷载预组合内力图等。

图形显示方式可以使设计人员更直观地查看计算与设计结果，如内力图、配筋图、变形图等。

7.2.1 编号简图

编号简图用来查看各类型构件的计算编号，以便于对照文本文件的输出结果。软件提供了基本构件的编号，如框架梁、框架柱、支撑、墙梁、墙柱，也提供了节点编号简图、主梁编号简图等供设计人员使用。

对于有层间梁的模型，软件按标高从下至上的顺序依次标注各梁编号。

1）构件编号简图

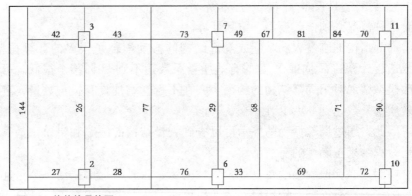

图 7-6　构件编号简图

2）主梁编号简图

软件在进行梁弯矩调幅时，会用到主梁信息。软件自动根据梁端支座信息生成连续梁，并对两端均有竖向支座的梁跨进行梁弯矩调幅。为了便于设计人员查看，软件输出了主梁编号，并在括号内标注各梁段编号，如图7-7所示。

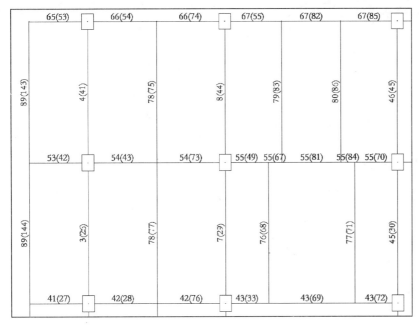

图 7-7　主梁编号简图

3）节点编号简图

节点是基本定位单元，梁、柱、墙等构件均依赖节点定位。为了便于设计人员查看，软件给出了节点编号图，如图7-8所示。

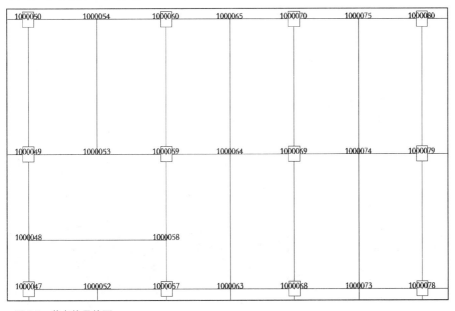

图 7-8　节点编号简图

软件同时提供按构件编号定位构件位置功能，便于设计人员快速定位某构件在平面中的位置。

　　构件信息菜单是通用操作菜单，用来查看某个构件的详细信息，包括几何信息、材料信息、内力信息、设计结果等。该菜单在多种简图中都提供，方便设计人员查看。

　　构件信息文本文件的格式如图 7-10～图 7-13 所示：

图 7-9　构件查询菜单

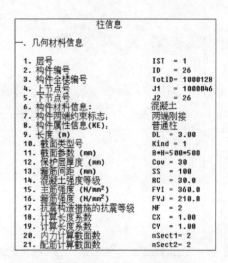

图 7-10　构件信息文本中的几何信息

二、标准内力信息

```
        DL -- 恒载作用下的标准内力
        LL -- 活载作用下的标准内力
       +WX -- +X方向风荷载作用下的标准内力
       -WX -- -X方向风荷载作用下的标准内力
       +WY -- +Y方向风荷载作用下的标准内力
       -WY -- -Y方向风荷载作用下的标准内力
        EX -- X方向地震作用下的标准内力
        EY -- Y方向地震作用下的标准内力

柱内力输出
iCase            ：工况名称
Shear-X, Shear-Y: X, Y 方向的底部剪力
Axial            ：轴力
Mx-Btm, My-Btm  ：X, Y 方向的底部弯矩
Mx-Top, My-Top  ：X, Y 方向的顶部弯矩
N-C              ：柱单元号
Node-i, Node-j  ：上, 下节点号
DL, Angle        ：柱长度, 布置角度
```

(iCase)	Shear-X	Shear-Y	Axial	Mx-Btm	My-Btm	Mx-Top	My-Top
*(DL)	-5.4	8.3	-835.8	7.5	5.2	-17.4	-11.1
(DL)	-5.4	8.3	-835.8	7.5	5.2	-17.4	-11.1
*(LL)	-1.0	1.7	-124.3	1.6	1.0	-3.4	-2.1
(LL)	-1.0	1.7	-124.3	1.6	1.0	-3.4	-2.1
*(+WX)	-0.2	0.0	0.3	0.0	0.3	-0.0	-0.2
(+WX)	-0.2	0.0	0.3	0.0	0.3	-0.0	-0.2
*(-WX)	1.0	-0.0	-2.1	-0.0	-1.9	0.0	1.1
(-WX)	1.0	-0.0	-2.1	-0.0	-1.9	0.0	1.1
*(+WY)	-0.0	-3.2	9.8	-7.5	0.1	2.0	-0.0
(+WY)	-0.0	-3.2	9.8	-7.5	0.1	2.0	-0.0
*(-WY)	-0.0	3.2	-9.7	7.5	0.1	-2.0	-0.0
(-WY)	-0.0	3.2	-9.7	7.5	0.1	-2.0	-0.0
*(EX)	-16.0	0.2	27.0	0.3	29.5	-0.5	-18.4
(EX)	-16.0	0.2	27.0	0.3	29.5	-0.5	-18.4
*(EY)	0.0	-11.4	32.9	-26.1	0.0	8.3	-0.0
(EY)	0.0	-11.4	32.9	-26.1	0.0	8.3	-0.0

图 7-11　构件信息文本中的标准内力信息

三、构件设计验算信息

```
*  Asc --- 柱角筋面积                        *
*  Asx --- 柱B方向配筋                       *
*  Asy --- 柱H方向配筋                       *
*  Ast --- 柱顶部配筋                        *
*  Asb --- 柱底部配筋                        *
*  Asvx --- 柱B方向的箍筋                     *
*  Asvy --- 柱H方向的箍筋                     *
*  N --- 计算配筋的控制轴力                    *
*  Mx--- 计算配筋的X方向控制弯矩               *
*  My--- 计算配筋的Y方向控制弯矩               *
*  Rs  --- 全截面配筋率                       *
*  Rsv --- 体积配箍率                        *
*  Uc --- 轴压比                            *
*  Nu --- 计算轴压比的控制轴力                 *

( 29) Nu=     -670.2  Uc= 0.19  Rs= 0.60(%)  Rsv= 0.27(%)   Asc=  201
( 1)N=     -572.6 Mx=     -44.3 My=      -8.9 Asxt=     576 Asxt0=      0
(32)N=     -263.0 Mx=     -35.9 My=      60.3 Asyt=     576 Asyt0=    115
(34)N=     -495.4 Mx=     115.5 My=       7.7 Asxb=     576 Asxb0=    232
(32)N=     -263.0 Mx=      27.7 My=    -101.1 Asyb=     576 Asyb0=    459
(28)N=     -347.9 Vx=      31.8 Vy=      14.9 Ts=      0.3 Asvx=      57 Asvx0=      0
(28)N=     -347.9 Vx=      31.8 Vy=      14.9 Ts=      0.3 Asvy=      57 Asvy0=      0
节点核芯区设计结果:
(28) N=    -267.1  Vjx=     294.3  Asvjx=    116.0
(28) N=    -267.1  Vjy=     289.2  Asvjy=    116.0
```

图7-12 构件信息文本中的设计信息

四、荷载组合分项系数说明

```
荷载组合分项系数说明,其中:
Ncm --- 组合号
U-D,U-L --- 分别为恒载、活载分项系数
+X-W,-X-W --- 分别为X正负方向水平风荷载分项系数
+Y-W,-Y-W --- 分别为Y正负方向水平风荷载分项系数
X-E,Y-E --- 分别为X向、Y向水平地震荷载分项系数
Z-E --- 为竖向地震荷载分项系数
R-F --- 为人防荷载分项系数
TEM --- 为温度荷载分项系数
CRN --- 为吊车荷载分项系数
```

三、

Ncm	U-D	U-L	+X-W	-X-W	+Y-W	-Y-W	X-E	Y-E	Z-E	R-F	TEM	CRN
1	1.35	0.98	--	--	--	--	--	--	--	--	--	--
2	1.20	1.40	--	--	--	--	--	--	--	--	--	--
3	1.00	1.40	--	--	--	--	--	--	--	--	--	--
4	1.20	--	1.40	--	--	--	--	--	--	--	--	--
5	1.20	--	--	1.40	--	--	--	--	--	--	--	--
6	1.20	--	--	--	1.40	--	--	--	--	--	--	--
7	1.20	--	--	--	--	1.40	--	--	--	--	--	--
8	1.20	1.40	0.84	--	--	--	--	--	--	--	--	--
9	1.20	1.40	--	0.84	--	--	--	--	--	--	--	--
10	1.20	1.40	--	--	0.84	--	--	--	--	--	--	--
11	1.20	1.40	--	--	--	0.84	--	--	--	--	--	--
12	1.20	0.98	1.40	--	--	--	--	--	--	--	--	--
13	1.20	0.98	--	1.40	--	--	--	--	--	--	--	--
14	1.20	0.98	--	--	1.40	--	--	--	--	--	--	--
15	1.20	0.98	--	--	--	1.40	--	--	--	--	--	--
16	1.00	--	1.40	--	--	--	--	--	--	--	--	--
17	1.00	--	--	1.40	--	--	--	--	--	--	--	--
18	1.00	--	--	--	1.40	--	--	--	--	--	--	--
19	1.00	--	--	--	--	1.40	--	--	--	--	--	--
20	1.00	1.40	0.84	--	--	--	--	--	--	--	--	0
21	1.00	1.40	--	0.84	--	--	--	--	--	--	--	0
22	1.00	1.40	--	--	0.84	--	--	--	--	--	--	--
23	1.00	1.40	--	--	--	0.84	--	--	--	--	--	--
24	1.00	0.98	1.40	--	--	--	--	--	--	--	--	--
25	1.00	0.98	--	1.40	--	--	--	--	--	--	--	--
26	1.00	0.98	--	--	1.40	--	--	--	--	--	--	--
27	1.00	0.98	--	--	--	1.40	--	--	--	--	--	--
28	1.20	0.60	--	--	--	--	1.30	--	--	--	--	--
29	1.20	0.60	--	--	--	--	-1.30	--	--	--	--	--
30	1.20	0.60	--	--	--	--	--	1.30	--	--	--	--
31	1.20	0.60	--	--	--	--	--	-1.30	--	--	--	--
32	1.00	0.50	--	--	--	--	1.30	--	--	--	--	--
33	1.00	0.50	--	--	--	--	-1.30	--	--	--	--	--
34	1.00	0.50	--	--	--	--	--	1.30	--	--	--	--
35	1.00	0.50	--	--	--	--	--	-1.30	--	--	--	--

图7-13 构件信息文本中的荷载组合信息

7.2.2 配筋简图

配筋简图用图形方式显示构件的配筋结果，图形名称是 wpj ＊.dwy。如果是钢构件，则显示钢构件的应力验算结果，简图表达方式如下：

1）混凝土梁、型钢混凝土梁

$$GA_{sv}\text{-}A_{sv0}$$
$$A_{su1}\text{-}A_{su2}\text{-}A_{su3}$$
$$\overline{\phantom{A_{su1}\text{-}A_{su2}\text{-}A_{su3}\text{-}A_{su3}}}$$
$$A_{sd1}\text{-}A_{sd2}\text{-}A_{sd3}$$
$$(VTA_{st}\text{-}A_{st1})$$

其中

A_{su1}、A_{su2}、A_{su3}——为梁上部左端、跨中、右端配筋面积（cm^2）；

A_{sd1}、A_{sd2}、A_{sd3}——为梁下部左端、跨中、右端配筋面积（cm^2）；

A_{sv}——为梁加密区抗剪箍筋面积和剪扭箍筋面积的较大值（cm^2）；

A_{sv0}——为梁非加密区抗剪箍筋面积和剪扭箍筋面积的较大值（cm^2）；

A_{st}、A_{st1}——为梁剪扭配筋时的受扭纵筋面积和抗扭箍筋沿周边布置的单肢箍筋面积（cm^2），只针对混凝土梁，若 A_{st} 和 A_{st1} 都为零，则不输出这一行；

G、VT——为箍筋和剪扭配筋标志。

软件输出的加密区和非加密区箍筋都是按参数设置中的箍筋间距计算的，并按沿梁全长箍筋的面积配箍率要求控制。

实际工程中，梁箍筋加密区和非加密区的箍筋间距一般是不同的，而软件是按照一种箍筋间距计算的，因此，如果加密区和非加密区的箍筋间距不同，设计人员需要对软件输出的箍筋面积进行换算，比如输入的箍筋间距为加密区间距，则加密区的箍筋计算结果可直接参考使用，非加密区的箍筋面积需要换算。

2）钢梁

输出格式如下：

$$R_1-R_2-R_3$$
$$\overline{}$$
$$\text{Steel}$$

其中

R_1——表示钢梁正应力强度与抗拉、抗压强度设计值的比值 F_1/f；

R_2——表示钢梁整体稳定应力与抗拉、抗压强度设计值的比值 F_2/f；

R_3——表示钢梁剪应力强度与抗拉、抗压强度设计值的比值 F_3/f。

3）矩形混凝土柱和型钢混凝土柱

输出格式如下：

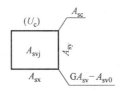

其中

A_{sc}——单根角筋的面积。采用双偏压计算时，角筋面积不应小于此值；采用单偏压计算时，角筋面积可不受此值控制（cm^2），但要确保单边配筋面积和全截面配筋面积满足要求；

A_{sx}、A_{sy}——分别为该柱 B 边和 H 边的单边配筋面积，包括两根角筋（cm^2）；

A_{sv}、A_{sv0}——分别为加密区斜截面抗剪箍筋面积、非加密区斜截面抗剪箍筋面积，箍筋间距均在 S_c 范围内。其中：A_{sv} 取计算的 A_{svx} 和 A_{svy} 的大值，A_{sv0} 取计算的 A_{svx0} 和 A_{svy0} 的大值（cm^2）；

A_{svj}——柱节点域抗剪箍筋面积，取计算的 A_{svjx} 和 A_{svjy} 的大值（cm^2）；

U_c——柱的轴压比；

G——箍筋标志。

柱全截面的配筋面积为：$A_s = 2 \times (A_{sx} + A_{sy}) - 4 \times A_{sc}$，柱的箍筋是按用户输入的箍筋间距 S_c 计算的。

4）圆形混凝土柱

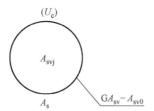

其中

A_s——为圆柱全截面配筋面积（cm^2）；

A_{sv}、A_{sv0}——分别为加密区斜截面抗剪箍筋面积、非加密区斜截面抗剪箍筋面积，箍筋间距均在 S_c 范围内。其中：A_{sv} 取计算的 A_{svx} 和 A_{svy} 的大值，A_{sv0} 取计算的 A_{svx0} 和 A_{svy0} 的大值（cm^2）；

A_{svj}——柱节点域抗剪箍筋面积，取计算的 A_{svjx} 和 A_{svjy} 的大值（cm^2）；

U_c——柱的轴压比。

5）异形混凝土柱

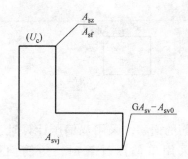

其中

A_{sz}——异形柱固定钢筋位置的配筋面积，即位于直线柱肢端部和相交处的配筋面积之和（cm²）；

A_{sf}——异形柱分布钢筋的配筋面积，即除 A_{sz} 之外的钢筋面积（cm²），当柱肢外伸长度大于 250mm 时按间距 250mm 布置；

A_{sv}、A_{sv0}——分别为加密区斜截面抗剪箍筋面积、非加密区斜截面抗剪箍筋面积，箍筋间距均在 S_c 范围内。A_{sv} 取计算的 A_{svx} 和 A_{svy} 的大值，A_{sv0} 取计算的 A_{svx0} 和 A_{svy0} 的大值（cm²）；

A_{svj}——柱节点域抗剪箍筋面积，取计算的 A_{svjx} 和 A_{svjy} 的大值（cm²）；

U_c——柱的轴压比。

对于 L 形、T 形、十字形的异形柱，固定钢筋位置的配筋如下图所示：

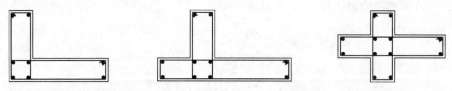

异形柱的斜截面设计时，分别求出两个相互垂直肢的箍筋面积 A_{sv1} 和 A_{sv2}，并取 A_{sv1}、A_{sv2} 的大值输出。

6）钢柱

其中

U_c——柱的轴压比；

R_1——表示钢柱正应力强度与抗拉、抗压强度设计值的比值 F_1/f；

R_2——表示钢柱 X 向稳定应力与抗拉、抗压强度设计值的比值 F_2/f；

R_3——表示钢柱 Y 向稳定应力与抗拉、抗压强度设计值的比值 F_3/f。

7）方钢管混凝土柱

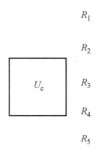

其中

U_c——柱的轴压比；

R_1——表示钢柱正应力强度与抗拉、抗压强度设计值的比值 F_1/f；

R_2——表示钢柱 X 向稳定应力与抗拉、抗压强度设计值的比值 F_2/f；

R_3——表示钢柱 Y 向稳定应力与抗拉、抗压强度设计值的比值 F_3/f。

R_4——表示钢柱 X 向抗剪应力与抗剪强度设计值的比值 F_4/f。

R_5——表示钢柱 Y 向抗剪应力与抗剪强度设计值的比值 F_5/f。

8）圆钢管混凝土柱

其中

U_c——柱的轴压比；

R_1——表示圆钢管混凝土柱轴压力与轴心受压承载力的比值 F_1/f；

R_2——表示圆钢管混凝土柱拉弯受力时外力与承载力的比值 F_2/f；

R_3——表示圆钢管混凝土柱设计剪力与受剪承载力的比值 F_3/f。

9）混凝土支撑

采用与混凝土柱相同的显示方式，在支撑端部绘制截面的正投影，然后进行标注。

10）钢支撑

采用与钢柱相同的显示方式，在支撑端部绘制截面的正投影，然后进行标注。

11）墙柱

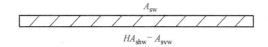

其中

A_{sw}——墙柱一端的暗柱计算配筋面积（cm^2），如计算不需要配筋时输出 0。当墙柱截面高厚比小于 4 或一字形墙截面高度

    $\leqslant 800$mm时，按柱配筋，这时 A_{sw} 为按柱对称配筋时的单边钢
    筋面积；

A_{shw}——为在水平分布筋间距内的水平分布筋面积（cm²）；

A_{svw}——对地下室外墙或人防临空墙，每延米的双排竖向分布筋面积

    （cm²），只有地下室外墙才输出；

  H——为分布筋标志。

12）墙梁

墙梁配筋输出格式与框架梁相同。

13）简图示意

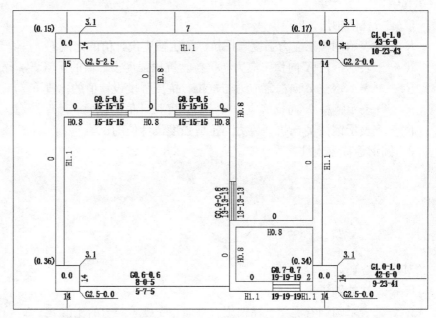

图 7-14　混凝土构件配筋简图

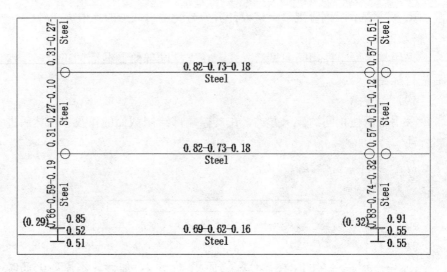

图 7-15　钢构件验算简图

对于有层间梁的模型，软件将标注全部梁配筋，同时标注各层间梁标高，以示区分。

7.2.3 轴压比简图

轴压比简图用来查看柱、墙轴压比计算结果及超限检查结果，对于墙柱采用组合轴压比验算是否超限，如果不符合组合轴压比计算条件，则采用单个墙柱轴压比验算是否超限。

墙组合轴压比计算条件为：所有相交的墙柱（包含边框柱）中，截面高宽比大于 5 的墙柱不多于 1 个。墙组合轴压比主要用于以下方面：（1）判断墙柱轴压比是否超限；（2）确定底部加强部位的边缘构件类型（约束或构造边缘构件）。

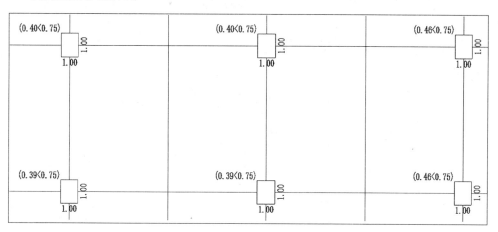

图 7-16　柱轴压比简图

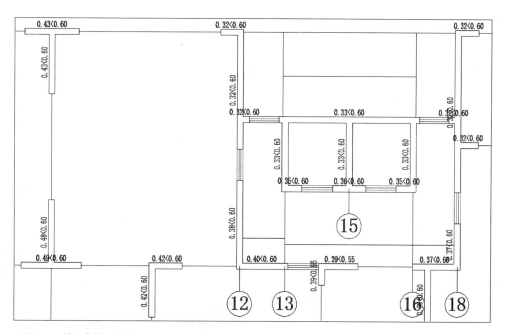

图 7-17　墙组合轴压比简图

7.2.4 梁弹性挠度简图

该挠度值是采用梁的弹性刚度和荷载准永久组合计算得到的，没有考虑荷载长期作用的影响。活荷载准永久值系数默认为0.5。

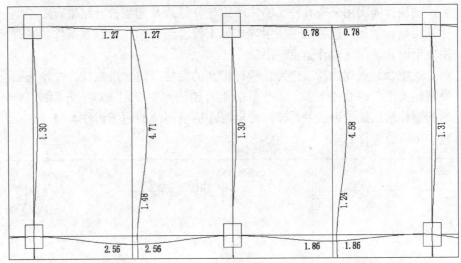

图 7-18　梁弹性挠度简图

7.2.5 边缘构件简图

图 7-19　修改边缘构件类型

边缘构件简图用来查看剪力墙边缘构件的设计结果。软件根据10版新规范的相关规定进行边缘构件设计，按墙组合轴压比确定底部加强部位边缘构件类型，可以考虑临近边缘构件的合并，采用与平法一致的命名方法，配筋结果标注上采用了与框架柱类似的表达方式。

软件还提供边缘构件交互修改功能，软件根据修改后的边缘构件类型自动重新进行边缘构件设计。

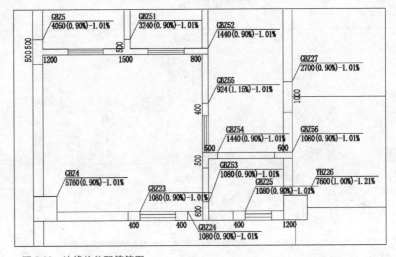

图 7-20　边缘构件配筋简图

7.2.6 标准内力简图

标准内力简图分二维内力简图和三维内力简图两种，对于梁、墙梁，提供内力线图画法，对于柱、支撑、墙柱，提供标准内力文字标注画法。

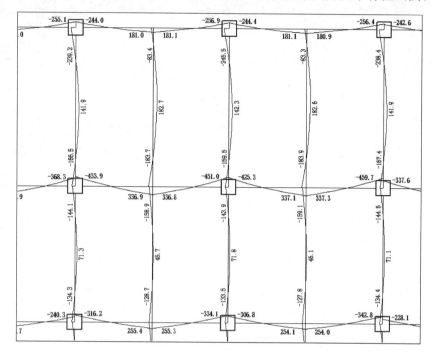

图 7-21 梁弯矩图

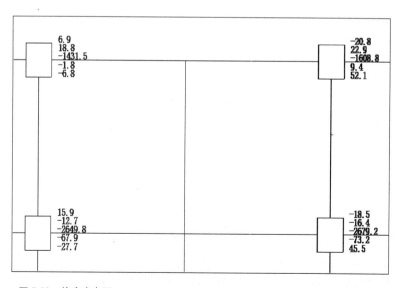

图 7-22 柱底内力图

软件可以分别显示调整前和调整后的标准内力，便于设计人员核对标准内力调整结果，并提供【文字高度】、【设置幅值】等辅助菜单。

7.2.7 三维内力图

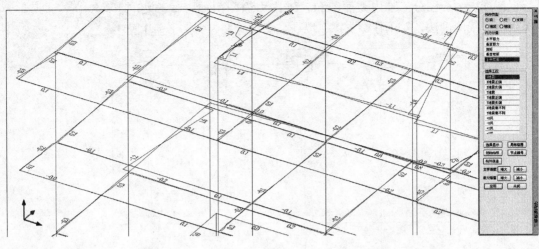

图 7-23 三维内力图

7.2.8 梁设计内力包络图

设计内力图中标注的内力是指配筋最大所对应的设计内力，而不一定是数值上的内力最大，绘图结果如图 7-24 所示。

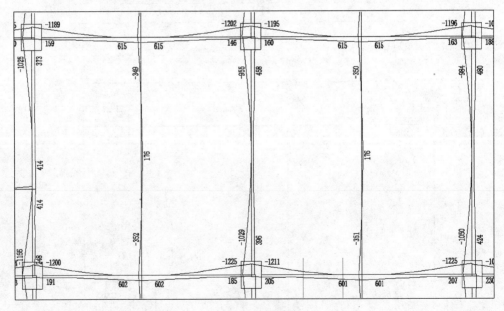

图 7-24 梁弯矩包络图

对于有层间梁的模型，软件只标注标高最高的梁。

7.2.9 振型图

振型图用来动态显示各振型下结构的变形形态，设计人员可通过振型图来确认是否存在局部振动、平动、扭转等情形。

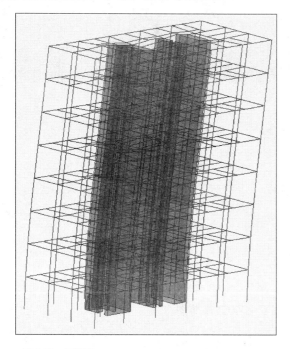

图 7-25　振型图

设计人员可以设置最大变形值来控制图形的最大变位。

7.2.10　单工况位移三维简图

单工况位移三维简图主要用来查看单工况下各节点位移，并可以查看单工况三维变形图。软件提供【按楼层显示】、【选择显示】等功能。

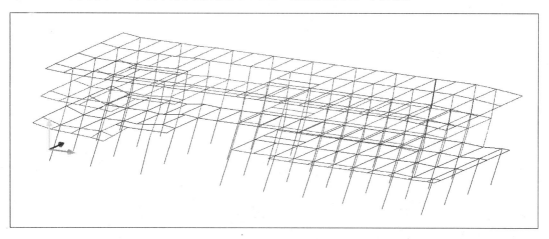

图 7-26　单工况三维变形图

7.2.11　结构各层质心振动简图

软件可以绘制单振型下楼层质心振动简图，并且多个振型下的楼层质心振动简图可以叠加绘制。

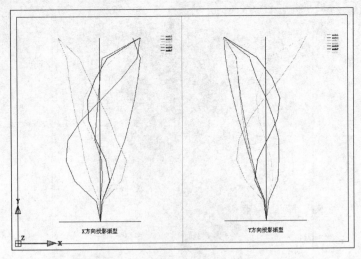

图 7-27　各层质心振动简图

7.2.12　楼层水平侧移简图

该简图用来查看结构在风荷载或地震作用下的楼层反应，包括内力和变形，如层外力、层剪力、层底弯矩、层间位移、层间位移角等。

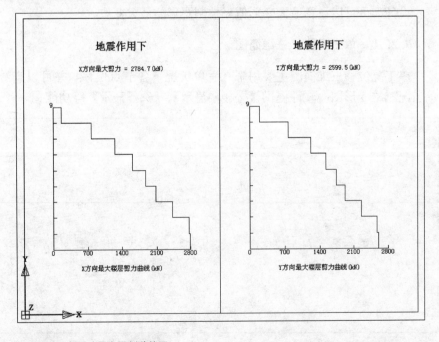

图 7-28　各层地震水平侧移简图

7.2.13　底层柱、墙最大组合内力简图

该简图用来查看底层柱、墙在基本组合下以某些内力最大为预定目标

得到的设计内力，这些设计内力在计算时未考虑基础设计的相关要求，结果仅供参考。更准确的计算结果应参考基础设计软件。

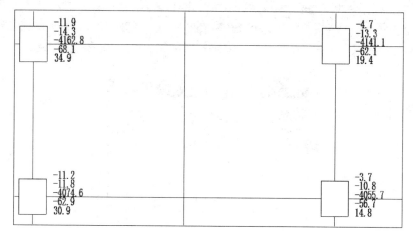

图 7-29　底层柱、墙最大组合内力简图

7.2.14　吊车荷载预组合内力简图

该简图用来查看梁、柱在吊车荷载作用下的预组合内力。

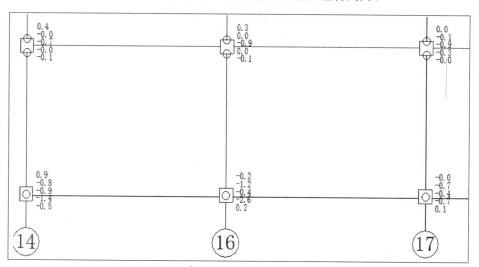

图 7-30　吊车荷载预内力简图

7.2.15　模型切换

模型切换主要包括两方面内容：（1）多塔自动分塔并设计结果取大设计；（2）少墙框架设计。只有当设计人员在设计参数中选择考虑（1）或（2）时，模型切换菜单才显示，如图 7-31 所示：

其中，0 表示整体模型，1、2 为分塔塔号，双击相应编号，软件自动切换到相应模型中，图形和文本显示结果也对应于该模型。对于整体模型，软件输出的是整体模型与分塔模型设计结果较不利值。

图 7-31 模型切换菜单

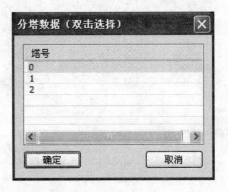

图 7-32 模型切换对话框

7.3 分析结果的文本输出

本章说明的全部计算结果文本文件都是程序自动生成的。计算结果的文本文件和图形文件都存放在工程目录下的"设计结果"子目录中。

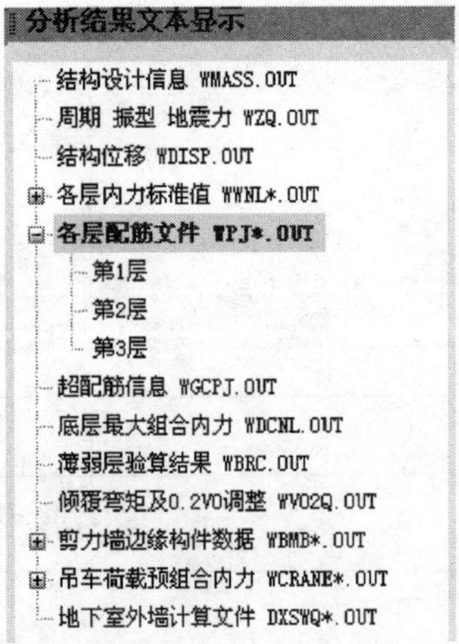

点击工具条上的【文本结果】按钮，窗口左侧会显示出文本结果选择菜单，如图 7-33 所示：

7.3.1 结构设计信息（wmass. out）

结构分析控制参数、楼层质量和质心坐标、风荷载、层刚度、楼层承载力、抗震验算等有关信息，都记录在 wmass. out 文件中，以便设计人员核对。

该文件输出格式如下：

1）计算参数

输出了计算与设计参数设置信息。

分析结果文本显示
- 结构设计信息 WMASS.OUT
- 周期 振型 地震力 WZQ.OUT
- 结构位移 WDISP.OUT
- ⊞ 各层内力标准值 WNNL*.OUT
- ⊟ 各层配筋文件 **WPJ*.OUT**
  - 第1层
  - 第2层
  - 第3层
- 超配筋信息 WGCPJ.OUT
- 底层最大组合内力 WDCNL.OUT
- 薄弱层验算结果 WBRC.OUT
- 倾覆弯矩及0.2V0调整 WV02Q.OUT
- ⊞ 剪力墙边缘构件数据 WBMB*.OUT
- ⊞ 吊车荷载预组合内力 WCRANE*.OUT
- 地下室外墙计算文件 DXSWQ*.OUT

图 7-33 主要输出文本

2）楼层属性输出

格式如下：

层号，塔号，属性

属性主要包括：地下室、剪力墙加强区、加强层、转换层等。

3）人防信息输出

格式如下：

层号，塔号，人防设计等级，顶板人防等效荷载（kN/m²），外墙人防等效荷载（kN/m²）

人防设计等级、顶板人防等效荷载、外墙人防等效荷载均为建模中输入的信息。

该项内容只有在建模中输入了人防荷载信息后才输出。

4）各层质量、质心信息

格式如下：

层号，塔号，质心坐标 X、Y、Z，恒载质量，活载质量，附加质量，质量比

活载总质量（t）

恒载总质量（t）

附加总质量（t）

结构总质量（t）

恒载质量包括结构自重和外加恒载的重力方向分量，活载质量是活荷载重力荷载代表值系数与活载等效质量的乘积，结构总质量是恒载质量、活载质量和附加质量之和，质量比为本层总质量与下层总质量的比值，软件按照《高规》第 3.5.6 条判断质量比，如果质量比大于 1.5，则软件会给出提示"质量比＞1.5 不满足《高规》3.5.6"。

5）各层构件数量、构件材料和层高

格式如下：

层号，塔号，梁数，柱数，斜杆数，墙数，层高，累计高度

如果有混凝土构件，则输出：

层号，塔号，梁数，　　　柱数，　　　　　支撑数，　　　墙数

　　　（混凝土/主筋）（混凝土/主筋）（混凝土/主筋）（混凝土/主筋）

如果有型钢混凝土构件，则输出：

层号，塔号，梁数，　　　　　　　　柱数，　　　　　支撑数

　　　（钢号/混凝土）　　　（钢号/混凝土）　　（钢号/混凝土）

如果有钢构件，则输出：

层号，塔号，梁数，　　　　柱数，　　　支撑数

　　　（钢号）　　　（钢号）　　　（钢号）

其中：高度单位为 m。

构件数量按混凝土强度等级和钢筋强度分别统计，对于钢构件按钢号统计，对于型钢混凝土构件按钢号和混凝土等级统计。

6）风荷载信息

格式如下：

层号，塔号，风荷载 X，剪力 X，倾覆弯矩 X，风荷载 Y，剪力 Y，倾覆弯矩 Y

其中：剪力单位为 kN，弯矩单位为 kN·m，高度单位为 m。

倾覆弯矩统计到该层层底。

7）各楼层等效尺寸

格式如下：

层号，塔号，面积，形心 X，形心 Y，等效宽 B，等效高 H，最大宽 Bmax，最小宽 Bmin

这部分内容是根据《广东省高层建筑结构设计规程》第 2.3.3 条和第 3.2.2 条要求输出的。

8）各楼层质量、单位面积质量分布

格式如下：

层号，塔号，楼层质量，单位面积质量，单位面积质量比

这部分信息是根据《广东省高层建筑结构设计规程》第 2.3.6 条要求输出的，用来判断结构的属性规则性。

9）各层刚心、偏心率、相邻层侧移刚度比等计算信息

格式如下：

Floor，Tower

Xstif，Ystif，Alf

Xmass，Ymass，Gmass

Eex，Eey

Ratx，Raty

薄弱层地震剪力放大系数

Ratx1，Raty1

Ratx2，Raty2

Rjx1，Rjy1，Rjz1

Rjx3，Rjy3，Rjz3

X 方向最小刚度比：刚度比（层号、塔号）

Y 方向最小刚度比：刚度比（层号、塔号）

其中

Floor——表示层号；

Tower——表示塔号；

Xstif、Ystif——为该层该塔刚心的 X、Y 坐标值（m）；

Alf——为该层该塔刚性主轴的方向（度）；

Xmass、Ymass——为该层该塔质心的 X、Y 坐标值（m）；

Gmass——为该层该塔的总质量（t）；

Eex、Eey——分别为 X、Y 方向的偏心率；

Ratx、Raty——分别为 X、Y 方向本层该塔抗侧移刚度与下一层相应塔的抗侧移刚度之比值；

Ratx1、Raty1——X、Y 方向本层塔侧移刚度与上一层相应塔侧移刚度 70％的比值或上三层平均侧移刚度 80％的比值中之较小者；

Ratx2、Raty2——X、Y 方向本层塔侧移刚度与上一层相应塔侧移刚度 90％、110％或者 150％的比值。110％指当本层层高大于相邻上层层高

1.5 倍时，150%指嵌固层；

Rjx1、Rjy1、Rjz1——分别为结构总体坐标系中塔的侧移刚度和扭转刚度（剪切刚度）（kN/m^2）；

Rjx3、Rjy3、Rjz3——分别为结构总体坐标系中塔的侧移刚度和扭转刚度（地震剪力与地震层间位移的比）（kN/m^2）。

10）高位转换时转换层上部与下部结构的等效侧向刚度比

格式如下：

转换层：所在层号 、塔号

转换层下部：起始层号、终止层号、高度

转换层上部：起始层号、终止层号、高度

X 方向下部刚度、X 方向上部刚度、X 方向刚度比

Y 方向下部刚度、Y 方向上部刚度、Y 方向刚度比

如果转换层所在层号在 2 层以上时，软件再按层间剪力与层间位移之比方式验算侧向刚度比：

按层间剪力与层间位移之比方式验算侧向刚度比：X 方向刚度比，Y 方向刚度比

该项目只针对有转换层结构，且满足《高规》附录 E 第 E.0.2 条规定时才输出。

11）地下室下、上楼层侧向刚度比验算（剪切刚度）

格式如下：

X 方向地下一层剪切刚度，X 方向地上一层剪切刚度，X 方向刚度比

Y 方向地下一层剪切刚度，Y 方向地上一层剪切刚度，Y 方向刚度比

该项目只有在有地下室时才输出。

12）结构整体抗倾覆验算

格式如下：

层号，塔号，抗倾覆力矩 Mr，倾覆力矩 Mov，比值 Mr/Mov，零应力区（%）

《高规》第 12.1.7 条规定："在重力荷载与水平荷载或重力荷载代表值与多遇水平地震标准值共同作用下，高宽比大于 4 的高层建筑，基础底面不宜出现零应力区；高宽比不大于 4 的高层建筑，基础底面与地基之间零应力区面积不应超过基础底面面积的 15%。质量偏心较大的裙楼与主楼可分别计算基底应力。"

软件输出结构在风荷载、地震作用下的抗倾覆、倾覆力矩，并给出比值，供设计人员查看。

13）结构整体稳定验算

格式如下：

（1）对于剪力墙结构、框架－剪力墙结构、筒体结构等结构：

X 向刚重比 EJd/GH2

Y 向刚重比 EJd/GH2

对于以上验算，软件给出验算结果，如：

该结构刚重比 EJd/GH2 大于 1.4，能够通过《高规》5.4.4 条的整体稳定验算。

该结构刚重比 EJd/GH2 大于 2.7，可以不考虑重力二阶效应。

（2）对于框架结构：

层号，塔号，X 向刚度，Y 向刚度，层高，上部重量，X 刚重比，Y 刚重比

对于以上验算，软件给出验算结果，如：

该结构刚重比 Di×Hi/Gi 大于 10，能够通过高规（5.4.4）的整体稳定验算。

该结构刚重比 Di×Hi/Gi 大于 20，可以不考虑重力二阶效应。

14）结构抗震验算

该项目主要输出如薄弱层、最小剪重比调整、$0.2V_0$ 调整等与抗震设计相关的验算结果，并且只输出进行了调整的楼层，使设计人员在总体上对工程抗震性能有了一定的了解。

格式如下：

（1）对于薄弱层调整：

本工程如下楼层进行了薄弱层调整：

层号，塔号，X 向调整系数，Y 向调整系数

（2）对于最小剪重比调整：

本工程如下楼层进行了最小剪重比调整：

层号，塔号，X 向调整系数，Y 向调整系数

如果调整系数过大，则软件给出如下提示：

＊＊本工程最小剪重比调整系数偏大，表明结构整体刚度偏弱（或结构太重），建议调整结构体系，增强结构刚度（或减小结构重量）

（3）对于 $0.2V_0$ 调整：

本工程如下楼层进行了 $0.2V_0$ 调整：

层号，塔号，X 向调整系数，Y 向调整系数

如果调整系数过大，则软件给出如下提示：

＊＊本工程 $0.2V_0$ 调整系数偏大，请确认模型中框架部分能否起到二道防线的作用

15）内外力平衡验算

格式如下：

1、恒、活荷载作用下轴力平衡验算（kN）

层号，塔号，恒载，恒载下轴力，活载，活载下轴力

2、风荷载作用下剪力平衡验算（kN）

层号，塔号，X 向风荷载，X 向楼层剪力，Y 向风荷载，Y 向楼层剪力

需要注意的是，软件在统计上述内容时，以构件所属楼层号统计该构

件内力，对于地下室及以下部分、存在越层柱、多层构件接地等情况，可能出现内外力统计结果不平衡现象，对其他设计内容无影响。

16）楼层抗剪承载力验算

格式如下：

层号，塔号，X 向承载力，Y 向承载力，Ratio_X，Ratio_Y

Ratio_X、Ratio_Y——本层与上一层的承载力之比。

如果本层与上一层楼层受剪承载力之比小于 0.8，软件会给出提示"受剪承载力之比小于 0.8"。

7.3.2　周期、振型与地震作用输出文件（wzq.out）

本文件主要输出结构周期、各振型计算结果、地震作用计算结果等信息。

1）各振型特征参数

格式如下：

振型号，周期，转角，平动系数（X+Y），扭转系数

振型号，X 向平动质量系数，Y 向平动质量系数，Z 向扭转质量系数

X 向平动振型参与质量系数总计

Y 向平动振型参与质量系数总计

Z 向扭转振型参与质量系数总计

第 1 扭转周期/第 1 平动周期 = Ratio_T

地震作用最大的方向 = Ang_Max

如果存在局部振动，则输出：

本工程以下振型存在局部振动：

振型号，层号，塔号

其中

周期单位为 s，转角单位为度。

Ratio_T——第 1 扭转周期与第 1 平动周期之比；

Ang_Max——地震作用最大方向。

当计算时选择［整体指标计算采用强刚，其他计算时非强刚］，则软件同时输出强制刚性板模型和非强制刚性板模型的周期计算结果，计算周期比时采用强制刚性板模型的周期计算结果。

软件输出 X、Y 平动、Z 扭转的振型参与质量系数总计，供设计人员判断总质量系数是否满足要求。

《高规》第 3.4.5 条规定：结构扭转为主的第一自振周期与平动为主的第一自振周期之比，A 级高度建筑不应大于 0.9，B 级高度高层建筑、超过 A 级高度的混合结构及本规程第 10 章所指的复杂高层建筑不应大于 0.85。

软件给出各振型下的平动系数与扭转系数，供设计人员查看。

软件自动检查各振型下，各层、塔是否存在局部振动，并输出存在局

部振动的振型号，对应的层号、塔号。

2）各振型地震作用计算结果输出

格式如下：

振型*的地震作用

对于 X 向地震作用为：

Floor，Tower，F-x-x，F-x-y，F-x-t

对于 Y 向地震作用为：

Floor，Tower，F-y-x，F-y-y，F-y-t

其中

*——表示振型号；

Floor——表示层号；

Tower—— 表示塔号；

F-x-x——X 方向的耦联地震作用在 X 方向的分量（kN）；

F-x-y——X 方向的耦联地震作用在 Y 方向的分量（kN）；

F-x-t——X 方向的耦联地震作用的扭矩（kN·m）；

F-y-x——Y 方向的耦联地震作用在 X 方向的分量（kN）；

F-y-y——Y 方向的耦联地震作用在 Y 方向的分量（kN）；

F-y-t——Y 方向的耦联地震作用的扭矩（kN·m）。

3）各振型基底剪力

格式如下：

层号，塔号，振型号，剪力（kN）

输出层号、塔号是为了提示设计人员基底剪力的输出位置。输出各振型基底剪力有助于设计人员判断主振型。

4）地震作用外力、层剪力、倾覆弯矩统计

格式如下：

对于 X 向地震作用：

Floor，Tower，Fx，Vx（分塔剪重比），Mx

对于 Y 向地震作用：

Floor，Tower，Fy，Vy（分塔剪重比），My

其中

Floor——表示层号；

Tower——表示塔号；

Fx、Vx、Mx——X 向地震时，结构的地震作用、楼层剪力和弯矩（kN，kN·m）；

Fy、Vy、My——Y 向地震时，结构的地震作用、楼层剪力和弯矩（kN，kN·m）；

分塔剪重比——X、Y 向地震力作用下结构的各层各塔剪重比（%）。

5）最小剪重比系数

格式如下：

抗震规范（5.2.5）条要求的 X 向楼层最小剪重比

6）最小剪重比地震作用调整

格式如下：

层号，塔号，X 向调整系数，Y 向调整系数

如果调整系数大于 1.0，说明该楼层的地震剪力不满足《抗震规范》第 5.2.5 条的要求。如果在参数定义中设定由软件自动调整地震层剪力，则在内力、位移计算时，软件将计算结果乘以该调整系数。

注意，该调整不宜过大，过大则应调整设计方案。

7.3.3 结构位移输出（wdisp.out）

本文件主要输出楼层位移指标，包括层间最大、最小位移、平均位移、位移比、位移角、有害位移角等信息。如果在计算参数中选择了［输出节点位移］，则 wdisp.out 文件中不仅输出各工况下每层的最大位移、位移比等信息，还输出各工况下的各层各节点三个线位移。

格式如下：

=== 工况* ===*** （某工况）作用下的楼层最大位移

对于 X 向水平荷载：

Floor，Tower，Jmax，Max-(X)，Ave-(X)，Ratio-(X)，h
　　　　　JmaxD，Max-Dx，Ave-Dx，Ratio-Dx，Max-Dx/h，
　　　　　DxR/Dx，Ratio_AX

对于 Y 向水平荷载：

Floor，Tower，Jmax，Max-(Y)，Ave-(Y)，Ratio-(Y)，h
　　　　　JmaxD，Max-Dy，Ave-Dy，Ratio-Dy，Max-Dy/h，
　　　　　DyR/Dx，Ratio_AY

对于竖向荷载：

Floor，Tower，Jmax，Max-(Z)

对于节点位移：

Floor，Node，X-Disp，Y-Disp，Z-Disp，X-Rot，Y-Rot，Z-Rot

其中

Floor——层号；

Tower——塔号；

Jmax——最大位移对应的节点号；

JmaxD——最大层间位移对应的节点号；

Max-(Z) ——节点的最大竖向位移；

h——层高；

Max-（X）、Max-(Y) ——X、Y 方向的节点最大位移；

Ave-（X）、Ave-(Y) ——X、Y 方向的层平均位移；

Max-Dx、Max-Dy——X、Y 方向的最大层间位移；

Ave-Dx、Ave-Dy——X、Y 方向的平均层间位移；

Ratio-(X)、Ratio-(Y)——最大位移与层平均位移的比值；

Ratio-Dx、Ratio-Dy——最大层间位移与平均层间位移的比值；

Max-Dx/h、Max-Dy/h——X、Y方向的最大层间位移角；

DxR/Dx、DyR/Dy——X、Y方向的有害位移角占总位移角的百分比；

Ratio_AX、Ratio_AY——本层位移角与上层位移角的 1.3 倍及上三层平均位移角的 1.2 倍的比值的大者，该条主要依据《广东规程》要求输出；

X-Disp、Y-Disp、Z-Disp——节点 X、Y、Z 方向的位移；

X-Rot、Y-Rot、Z-Rot——节点绕 X、Y、Z 轴转角，单位为 rad。

7.3.4 标准内力文件（wwni*.out）

该文件主要输出单构件单工况调整前和调整后的标准内力。

工况符号表示如下：

DL——恒载作用下的标准内力；

LL——活载作用下的标准内力；

LL1——考虑活载随机作用时梁负弯矩包络的标准内力；

LL2——考虑活载随机作用时梁正弯矩包络的标准内力；

＋WX——＋X方向风荷载作用下的标准内力；

－WX——－X方向风荷载作用下的标准内力；

＋WY——＋Y方向风荷载作用下的标准内力；

－WY——－Y方向风荷载作用下的标准内力；

EX——X方向地震作用下的标准内力；

EX＋——X方向（＋5％偏心）地震作用下的标准内力；

EX－——X方向（－5％偏心）地震作用下的标准内力；

EY——Y方向地震作用下的标准内力；

EY＋——Y方向（＋5％偏心）地震作用下的标准内力；

EY－——Y方向（－5％偏心）地震作用下的标准内力；

EV——竖向地震作用下的标准内力；

AD——人防荷载作用下的标准内力；

＋TEM——升温作用下的标准内力；

－TEM——降温作用下的标准内力；

EXA——X方向规定水平力作用下的标准内力；

EXA＋——X方向规定水平力（＋5％偏心）作用下的标准内力；

EXA－——X方向规定水平力（－5％偏心）作用下的标准内力；

EYA——Y方向规定水平力作用下的标准内力；

EYA＋——Y方向规定水平力（＋5％偏心）作用下的标准内力；

EYA－——Y方向规定水平力（－5％偏心）作用下的标准内力；

EXM*、EYM*——在地震方向*作用下的标准内力。

1）梁内力（局部坐标系）

格式如下：

N-B，Node-I，Node-J，DL

对于水平力工况（水平地震和风荷载工况）：

iCase，M-I，M-J，Vmax，Tmax，Nmax，Myi，Myj，Vymax

对于竖向力工况：

iCase，M-I，M-1，M-2，M-3，M-4，M-5，M-6，M-7，M-J，Nmax

V-I，V-1，V-2，V-3，V-4，V-5，V-6，V-7，V-J，Tmax

其中

N-B——梁编号；

Node-I、Node-J——梁左、右端节点号；

DL——梁长（m）；

iCase——内力工况；

M-I、M-J——主平面内梁左 I，右 J 端的弯矩（kN·m）；

M-1、M-2、M-3、M-4、M-5、M-6、M-7——主平面内梁从左到右除端截面外的中部 7 个截面的弯矩（kN·m）；

V-I、V-J——主平面内梁左 I，右 J 端的剪力（kN）；

V-1、V-2、V-3、V-4、V-5、V-6、V-7——主平面内梁从左到右除端截面外的中部 7 个截面的剪力（kN）；

Nmax——梁主平面内各截面上的轴力最大值（kN）；

Tmax——梁主平面内各截面上的扭矩最大值（kN·m）；

Vmax——梁主平面内各截面上的剪力最大值（kN）；

Myi、Myj、Vymax——梁平面外 I，J 两端的弯矩和最大剪力（kN，kN·m）。

2）墙梁标准内力（局部坐标系）

格式如下：

N-Wb，Node-I，Node-J，DL

icase，Axial-I，Shear-I，Moment-I，Axial-J，Shear-J，Moment-J

其中

N-Wb——墙梁编号；

Node-I、Node-J——墙梁两端节点号；

DL——墙梁长度（m）；

iCase——内力工况；

Axial-I、Shear-I、Moment-I——墙梁 I 端的轴力、剪力和弯矩（kN，kN·m）；

Axial-J、Shear-J、Moment-J——墙梁 J 端的轴力、剪力和弯矩（kN，kN·m）。

对于恒载和活载作用下，还输出墙梁跨中 7 个截面的弯矩、剪力。输出格式如下：

M-I，M-1，M-2，M-3，M-4，M-5，M-6，M-7，M-J

V-I，V-1，V-2，V-3，V-4，V-5，V-6，V-7，V-J

其中

M-I、M-J ——墙梁主平面内 I 端，J 端的弯矩（kN·m）；

M-1、M-2、M-3、M-4、M-5、M-6、M-7——墙梁主平面内从左到右跨中 7 等分截面上的弯矩（kN·m）；

V-I、V-J ——墙梁主平面内 I 端，J 端的剪力（kN）；

V-1、V-2、V-3、V-4、V-5、V-6、V-7——墙梁主平面内从左到右跨中 7 等分截面上的剪力（kN）。

3）柱、支撑标准内力（局部坐标系）

格式如下：

N-C/N-G，Node-I，Node-J，DL，Angle

iCase，Shear-X，Shear-Y，Axial，Mx-Btm，My-Btm，Mx-Top，My-Top

其中

N-C、N-G——柱、支撑编号；

Node-I、Node-J——柱、支撑的上、下节点号；

DL——柱、支撑长度（m）；

Angle——柱、支撑向 Z 轴投影时，主轴与整体坐标的角度（度）；

iCase ——内力工况；

Shear-X、Shear-Y——柱、支撑底部 X、Y 方向的剪力（kN）；

Axial——柱、支撑的轴力（负值表示受压）（kN）；

Mx-Btm、My-Btm——柱、支撑底部 X、Y 方向的弯矩（kN·m）；

Mx-Top、My-Top——柱、支撑顶部 X、Y 方向的弯矩（kN·m）。

4）墙柱标准内力（局部坐标系）

格式如下：

N-Wc，Node-I，Node-J，DL，Angle

icase，Shear-X，Shear-Y，Axial，Mx-Btm，My-Btm，Mx-Top，My-Top

其中

N-Wc——墙柱编号；

Node-I、Node-J——墙柱上部两端的节点号；

DL、Angle——墙柱长度（m）和方向角度（度）；

iCase——内力工况；

Shear-X、Shear-Y——墙柱底部 X、Y 方向的剪力（kN）；

Axial——墙柱底部的轴力（负值表示受压）（kN）；

Mx-Btm、My-Btm——墙柱底部 X、Y 方向的弯矩（kN·m）；

Mx-Top、My-Top——墙柱顶部 X、Y 方向的弯矩（kN·m）。

5）竖向荷载作用下，竖向构件底部反力和统计

格式如下：

调整前内力：

柱、墙、支撑在竖向力作用下的轴力之和（kN）：

柱、墙、支撑在恒荷载作用下的轴力之和（kN）：

柱、墙、支撑在活荷载作用下的轴力之和（kN）：

调整后内力：

柱、墙、支撑在竖向力作用下的轴力之和（kN）：

柱、墙、支撑在恒荷载作用下的轴力之和（kN）：

柱、墙、支撑在活荷载作用下的轴力之和（kN）：

其中调整前内力指结构计算后未经调整的柱、墙、支撑轴力的统计结果；调整后内力指可能进行了如活荷载按楼层折减等调整后的柱、墙、支撑轴力的统计结果。

7.3.5 配筋文件（wpj*.out）

该文件主要输出单构件设计结果，构件类型有梁、柱、支撑、墙柱、墙梁，根据构件材料、截面类型的不同，输出内容也不同。

开头注明本层主要属性：层名称；位置属性：如≤地下室层数时为地下室层，≤裙房层数时为裙房层等；结构属性：如嵌固端层，转换层，加强层，底部加强区等。

1）荷载组合与各工况荷载分项系数

格式如下：

Ncm，V-D，V-L，＋X-W，－X-W，＋Y-W，－Y-W，X-E，Y-E，Z-E，R-F，TEM，CRN

其中

Ncm——组合号；

V-D、V-L——分别为恒载、活载分项系数；

＋X-W、－X-W、＋Y-W、－Y-W——分别为 X 正向、X 逆向、Y 正向、Y 逆向水平风荷载分项系数；

X-E、Y-E——分别为 X 向、Y 向水平地震荷载分项系数；

Z-E——为竖向地震荷载分项系数；

R-F——为人防荷载分项系数；

TEM——为温度荷载分项系数；

CRN——为吊车荷载分项系数。

2）混凝土、型钢混凝土矩形截面梁、墙梁配筋

格式如下：

N-B，(isec) B*H，Lb，(I，J)，Cover，Nfb，Nfb＿gz，Rcb，(Rsb)，Fy，Fyv

构件属性

（标准内力调整系数）

（考虑抗震要求的设计内力调整系数）

-M (kN-m) I, 1, 2, …, 7, J

(N (kN) I, 1, 2, …, 7, J)

(Loadcase) I, 1, 2, …, 7, J

Top AstI, 1, 2, …, 7, J

% SteelI, 1, 2, …, 7, J

+M (kN-m) I, 1, 2, …, 7, J

(N (kN) I, 1, 2, …, 7, J)

(LoadCase) I, 1, 2, …, 7, J

Btm AstI, 1, 2, …, 7, J

% SteelI, 1, 2, …, 7, J

V (kN) I, 1, 2, …, 7, J

(N (kN) I, 1, 2, …, 7, J)

(T (kN-m) I, 1, 2, …, 7, J)

(LoadCase) I, 1, 2, …, 7, J

AsvI, 1, 2, …, 7, J

AstI, 1, 2, …, 7, J

RsvI, 1, 2, …, 7, J

如果是连梁且配置了斜筋，则输出：

VXJ (kN) I, 1, 2, …, 7, J

(LoadCase) I, 1, 2, …, 7, J

AsXJ I, 1, 2, …, 7, J

如果计算结果需要配置抗扭钢筋，则输出：

剪扭验算：(LoadCase) V, T, N, ast, ast1

其中

N-B——梁编号；

isec——梁截面类型；

B*H——梁截面尺寸参数（mm）；

Lb——梁长度（m）；

Cover—— 保护层厚度（mm）；

Nfb——梁抗震等级；

Nfb _ gz——梁抗震构造措施采用的抗震等级；

Rcb——梁混凝土强度等级；

Rsb——梁型钢钢号，当为型钢混凝土截面时才输出；

Fy——梁主筋强度；

Fyv——梁箍筋强度；

构件属性 ——先注明调幅系数、扭矩折减系数、中梁刚度放大系数等若干计算调整参数，再注明计算类型属性，如框架梁、非框架梁、转换梁、连梁；注明调幅梁或非调幅梁；注明材料，如混凝土梁、型钢混凝土梁、钢梁；注明铰接信息，如一端固定一端铰接、两端铰接。

标准内力调整系数：

如果某项标准内力调整系数大于 1，则软件输出该调整系数。主要考虑的内容如下：

Jzx、Jzy——X、Y 方向最小剪重比调整系数，不调整则不输出；

brc ——薄弱层地震剪力调整系数，不调整则不输出；

02Vx、02Vy——X、Y 方向 $0.2V_0$ 调整系数，不调整则不输出；

zh——水平转换构件地震作用调整系数，不调整则不输出；

tf——水平转换构件地震作用调整系数，不调整则不输出；

nj——水平转换构件地震作用调整系数，不调整则不输出。

考虑抗震要求的设计内力调整系数：

η_v——梁强剪弱弯调整系数；

LoadCase——计算配筋控制组合内力的内力组合号；

－M、N、Ast、%Steel——分别为各截面的最大负弯矩（kN·m）、轴力、相应的配筋面积（mm²）、配筋率，其中轴力项只有在不能忽略时才输出；

＋M、N、Ast、%Steel——分别为各截面的最大正弯矩（kN·m）、轴力、相应的配筋面积（mm²）、配筋率，其中轴力项只有在不能忽略时才输出；

V、T、N、Asv、Ast、Rsv——分别为各截面的最大剪力（kN）、扭矩、轴力、相应的配箍面积（mm²）、受扭纵筋面积、配箍率，其中扭矩、轴力项只有在不能忽略时才输出；

VXJ、AsXJ—— 连梁斜筋计算时对应的剪力、斜筋面积，只有采用对称配筋且配置斜筋的连梁才输出。

剪扭验算：

V、T、N——各截面剪扭配筋时，抗扭钢筋最大截面对应的剪力、扭矩、轴力；

ast——抗扭纵筋面积；

ast1——抗扭单肢箍筋面积。

只有在梁按计算需要配置抗扭钢筋时才输出。

3）钢梁、门式钢梁

格式如下：

N-B, (isec) B* H* U* T* D* F, Lbin, Lbout, (I, J), Nfb, Rsb

－M（kNm）	I, 1, 2, …, 7, J
(LoadCase)	I, 1, 2, …, 7, J
＋M（kNm）	I, 1, 2, …, 7, J
(LoadCase)	I, 1, 2, …, 7, J
Vmax	I, 1, 2, …, 7, J
(Loadcase)	I, 1, 2, …, 7, J

正应力（LoadCase）M，F1＜（＞）f　　　　　（抗弯强度验算）

稳定　　（LoadCase）M，F2＜（＞）f　　　　　（整体稳定验算）

剪应力（LoadCase）V，F3＜（＞）fv　　　　（抗剪强度验算）

宽厚比：b/hf＜（＞）b/hf _ max

高厚比：h/tw＜（＞）h/tw _ max

其中

Lbin、Lbout——梁平面内计算长度（m）、梁平面外计算长度（m）；

Nfb——梁抗震等级；

Rsb——梁钢号；

－M——上截面计算拉应力与容许拉应力之比最大时对应的负弯矩（kN·m）；

＋M——下截面计算拉应力与容许拉应力之比最大时对应的正弯矩（kN·m）；

Shear——各截面计算剪应力与容许剪应力之比最大时对应的剪力（kN）；

f——钢梁抗拉、抗压强度设计值（N/mm²）；

fv——钢梁抗剪强度设计值（N/mm²）；

LoadCase——控制内力的组合号；

N、M——控制内力，梁的轴力和弯矩（kN，kN·m）；

F1、F2、F3——分别为截面强度应力、稳定应力、剪应力与容许应力之比；

b/hf、b/hf _ max——截面翼缘外伸长度与厚度之比；

h/tw、h/tw _ max——截面腹板高度与厚度之比。

4）混凝土、型钢混凝土矩形截面柱配筋

格式如下：

N-C，　（isec）B* H，Cover，Cx，Cy，Lcx，Lcy，Nfc，Nfc _ gz，Rcc，（Rsc），Fy，Fyv

柱属性

（标准内力调整系数）

（考虑抗震要求的设计内力调整系数）

（Nuc）Nu，Uc，Rs，Rsv，Asc

（Nasxt）N，Mx，My，Asxt，Asxt0

（Nasyt）N，Mx，My，Asyt，Asyt0

（Nasxb）N，Mx，My，Asxb，Asxb0

（Nasyb）N，Mx，My，Asyb，Asyb0

（Nasvx）N，Vx，Vy，Ts，Asvx，Asvx0

（Nasvy）N，Vx，Vy，Ts，Asvy，Asvy0

当计算地震作用，且抗震等级为特一、一、二、三级抗震设防时，还输出梁柱节点核心区计算结果：

（Nasvjx） N，Vjx，Asvjx

（Nasvjy） N，Vjy，Asvjy

（长细比：Rmdx，Rmdy，Rmd＿max）

（宽厚比：b/hf＜（＞）b/hf＿max）

（高厚比：h/tw＜（＞）h/tw＿max）

CB＿XF，CB＿YF

其中

N-C——柱编号；

isec——截面类型号；

B、H——矩形截面宽、高（mm）；

Cover——保护层厚度（mm）；

Cx、Cy——局部坐标系下绕柱截面 X、Y 方向的计算长度系数；

Lcx、Lcy——局部坐标系下绕柱截面 X、Y 方向的计算长度（m）；

Nfc——柱抗震等级；

Nfc＿gz——柱抗震构造措施对应的抗震等级；

Rcc——柱混凝土强度等级；

Rsc——柱型钢钢号，当截面是型钢混凝土时才输出；

Fy——柱主筋强度值；

Fyv——柱箍筋强度值；

柱属性——注明计算类型属性，如普通柱、边框柱、角柱、框支柱等；注明材料，如混凝土、钢、型钢混凝土、钢管混凝土等；注明截面形状，如矩形、圆形、L形、十字形、自定义截面等；注明铰接信息，如一端固定一端铰接，两端铰接等。

标准内力调整系数：

如果某项标准内力调整系数大于 1，则软件输出该调整系数。主要考虑的内容如下：

Livec——活荷载按楼层折减系数；

Jzx、Jzy——X、Y 方向最小剪重比调整系数，不调整则不输出；

brc——薄弱层地震剪力调整系数，不调整则不输出；

02vx、02vy——X、Y 方向 $0.2V_0$ 调整系数，不调整则不输出；

zh——水平转换构件地震作用调整系数，不调整则不输出。该项目不同于框支柱调整；

kzzx、kzzy——X、Y 方向框支柱调整系数，非框支柱不输出；

kzzn——框支柱轴力调整系数，不调整则不输出。

考虑抗震要求的设计内力调整系数：

η_{mu}——柱上截面强柱弱梁调整系数；

η_{vu}——柱上截面强剪弱弯调整系数；

η_{md}——柱下截面强柱弱梁调整系数；

η_{vd}——柱下截面强剪弱弯调整系数。

设计结果：

Nuc——轴压比控制内力的组合号；

Nu——轴压比的控制轴力（kN）；

Uc——轴压比；

Rs——柱全截面主筋配筋率（%）；

Rsv——柱箍筋体积配筋率（%）；

Asc——柱一根角筋面积，当按双偏压、拉计算配筋时实配的角筋面积不应小于该值（mm²）；

Asxt、Asxb——截面 B 边柱上端和下端的配筋面积，取计算配筋面积和构造配筋面积的大值，包含两根角筋（mm²）；

Asxt0、Asxb0——截面 B 边柱上端和下端按计算得出的配筋面积，包含两根角筋（mm²）；

Asyt、Asyb——截面 H 边柱上端和下端的配筋面积，取计算配筋面积和构造配筋面积的大值，包含两根角筋（mm²）；

Asyt0、Asyb0——截面 H 边柱上端和下端按计算得出的配筋面积，包含两根角筋（mm²）；

Nasxt、Nasxb——Asxt0、Asxb0 控制内力的组合号；

Nasyt、Nasyb——Asyt0、Asyb0 控制内力的组合号；

N、Mx、My——Asxt0、Asxb0、Asyt0、Asyb0 的控制内力，轴力和弯矩（kN，kN·m）。注意，矩形柱全截面的配筋面积为：As＝2×(Asx＋Asy)－4×Asc；

Asvx、Asvx0——沿柱局部坐标系 X 方向（沿 B 边方向）在箍筋间距 S_c 范围内的箍筋加密区的箍筋面积和箍筋非加密区的箍筋面积（mm²）；

Asvy、Asvy0——沿柱局部坐标系 Y 方向（沿 H 边方向）在箍筋间距 S_c 范围内的箍筋加密区的箍筋面积和非加密区的箍筋面积（mm²）；

Nasvx——Asvx0 控制内力的组合号；

Nasvy——Asvy0 控制内力的组合号；

N、Vx、Vy、Ts——Asvx0、Asvy0 的控制内力，轴力、剪力（kN）和扭矩（kN·m），Ts 仅当截面为矩形混凝土截面时才输出。

对框架节点进行验算：

Asvjx——沿柱局部坐标系 X 方向（沿 B 边方向）在箍筋间距 S_c 范围内的箍筋面积（mm²）；

Asvjy——沿柱局部坐标系 Y 方向（沿 H 边方向）在箍筋间距 S_c 范围内的箍筋面积（mm²）；

Nasvjx、Nasvjy——控制内力的组合号；

N——Asvjx、Asvjy 的控制轴力（kN）；

Vjx、Vjy——Asvjx、Asvjy 的控制剪力（kN）；

Rmdx、Rmdy、Rmd_max——X、Y 方向长细比、限值，型钢混凝土柱输出；

b/hf、b/hf＿max ——型钢翼缘外伸长度与厚度之比，型钢混凝土柱输出；

h/tw、h/tw＿max ——型钢腹板高度与厚度之比，型钢混凝土柱输出；

CB＿XF、CB＿YF ——柱沿整体坐标系 X、Y 方向的抗剪承载力。

对于变截面柱，在配筋时，柱上下端截面分别按不同截面高度进行配筋。

5）混凝土圆形、正多边形柱配筋

格式如下：

N-C，（isec）Dr，Cover，Cx，Cy，Lcx，Lcy，Nfc，Nfc＿gz，Rcc，（Rsc），Fy，Fyv

柱属性

（标准内力调整系数）

（考虑抗震要求的设计内力调整系数）

（Nuc）Nu，Uc，Rs，Rsv

（Nast）N，Mx，My，Ast，Ast0

（Nasb）N，Mx，My，Asb，Asb0

（Nasv）N，Vx，Vy，Asv，Asv0

当计算地震作用，且抗震等级为特一、一、二、三级抗震设防时，还输出梁柱节点核心区计算结果：

（Nasvjx）N，Vjx，Asvjx

（Nasvjy）N，Vjy，Asvjy

CB＿XF，CB＿YF

其中

isec ——截面类型号；

Dr ——圆柱直径（m）；

Ast，Asb ——圆柱全截面上端和下端主筋配筋面积（mm^2），为计算配筋面积和按最小配筋率算出的配筋面积的大值；

Ast0，Asb0 ——圆柱全截面上端和下端按计算得到的配筋面积（mm^2）；

Nast、Nasb——Ast0、Asb0 控制内力的组合号；

N、Mx、My——Ast0、Asb0 对应的轴力和弯矩，配筋时取 Mx、My 的合力值（kN·m）；

Asv、Asv0 ——圆柱全截面在箍筋间距 S_c 范围内的箍筋加密区的箍筋面积和非加密区的箍筋面积（mm^2）；

Nasv——Asv0 控制内力的组合号；

N、Vx、Vy——Asv0 对应的轴力和剪力，配筋时取 Vx、Vy 的合力值（kN）；

其余解释同混凝土矩形柱。

对于正多边形柱，软件按内切圆进行配筋设计，输出格式与圆柱相同。

6）混凝土异形柱配筋

格式如下：

N-C，(isec) B* H* U* T* D* F，Cover，Cx，Cy，Lcx，Lcy，Nfc，Nfc_gz，Rcc，Fy，Fyv

柱属性

（标准内力调整系数）

（考虑抗震要求的设计内力调整系数）

(Nuc) Nu，Uc，Rs

(Nast) N，Mx，My，Aszt，Asft

(Nasb) N，Mx，My，Aszb，Asfb

(Nasv) N，Vx，Vy，Asv，Asv0

梁柱节点核心区计算结果：

(Nasvjx) N，Vjx，Asvjx

(Nasvjy) N，Vjy，Asvjy

CB_XF，CB_YF

其中

B、H、U、T、D、F——截面参数，参见建模中的截面定义；

Nast、Nasb——Aszt，Asft，Aszb，Asfb 控制内力的组合号；

Aszt、Aszb——异形柱上、下截面固定钢筋面积（mm^2），即位于直线柱肢端部和相交处的配筋面积之和；

Asft、Asfb——异形柱上、下截面分布钢筋的配筋面积（mm^2）；

N、Mx、My——Aszt、Asft、Aszb、Asfb 对应的轴力和弯矩（kN，kN·m）；

Asv——异形柱柱肢在箍筋间距 S_c 范围内的箍筋配筋面积，为计算箍筋面积和按构造要求得出的箍筋面积的大值，并取两个柱肢方向配筋面积的大值；

Asv0——异形柱柱肢在箍筋间距 S_c 范围内按计算得出的箍筋配筋面积（mm^2），取两个方向计算结果的大值；

Nasv——Asv、Asv0 控制内力的组合号；

N、Vx、Vy——Asv、Asv0 对应的轴力和剪力（kN）。

对框架节点进行验算：

Asvjx、Asvjy——验算方向柱肢在箍筋间距 S_c 范围内的箍筋面积（mm^2），为计算箍筋面积和按构造要求得出的箍筋面积的大值；

Nasvjx、Nasvjy——控制内力的组合号；

N、Vjx、Vjy——Asvjx、Asvjy 对应的轴力和剪力（kN）；

其余解释同混凝土矩形柱。

7）混凝土、型钢混凝土支撑配筋

对于混凝土、型钢混凝土支撑，其配筋输出方式与柱类似，输出时将 N-C 变为 N-G，Lc 变为 Lg，Nfc 变为 Nfg，Rcc 变为 Rcg，Rsc 变为 Rsg，含义同柱。

8）钢柱、门式钢柱

格式如下：

N-C，（isec）B* H* U* T* D* F，Cx，Cy，Lcx，Lcy，Nfc，Nfc _ gz，Rsc

柱属性

（标准内力调整系数）

（考虑抗震要求的设计内力调整系数）

强度（NF1）Mx，My，N，F1<（>）f

稳定（NF2）Mx，My，N，F2<（>）f

稳定（NF3）Mx，My，N，F3<（>）f

当为门式钢柱时还输出：

抗剪强度（NF4）Vy，N，Fv<（>）f

长细比：Rmdx、Rmdy

工字形、箱形等：

宽厚比：b/hf<（>）b/hf _ max

高厚比：h/tw<（>）h/tw _ max

圆环形：

径厚比：D/t<（>）D/t _ max

CB _ XF，CB _ YF

其中

N-C——钢柱编号；

B、H、U、T、D、F——截面参数；

Cx、Cy ——局部坐标柱截面 X、Y 方向的长度系数；

Lcx、Lcy ——局部坐标系下柱截面 X、Y 方向的计算长度（m）；

Nfc ——抗震等级；

Nfc _ gz ——柱抗震构造措施对应的抗震等级；

Rsc ——钢号；

f——钢柱抗拉、抗压强度设计值，对于抗震组合考虑承载力抗震调整系数（N/mm²）；

NF1、NF2、NF3、NF4——分别为 F1、F2、F3、F4 控制内力的组合号；

N、Mx、My、Vy ——分别为 F1、F2、F3、F4 控制内力的轴力、X 向弯矩，Y 向弯矩、剪力（kN，kN·m）；

F1、F2、F3、F4——分别为截面强度应力，构件局部坐标系 X 向稳定计算应力和 Y 向稳定计算应力、抗剪强度应力（N/mm²）；

b/hf、b/hf _ max——截面翼缘外伸长度与厚度之比；

h/tw、h/tw_max——截面腹板高度与厚度之比；

D/t、D/t_max——外径与壁厚之比，圆环形截面时才输出；

Rmdx、Rmdy——分别为局部坐标系下柱截面 X、Y 方向的长细比。

9) 方钢管混凝土柱

格式如下：

N-C，（isec）B* H* U* T* D* F，Cx，Cy，Lcx，Lcy，Nfc，Nfc_gz，Rsc

柱属性

（标准内力调整系数）

（考虑抗震要求的设计内力调整系数）

强度（NF1）Mx，My，N，R_F1<（>）1/γ

稳定（NF2）Mx，My，N，R_F2<（>）1/γ

稳定（NF3）Mx，My，N，R_F3<（>）1/γ

抗剪强度（NF4）Vx，R_F4<（>）1/γ

抗剪强度（NF5）Vy，R_F5<（>）1/γ

长细比：Rmdx、Rmdy

管壁宽厚比：b/hf<（>）b/hf_max

管壁高厚比：h/tw<（>）h/tw_max

混凝土工作承担系数：α_c<（>）>α_c_max

CB_XF，CB_YF

其中

N-C——钢柱编号；

B、H、U、T、D、F——截面参数；

Cx、Cy——局部坐标柱截面 X、Y 方向的长度系数；

Lcx、Lcy——局部坐标系下柱截面 X、Y 方向的计算长度（m）；

Nfc——抗震等级；

Nfc_gz——柱抗震构造措施对应的抗震等级；

Rsc——钢号；

NF1、NF2、NF3——分别为 F1、F2、F3 控制内力的组合号；

N、Mx、My——分别为 F1、F2、F3 控制内力的轴力（kN）、X 向弯矩，Y 向弯矩（kN·m）；

R_F1、R_F2、R_F3——分别为截面强度计算应力、构件局部坐标系 X 向稳定计算应力和 Y 向稳定计算应力与设计强度之比；

NF4、NF5——分别为 F4、F5 控制内力的组合号；

R_F4、R_F5——分别为 X、Y 方向计算剪应力与抗剪强度之比；

γ——系数，非地震组合时取结构重要性系数，地震组合时取承载力抗震调整系数；

Rmdx、Rmdy——分别为局部坐标系下柱截面 X、Y 方向的长细比；

b/hf、b/hf_max——管壁宽度与厚度之比、限值。

h/tw、h/tw＿max——管壁高度与厚度之比、限值。

α_c、α_c＿max ——混凝土工作承担系数、限值。

10）圆钢管混凝土柱

格式如下：

N-C，（isec）B* H* U* T* D* F，Cx，Cy，Lcx，Lcy，Nfc，Nfc＿gz，Rsc

柱属性

（标准内力调整系数）

（考虑抗震要求的设计内力调整系数）

（NF1）轴压承载力验算 Mx，My，N，R＿F1＜（＞）$1/\gamma$

（NF2）拉弯承载力验算 Mx，My，N，R＿F2＜（＞）$1/\gamma$

（NF3）抗剪强度验算 Mx，My，N，R＿F3＜（＞）$1/\gamma$

长径比：Rmd＜（＞）Rmd＿max

套箍指标：θ，θ＿min，θ＿max

径厚比：D/t＜（＞）D/t＿max

CB＿XF，CB＿YF

其中

N-C——钢柱编号；

B、H、U、T、D、F——截面参数；

Cx、Cy ——局部坐标柱截面 X、Y 方向的长度系数；

Lcx、Lcy ——局部坐标系下柱截面 X、Y 方向的计算长度（m）；

Nfc ——抗震等级；

Nfc＿gz ——柱抗震构造措施对应的抗震等级；

Rsc ——钢号；

NF1、NF2、NF3 ——分别为 F1、F2、F3 控制内力的组合号；

N 、Mx、My ——分别为 F1、F2、F3 控制内力的轴力、X 向弯矩，Y 向弯矩（kN，kN·m）；

R＿F1——按轴压验算得到强度计算应力与设计强度之比；

R＿F2——按拉弯验算得到强度计算应力与设计强度之比，只有存在拉弯受力状态时才输出；

R＿F3——计算剪应力与抗剪强度之比；

γ——系数，非地震组合时取结构重要性系数，地震组合时取承载力抗震调整系数；

Rmd、Rmd＿max ——长径比、限值；

θ、θ＿min、θ＿max ——分别为套箍指标、最小值、最大值；

D/t、D/t＿max ——外径与壁厚之比最大值。

11）墙柱配筋

格式如下：

N-WC， （I，J），B* H* Lwc，aa，Nfw，Nfw＿gz，Rcw，Fy，

Fyv，Rwv

墙柱属性

（标准内力调整系数）

（考虑抗震要求的设计内力调整系数）

（Nrmd）M，V，Rmd

Nu，Uc

（Nas）N，M，As

（Nash）N，V，Ash，Rsh

CB_XF，CB_YF

其中

N-WC——墙柱编号；

I、J——墙柱上边两端节点号；

B*H*Lwc——墙柱的厚度、截面高度和墙柱高度。如果设计时考虑端柱，则输出时按工字形截面表示（m）；

aa——墙柱一端暗柱钢筋合力点到墙边的距离（mm）；

Nfw——墙柱抗震等级；

Nfw_gz——墙柱抗震构造措施的抗震等级；

Rcw——墙柱混凝土强度等级；

Fy——墙柱主筋强度；

Fyv——墙柱分布筋强度；

Rwv——墙柱竖向分布筋配筋率；

墙柱属性——注明加强区墙或非加强区墙；注明地下室外墙、临空墙；注明墙材料，如混凝土墙、砌体墙、配筋砌体墙等。

标准内力调整系数：

如果某项标准内力调整为1，则软件不输出该项。主要考虑的内容如下：

Livec——活荷载按楼层折减系数；

Jzx、Jzy——X、Y方向最小剪重比调整系数，不调整则不输出；

brc——薄弱层地震剪力调整系数，不调整则不输出；

wvx、wvy——X、Y方向墙剪力调整系数，主要针对筒体结构、板柱—剪力墙、底框—抗震墙结构中的剪力墙，不调整则不输出；

＋windx、－windx、＋windy、－windy——X、Y方向板柱—剪力墙结构风荷载调整系数，不调整则不输出。

考虑抗震要求的设计内力调整系数：

η_{mu}——墙柱上截面弯矩调整系数；

η_{vu}——墙柱上截面剪力调整系数；

η_{md}——墙柱下截面弯矩调整系数；

η_{vd}——墙柱下截面剪力调整系数；

Nrmd——剪跨比计算时的控制组合号；

M、V ——剪跨比计算时的控制内力，弯矩（kN·m）和剪力（kN）；

Rmd ——剪跨比；

Uc ——墙柱按重力荷载代表值计算得到的轴压比；

Nu ——控制轴压比的轴力（kN）；

As ——表示对称配筋时墙柱一端暗柱的配筋面积（mm²）。若为构造配筋控制，取 As＝0；

N、M ——As 的控制轴力（kN）和弯矩（kN·m）；

Nas ——As 控制内力组合号；

Ash ——表示墙在指定间距内（水平分布筋间距内）水平分布钢筋面积（mm²）；

N、V ——Ash 的控制轴力和剪力（kN）；

Nash ——Ash 控制内力的组合号。

7.3.6　超限信息文件（wgcpj.out）

超限信息指构件设计完成后，对设计结果按规范要求进行验算时，不满足要求而输出的信息，超限信息既在 wgcpj.out 中输出，也在 wpj*.out 中输出。

主要超限信息如下：

1）混凝土梁超限验算

（1）混凝土受压区高度超限

格式如下：

＊＊位置：Pos，混凝土受压区高度超限 $\xi > \xi_b$

其中

Pos——梁截面序号 1～9；

ξ——混凝土计算受压全区高度；

ξ_b——混凝土界限受压区高度。

（2）最大配筋率超限验算

格式如下：

＊＊上截面（或下截面），位置：Pos，最大配筋率超限，Rs＞Rsmax

其中

Pos——梁截面序号 1～9；

Rs——截面单边受拉配筋率；

Rsmax——规范允许的最大配筋率。

（3）斜截面抗剪超限验算

格式如下：

＊＊位置：Pos，（LCase）截面不满足抗剪要求，$V/b/h_0 > (1/\gamma_{re})^* Cv^* \beta_c^* f_c$

其中

Pos——梁截面序号 1～9；

LCase ——控制剪力的内力组合号；

V ——控制剪力（kN）；

b、h_0——截面宽度和有效高度；

γ_{re}——承载力抗震调整系数，地震组合才输出；

C_v——计算系数，按规范要求取值；

β_c——混凝土强度影响系数；

f_c——混凝土抗压强度。

（4）斜截面剪扭超限验算

格式如下：

＊＊位置：Pos，（Lcase）截面不满足剪扭要求，$V/b/h_0 + T/0.8/W_t > (1/\gamma_{re})^* Cv^* \beta_c{}^* f_c$

其中

Lcase——控制内力的内力组合号；

V、T——控制验算的剪力（kN）和扭矩（kN·m）；

b、h_0——截面宽度和有效高度；

W_t——截面受扭塑性抵抗矩；

γ_{re}——承载力抗震调整系数，地震组合输出；

C_v——计算系数，按规范要求取值；

β_c——混凝土强度影响系数；

f_c——混凝土抗压强度。

2）型钢混凝土梁超限验算

（1）最大配筋率超限验算

输出格式同混凝土梁。

（2）斜截面抗剪超限验算

除与混凝土梁有类似的截面验算公式外，还有下述超限验算：

如果设计时选择按《型钢混凝土组合结构技术规程》JGJ 138—2001 设计，则输出：

＊＊型钢截面不满足要求（《型钢规程》JGJ 138—2001　5.1.4）$fa^* tw^* hw / \beta_c/f_c/b/h0 < 0.10$

如果设计时选择按《钢骨混凝土结构技术规程》YB 9082—2006 设计，则输出：

＊＊型钢截面不满足要求（《钢骨混凝土规程》YB 9082—2006 6.3.11）$fav^* tw^* hw/\beta_c/f_c/b/h0 < 0.10$

（3）板件宽厚比、高厚比超限验算

格式如下：

＊＊型钢宽厚比超限：$b/hf > b/hf \_ max$

＊＊型钢腹板高厚比超限：$h/tw > h/tw \_ max$

其中

b/hf、h/tw ——型钢宽厚比、腹板高厚比；

b/hf＿max、h/tw＿max——板件允许宽厚比、腹板允许高厚比。

宽厚比、高厚比限值按设计参数中选择的设计规范取值。

3）钢梁超限验算

（1）强度超限验算

＊＊（LCase）M，F1＞f　　正应力超限

＊＊（LCase）V，F3＞fv　　剪应力超限

其中

LCase——控制内力的内力组合号；

M、V——控制内力的弯矩（kN·m）、剪力（kN）；

F1——计算正应力；

F3——计算剪应力；

f——钢的抗拉、抗压强度；

fv——钢的抗剪强度。

（2）整体稳定超限验算

＊＊（LCasc）M，F2＞f　　整体稳定应力超限

其中

LCase——控制内力的内力组合号；

M——控制内力的弯矩（kN·m）；

F2——整体稳定计算应力；

f——钢的抗拉、抗压强度。

只有需要进行整体稳定验算时才输出。

（3）宽厚比和高厚比超限验算

＊＊宽厚比超限：b/hf ＞ b/hf＿max

＊＊高厚比超限：h/tw ＞ h/tw＿max

其中

b/hf、h/tw——截面宽厚比、腹板高厚比；

b/hf＿max、h/tw＿max——截面允许宽厚比、腹板允许高厚比。

4）混凝土矩形柱超限信息

（1）轴压比超限验算

格式如下：

＊＊（LCase）N，Uc＝N/(fc＊Ac)＞Ucmax　　轴压比超限

其中

LCase——内力组合号；

N——控制轴压比的轴力（kN），计算地震作用时，取地震组合下的
最大轴压力；不计算地震作用时，取非地震组合下的最大轴压力；

Uc——计算轴压比；

Ac——截面面积；

fc——混凝土抗压强度；

Ucmax——允许轴压比。

（2）最大配筋率超限验算

格式如下：

＊＊Rs＞Rsmax　　　　　　　　全截面配筋率超限

其中

Rs——柱全截面配筋率；

Rsmax——柱全截面允许的最大配筋率。

（3）单边最大配筋率超限验算

格式如下：

＊＊Rsx（或 Rsy）＞1.2%　　　矩形截面单边配筋率超限

其中

Rsx、Rsy——分别为矩形截面柱单边（B 边和 H 边）的配筋率，仅当抗震等级为特一、一级且剪跨比不大于 2 时的矩形混凝土柱才验算。

（4）斜截面抗剪超限验算

格式如下：

＊＊（LCase）截面不满足抗剪要求 $V_x/h/b_0 >$（$1/\gamma_{re}$）$^* C_x^* \beta_c^* f_c$　　　抗剪截面超限

＊＊（LCase）截面不满足抗剪要求 $V_y/b/h_0 >$（$1/\gamma_{re}$）$^* C_y^* \beta_c^* f_c$　　　抗剪截面超限

其中

LCase——内力组合号；

V_x、V_y——分别为控制验算的 X、Y 向剪力（kN）；

C_x、C_y——计算系数，按规范要求取值；

β_c——混凝土强度影响系数；

f_c——混凝土抗压强度；

γ_{re}——承载力抗震调整系数，地震组合才输出。

（5）节点域抗剪承载力超限验算

格式如下：

＊＊（LCase）$V_{jx} >$（$1/\gamma_{re}$）$^* C_x^* \eta_j^* \beta_c^* f_c^* b_j^* h_j$　　　节点域抗剪截面超限

＊＊（LCase）$V_{jy} >$（$1/\gamma_{re}$）$^* C_y^* \eta_j^* \beta_c^* f_c^* b_j^* h_j$　　　节点域抗剪截面超限

其中

LCase——内力组合号。

V_{jx}、V_{jy}——分别为控制节点域验算的 X、Y 向剪力（kN）。

γ_{re}——承载力抗震调整系数，地震组合才输出。

C_x、C_y——计算系数，按规范要求取值。

η_j——强节点系数。

β_c——混凝土强度影响系数。

f_c——混凝土抗压强度。

b_j、h_j——节点核心区截面宽度、高度。

5）型钢混凝土柱

（1）轴压比超限验算

计算轴压比时考虑型钢贡献，输出格式同混凝土柱。

（2）最大配筋率超限验算

无单边配筋率验算，其他同混凝土柱。

（3）斜截面抗剪超限验算

除与混凝土柱有类似的截面验算公式外，还有下述超限验算：

如果设计时选择按《型钢混凝土组合结构技术规程》JGJ 138—2001设计，则输出：

＊＊型钢截面不满足要求（《型钢规程》JGJ 138—2001 5.1.4）fa＊tw^* hw/f_c/b/h0＜0.10

如果设计时选择按《钢骨混凝土结构技术规程》YB 9082—2006设计，则输出：

＊＊型钢截面不满足要求（《钢骨混凝土规程》YB 9082—2006 6.3.11）fav＊tw^* hw/fc/b/h0＜0.10

（4）节点域抗剪承载力超限验算

输出格式同混凝土柱。

（5）长细比超限验算

格式如下：

＊＊长细比超限：Rmdx，Rmdy，Rmd＿max

（6）型钢截面超限验算

格式如下：

＊＊型钢宽厚比超限：　　　b/hf＞b/hf＿max

＊＊型钢腹板高厚比超限：h/tw＞h/tw＿max

其中

b/hf、h/tw ——型钢宽厚比、腹板高厚比；

b/hf＿max、h/tw＿max ——板件允许宽厚比、腹板允许高厚比。

宽厚比、高厚比限值按设计参数中选择的设计规范取值。

6）混凝土异形柱

（1）轴压比超限验算

输出格式同混凝土柱。

（2）最大配筋率超限验算

无单边配筋率验算，其他同混凝土柱。

（3）斜截面抗剪超限验算

输出格式同混凝土柱。

（4）节点域抗剪承载力超限验算

格式如下：

＊＊（LCase）Vjx＞（1/γ_{re}）＊Cx＊（ζ_n）＊ζ_f＊ζ_h＊β_c＊f_c＊b_j＊h_j　　节点域

抗剪截面超限

**(LCase) Vjy> (1/γ_{re})* Cy* (ζ_n)* ζ_f* ζ_h* βc * fc* b_j* h_j 节点域抗剪截面超限

其中

LCase——内力组合号；

Vjx、Vjy——分别为控制节点域验算的 *X*、*Y* 向剪力（kN）；

γ_{re}——承载力抗震调整系数，地震组合才输出；

Cx、Cy ——计算系数，按规范要求取值；

ζ_n——轴压比影响系数，地震组合才输出；

ζ_f——翼缘影响系数；

ζ_h——截面高度影响系数；

βc——混凝土强度影响系数；

fc——混凝土抗压强度；

b_j、h_j——节点核心区截面宽度、高度。

7）混凝土、型钢混凝土支撑

除无节点域抗剪承载力超限验算外，其余与相应的混凝土柱、型钢混凝土柱一致。

8）钢柱

（1）强度超限验算

格式如下：

**(LCase) Mx，My，N，F1>f   正应力超限

其中

LCase ——内力组合号；

N、Mx、My ——控制轴力（kN）、*X* 向弯矩（kN·m）、*Y* 向弯矩（kN·m）。

其他参数的具体含义见 4.6.6 小节。

（2）稳定超限验算

格式如下：

**(LCase) Mx，My，N，F2>f   X 向稳定应力超限

**(LCase) Mx，My，N，F3>f   Y 向稳定应力超限

其中

LCase——内力组合号。

N、Mx、My——控制轴力（kN）、*X* 向弯矩（kN·m）、*Y* 向弯矩（kN·m）。

（3）强柱弱梁超限验算

格式如下：

** Px=$\sum$ (Wpbx* fyb)/$\sum$Wpcx* (fyc-N/Ac) >1.0   X 向强柱弱梁验算超限

** Py=$\sum$ (Wpby* fyb)/$\sum$Wpcy* (fyc-N/Ac) >1.0   Y 向强柱

弱梁验算超限

其中

Wpbx、Wpby——钢梁 X 向、Y 向塑性截面模量；

Wpcx、Wpcy ——钢柱 X 向、Y 向塑性截面模量；

fyb、fyc ——分别为梁和柱的钢材屈服强度；

N——柱轴力设计值；

Ac——柱截面面积；

Px、Py——X 向、Y 向钢梁与钢柱全塑性抵抗矩的比值。

（4）长细比超限验算

格式如下：

＊＊长细比超限：Rmdx，Rmdy，Rmd＿max

其中

Rmdx、Rmdy ——X 向、Y 方向长细比；

Rmd＿max ——长细比限值。

（5）截面宽厚比、高厚比超限验算

格式如下：

＊＊宽厚比超限：b/hf ＞ b/hf＿max

＊＊高厚比超限：h/tw ＞ h/tw＿max

其中

b/hf、h/tw ——翼缘宽厚比、腹板高厚比；

b/hf＿max、h/tw＿max ——翼缘宽厚比限值、腹板高厚比限值。

9）墙柱超限验算

（1）轴压比超限验算

格式如下：

＊＊N，Uw＝N/(f_c＊Aw)＞Uwmax　轴压比超限

其中

N——重力荷载代表值下的轴力（kN）；

Uw——计算轴压比；

Aw——截面面积；

f_c——混凝土抗压强度；

Uwmax—— 允许轴压比。

（2）最大配筋率超限验算

格式如下：

＊＊Rs＞Rsmax　　暗柱配筋率超限

其中

Rs ——墙柱一端暗柱的配筋率或按柱配筋时的全截面配筋率；

Rsmax ——按框架柱最大配筋率取值。

该项验算主要是提示设计人员暗柱配筋面积较多，需要校对设计结果
的合理性。

（3）斜截面抗剪超限验算

格式如下：

＊＊（LCase）截面不满足抗剪要求 $V/b/h0 > (1/\gamma_{re})^* Cv^* \beta_c^* f_c$　　抗剪截面超限

其中

LCase——控制剪力的内力组合号；

V——控制剪力（kN）；

γ_{re}——承载力抗震调整系数，地震组合才输出；

Cv——计算系数，按规范要求取值；

β_c——混凝土强度影响系数；

f_c——混凝土抗压强度。

（4）稳定超限验算

格式如下：

＊＊（墙支承条件）稳定验算超限（LCase）$q > Ec^* t^3/L_0^2/10$，N，Beta

其中

墙支承条件——稳定验算时的支承条件，如：按一字形墙、按 T 形墙腹板、按工字形（或槽型）墙翼缘等；

LCase——内力组合号；

N、q——控制轴力（kN）、等效竖向均布荷载（kN/m）。

Beta——墙肢计算长度系数；

Ec——混凝土弹性模量；

t、L_0——墙肢厚度、高度。

（5）施工缝超限验算

格式如下：

＊＊施工缝验算超限（LCase）$V > (0.6^* fy^* Ast + 0.8^* N)/\gamma_{re}$，N＝，Ast

其中

LCase——内力组合号；

V、N——控制剪力、轴力（kN）；

fy——钢筋强度；

Ast——墙肢截面中竖向钢筋的总面积，包括竖向分布筋与暗柱纵筋；

γ_{re}——承载力抗震调整系数。

7.3.7　底层最大组合内力（wdcnl. out）

该文件主要输出上部结构的底层柱，墙底根据基础设计要求的各种组合内力，供基础设计时参考。需要注意的是，本文件输出结果不适用于不等高嵌固、地下室分塔等情况。

1）柱、支撑输出格式

N-C，Node-I，Node-J，DL，Angle

（LoadCase），Shear-X，Shear-Y，Axial，Mx-Btm，My-Btm，Target

其中

N-C——柱编号；

LoadCase——组合号；

Node-I，Node-J——柱上、下节点编号；

DL——柱长度（m）；

Angle——柱布置角度；

Shear-X，Shear-Y——柱局部坐标系下 X、Y 方向剪力（kN）；

Axial——柱底轴力（kN）；

Mx-Btm，My-Btm——柱底 X、Y 方向的弯矩（kN·m）；

Target——组合目标。

2）墙输出格式

N-WC，Node-I，Node-J，DL，Angle

（LoadCase），Shear-X，Shear-Y，Axial，Mx-Btm，My-Btm，Target

其中

N-WC——墙柱编号；

LoadCase——组合号；

Node-I，Node-J——墙柱左上、右上节点编号；

DL——墙柱长度（m）；

Angle——墙柱布置角度；

Shear-X，Shear-Y——墙柱局部坐标系下面外、面内方向剪力（kN）；

Axial——墙柱底轴力（kN）；

Mx-Btm，My-Btm——墙柱底面内、面外方向的弯矩（kN·m）；

Target——组合目标。

7.3.8 薄弱层验算文件（wbrc. out）

对于 12 层以下的纯框架结构，软件将按照《抗震规范》简化算法计算弹塑性层间位移、位移角。

1）计算罕遇地震作用下层剪力

格式如下：

Floor，Tower，Vx，Vy，VxV，VyV

其中

Floor——层号；

Tower——塔号；

Vx、Vy——分别为 X、Y 方向罕遇地震计算得到的框架楼层弹性剪力（kN）；

VxV、VyV——分别为 X、Y 方向楼层抗剪承载力（kN）。

2）计算楼层屈服强度系数

格式如下：

Floor，Tower，Gsx，Gsy

其中

Gsx、Gsy——分别为 X、Y 方向各层的屈服系数。

3）X 向、Y 向地震作用下弹塑性位移计算结果

格式如下：

对于 X 向地震：

Floor，Tower，Dx，Dxs，Atpx，Dxsp，Dxsp/h，h

对于 Y 向地震：

Floor，Tower，Dy，Dys，Atpy，Dysp，Dysp/h，h

其中

Floor——层号；

Tower——塔号；

Dx、Dy——分别表示 X、Y 方向罕遇地震作用下弹性平均楼层位移（mm）；

Dxs、Dys——分别表示 X、Y 方向罕遇地震作用下弹性平均层间位移（mm）；

Atpx、Atpy——分别表示 X、Y 方向弹塑性层间位移增大系数；

Dxsp、Dysp——分别表示 X、Y 方向罕遇地震下的弹塑性层间位移（mm）；

Dxsp/h、Dysp/h——分别表示 X、Y 方向罕遇地震下的弹塑性层间位移角；

h——楼层层高（m）。

7.3.9 倾覆弯矩及 $0.2V_0$ 调整（wv02q. out）

该文件主要输出框剪、框筒等结构中框架柱、框支柱、短肢剪力墙等构件在地震或风荷载作用下的剪力、倾覆弯矩所占比例。

1）各层、各塔的规定水平力

格式如下：

层号，塔号，X 向，Y 向

其中

X 向、Y 向——指 X 向、Y 向计算用的规定水平力数值（kN）。

2）规定水平力下框架柱、短肢墙地震倾覆弯矩

格式如下：

层号，塔号，框架柱，短肢墙，其他，合计

如果结构类型为部分框支剪力墙结构，则增加框支框架倾覆弯矩统计：

层号，塔号，框架柱，框支框架，短肢墙，其他，合计

其中

框架柱——在规定水平力作用下得到的框架柱倾覆弯矩，按斜杆建模但计算时判断为斜柱的斜杆也统计到该项目中；

框支框架——在规定水平力作用下得到的框支框架倾覆弯矩；

短肢墙——在规定水平力作用下得到的短肢剪力墙倾覆弯矩；

合计——在规定水平力作用下得到的全部构件倾覆弯矩。

3）规定水平力下框架柱、短肢墙地震倾覆弯矩百分比

格式如下：

层号，塔号，框架柱，短肢墙

如果结构类型为部分框支剪力墙结构，则增加框支框架倾覆弯矩百分比统计：

层号，塔号，框架柱，框支框架，短肢墙

其中

框架柱——在规定水平力作用下得到的框架柱倾覆弯矩百分比；

框支框架——在规定水平力作用下得到的框支框架倾覆弯矩百分比；

短肢墙——在规定水平力作用下得到的短肢剪力墙倾覆弯矩百分比；

4）框架柱地震剪力百分比

格式如下：

层号，塔号，柱剪力，总剪力，柱剪力百分比

其中

柱剪力——X、Y向地震作用计算得到的框架柱剪力，按斜杆建模但计算时判断为斜柱的斜杆也统计到该项目中；

总剪力——X、Y向地震作用计算得到的总剪力。

5）板柱—剪力墙风剪力百分比

格式如下：

层号，塔号，墙剪力，总剪力，墙剪力百分比

其中

墙剪力——X、Y向风荷载计算得到的剪力墙剪力，包含边框柱；

总剪力——X、Y向风荷载计算得到的总剪力。

6）单片墙底部水平剪力验算

格式如下：

层号，塔号，墙柱编号，在 LD 工况下沿整体坐标系 X（Y）向底部剪力＞基底剪力不满足《高规》8.1.7-4

其中

LD——工况名称。

《高规》第 8.1.7 条第 4 款规定："单片剪力墙底部承担的水平剪力不应超过结构底部总水平剪力的 30％"，软件自动按该条规定验算结构中各片剪力墙底部承担的水平剪力是否超过结构底部总水平剪力的 30％，超限则给出上述提示。

7）$0.2V_0$（$0.25V_0$）调整

格式如下：

Floor，Tower

对框剪、框筒、混合结构：

$0.2V_{0x}$，$1.5Vxmax$，$0.2V_{0y}$，$1.5Vymax$

对钢框架—支撑结构：

$0.25V_{0x}$，$1.8Vxmax$，$0.25V_{0y}$，$1.8Vymax$

调整系数：

Coef _ x（Col）　　Coef _ y（Col）　　　Vx（Col）　　　Vy（Col）

如果是筒体结构，且进行了调整：

Coef _ x（Col）　　Coef _ y（Col）　　　Vx（Col）　　　Vy（Col）
Coef _ x（Wall）　　Coef _ y（Wall）

其中

Floor——楼层号；

Tower——塔号；

$0.2V_{0x}$、$0.2V_{0y}$——X、Y 方向 20％的基底剪力，即 $0.2V_0$；

$1.5Vxmax$、$1.5Vymax$——框架所承担地震剪力的 1.5 倍；

$0.25V_{0x}$、$0.25V_{0y}$——X、Y 方向 25％的基底剪力即 $0.25V_0$；

$1.8Vxmax$、$1.8Vymax$——框架所承担地震剪力的 1.8 倍；

Coef _ x（Col）、Coef _ y（Col）——分别表示 X、Y 方向框架柱放大系数；

Vx、Vy——分别表示该层 X、Y 方向柱所承受的地震剪力；

Coef _ x（Wall）、Coef _ y（Wall）——分别表示 X、Y 方向剪力墙放大系数，只有结构类型为筒体且进行了调整时才输出。

在调整时，取 $0.2V_0$（$0.25V_0$）和 $1.5V_{max}$（$1.8V_{max}$）中的小值。

7.3.10　剪力墙边缘构件输出文件（wbmb*.out）

该文件主要输出边缘构件设计结果，包括边缘构件类型、名称、编号、坐标、面积、配筋等信息。

格式如下：

Name

Uc

X、Y

LCB*、LS*（X1，Y1)-(X2，Y2)、LCE*

COL*

AREA _ S

As _ Cal

As

Rsv

（Dia、S）

其中

Name——边缘构件名称，第一个字母 Y、G 分别表示约束或构造边缘构件，数字为编号；

Uc——边缘构件平均轴压比；

X、Y——边缘构件定位点坐标（m）；

LCB*、LS* (X1，Y1)-(X2，Y2)、LCE*——各肢起始端 $\lambda/2$ 阴影区长度、阴影区坐标、终止端 $\lambda/2$ 阴影区长度，使用相对于定位点的坐标表示（mm）；

COL*——包含的边框柱建模编号、截面面积（m²）；

AREA_S——边缘构件阴影区面积（m²）；

As_Cal——阴影区计算纵筋面积（mm²）；

As——阴影区构造纵筋面积（mm²）；

Rsv——边缘构件箍筋体积配箍率（%），对于构件边缘构件且不执行《高规》第 7.2.16 条第 4 款时，不输出该项；

Dia、S——构造边缘构件箍筋直径、间距（mm），对于构件边缘构件且不执行《高规》第 7.2.16 条第 4 款时才输出该项。

7.3.11 吊车荷载预组合内力输出文件（wcrane*.out）

该文件主要输出梁、柱的吊车荷载预组合内力，包含两种预组合情况：（1）轮压；（2）轮压＋刹车。其中，（1）用于地震组合，（2）用于非地震组合。

对于梁，包含 4 项预组合：

（1）$-M_{max}$、T——最大负弯矩与扭矩；

（2）$-V_{max}$、N——最大负剪力与轴力；

（3）$+M_{max}$、T——最大正弯矩与扭矩；

（4）$+V_{max}$、N——最大正剪力与轴力；

对于柱，包含 14 项预组合：

（1）V_{xmax}——X 方向剪力最大时对应的柱内力；

（2）V_{ymax}——Y 方向剪力最大时对应的柱内力；

（3）$+M_{xmax}$——X 方向弯矩最大时对应的柱内力；

（4）$-M_{xmax}$——X 方向弯矩最小时对应的柱内力；

（5）$+M_{ymax}$——Y 方向弯矩最大时对应的柱内力；

（6）$-M_{ymax}$——Y 方向弯矩最小时对应的柱内力；

（7）N_{max}、$+M_{xmax}$——最大轴力及相应 X 方向弯矩最大时对应的柱内力；

（8）N_{max}、$-M_{xmax}$——最大轴力及相应 X 方向弯矩最小时对应的柱内力；

（9）N_{max}、$+M_{ymax}$——最大轴力及相应 Y 方向弯矩最大时对应的柱内力；

（10）N_{max}、$-M_{ymax}$——最大轴力及相应 Y 方向弯矩最小时对应的柱内力；

（11）N_{min}、$+M_{xmax}$——最小轴力及相应 X 方向弯矩最大时对应的柱内力；

（12）N_{min}、$-M_{xmax}$——最小轴力及相应 X 方向弯矩最小时对应的柱内力；

（13）N_{min}、$+M_{ymax}$——最小轴力及相应 Y 方向弯矩最大时对应的柱内力；

（14）N_{min}、$-M_{ymax}$——最小轴力及相应 Y 方向弯矩最小时对应的柱内力。

1）柱、支撑输出格式

N-C，Node-I，Node-J，DL，Angle

轮压＋刹车

Axial，Shear-X，Shear-Y，Mx-Btm，My-Btm，Mx-Top，My- Top，Target 轮压

Axial， Shear-X， Shear-Y， Mx-Btm， My-Btm， Mx-Top， My-Top，Target

其中

N-C——柱编号；

Node-I，Node-J——柱上、下节点编号；

DL——柱长度（m）；

Angle——柱布置角度；

Axial——柱底轴力（kN）；

Shear-X，Shear-Y——柱局部坐标系下 X、Y 方向剪力（kN）；

Mx-Btm，My-Btm——柱底 X、Y 方向的弯矩（kN·m）；

Mx-Top，My- Top——柱顶 X、Y 方向的弯矩（kN·m）；

Target——组合目标。

2）梁输出格式

N-B，Node-I，Node-J，DL

1，2，3，4，5，6，7，8，9，Target

其中

N-B——梁编号；

Node-I，Node-J——梁左、右节点编号；

DL——梁长度（m）；

1～9——沿梁长方向 9 个截面内力；

Target——组合目标。

7.3.12 地下室外墙详细计算结果输出文件（dxswq*.out）

结构整体分析时，软件没有考虑地下室外墙的面外荷载，而地下室外

墙实际可能会承受土压力、水压力（在地下水位以下时）、人防荷载（有人防设计时）等作用，面外受力较大。因此，软件在结构整体分析后，对地下室外墙按简化模型进行独立的面外受荷计算。目前软件考虑3种受力模型，并取计算结果的较大值进行设计：一边固定、一边铰接单向板；两边固定单向板；偏心受压柱。有人防荷载时，软件取土、水压力和人防荷载计算结果的大值作为最终设计结果；对于临空墙，由于无土、水压力，程序只输出临空墙荷载的计算结果。

第八章　实例工程

1）工程概况

本教学实例是一栋教学楼工程，建筑面积 $1434m^2$，为框架结构。

2）上部结构

楼层信息：教学楼共计五层。地下 1 层，层高为 4.2m，室内地坪标高为 0m。地上四层，第 1 层层高为 4.2m，第 2 层、第 3 层层高均为 3.3m，出屋顶楼层层高为 3m，屋顶为坡屋顶，屋脊高 2.5m。屋脊起点距山墙距离为 3m。

构件信息：地下室角柱为 L 型柱，尺寸为 $500×1000$；第 1 层门廊为圆柱，尺寸为 $450×0$；地下 1 层到第 4 层其他柱都是矩形柱，尺寸为 $500×500$；顶层矩形柱尺寸为 $400×500$。框架梁尺寸有 $200×400$，$250×400$，$250×600$，$300×450$，$300×600$，$300×650$ 六种类型。墙厚：250mm。板厚有 150mm、110mm、120mm（屋顶板）三种类型。

材料信息：混凝土强度等级为 C30。柱、梁保护层厚度为 25mm，板为 15mm。柱、梁、墙钢筋主筋级别为 HRB335，箍筋级别为 HPB300。

荷载信息：楼面承担恒载 $5kN/m^2$，活载 $2kN/m^2$。部分梁上因有填充墙，施加 $2 kN/m$ 的恒载。风荷载为基本风压 $0.45kN/m^2$，地面粗糙度为 B 类。地震设防烈度为 7 度（0.1g），场地特征周期为 0.25s。

3）基础

地下室基础为筏板基础，筏板厚度为 500mm，中间柱子有柱墩，尺寸为 $1500×1500×600$。

第 1 层基础为独立基础加拉梁。独立基础为现浇阶型基础，尺寸为：$3100×3100×300$，$1800×1800×300$；$2400×2400×300$，$1600×1600×300$；中间双柱独立基础尺寸为：$3000×5400×500$；$1700×4100×400$。拉梁尺寸为 $400×600$。

材料信息：混凝土强度等级为 C20。筏板、独基保护层厚度为 35mm，拉梁为 25mm。钢筋主筋级别为 HRB335，箍筋级别为 HPB300。

4）效果图

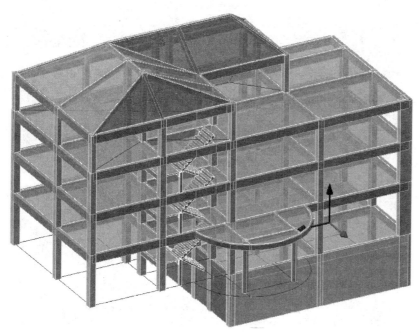

图 8-1　上部结构

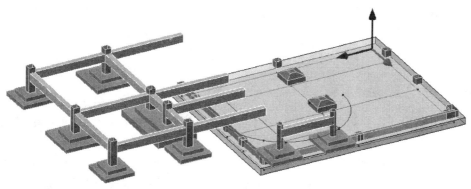

图 8-2　基础

8.1　上部结构模型荷载输入

8.1.1　启动 YJK

双击屏幕上的 YJK 图标，进入 YJK 软件的启动界面。

在启动界面的左上角点击【新建】按钮。在弹出的新建对话框中选择已建好的文件夹并输入模型的名称。（作者事先已在 D 盘建立子目录"Test"，此时在弹出的对话框中选择 D 盘的"Test"子目录并在下面"文件名"栏输入工程名"Test"）

如需对已有模型进行查看和修改，点击【打开】按钮，选择模型所在

图 8-3　盈建科启动界面

目录和模型文件。

注意：每做一项新的工程，都应建立一个新的子目录，并在新子目录中操作，这样不同工程的数据才不致混淆。

8.1.2　基本概述

点击【保存】按钮后，程序自动进入"模型荷载输入"，开始进行结构人机交互建模输入。

这是 YJK 最重要的一步操作，它要逐层输入各层的轴线、网格，输入每层的柱、梁、墙、门窗洞口、荷载等信息，最后通过楼层组装完成整个结构模型输入。

屏幕上方自动将一级菜单"模型荷载输入"展开为轴线网格、构件布置、楼板布置、荷载输入、楼层组装五个二级菜单。屏幕中间是模型视图窗口，显示模型信息内容，屏幕左下部分是命令提示行栏，显示各命令执行情况，也可以人工键入常用命令操作。屏幕右下部是通用菜单栏，列出每个模块下的常用菜单命令；最下一行是状态栏，显示当前光标所在位置的 X，Y，Z 坐标和几个绘图辅助工具按钮。

用户应具备基本的图形操作知识，如了解 AutoCAD 的基本操作，YJK 和 AutoCAD 基本操作相同。要了解键盘、鼠标左、中、右各键功能等。

鼠标左键：相当于键盘【Enter】，用于点取菜单、选择、输入等；

鼠标右键：用于确认、重复上次命令；

键盘空格键：确认；

鼠标中滚轮往上滚动：连续放大图形；

鼠标中滚轮往下滚动：连续缩小图形；

鼠标中滚轮按住滚轮平移：拖动平移显示的图形；

【Ctrl】＋按住滚轮平移：三维线框显示时变换空间透视的方位角度；

【F1】：帮助热键，提供必要的帮助信息；

键盘【Esc】：放弃、退出。

8.1.3 创建轴网

程序中梁、柱、墙、支撑是根据网格线定位的，首先应创建用于布置构件的轴线网格。

点取【轴线网格】菜单，展开了轴线网格的下级菜单如图 8-4 所示；

图 8-4 轴线网格菜单

程序提供各种基本的画线图素功能，如画节点、两点直线、圆弧、平行直线、折线、矩形、辐射线、圆来满足各种轴网的需求。对较规则的轴网，程序提供正交轴网和圆弧轴网输入菜单快速输入形式。同时程序还可以直接将 AutoCAD 中的轴网信息直接导入进来。对于已有的轴网程序提供复制、移动、旋转、镜像、偏移、延伸、截断和对齐等编辑命令。

对于大多数工程，在 YJK 程序中可通过对话框输入轴网和单根网格线相结合的方式来完成轴网系统的建立。本工程轴网相对简单，可以通过正交轴网和两点直线完成。参考文件见教材提供的电子版施工图——结构施工图 15 张（见本书所附光盘内容）。

建立地下 1 层轴网：

点击轴线网格下的【正交网格】弹出如下对话框。在开间和进深中通过鼠标双击常用值或者在轴网数据录入和编辑中通过输入形式输入轴网的数据。不同房间数据之间用空格键或者英文逗号隔开，当几个连续房间具有相同的开间或者进深时，可以使用开间/进深×开间数/进深数来快速输入，这里在【下开间】输入 7500×2，在【左进深】输入 2100，4500，2400，3000。

在【输轴号】上打勾，程序可对每根轴线自动编号。从左到右从 1 号开始，自下至上从 A 开始。

开间、进深输入完成后点击【确定】按钮插入至屏幕中（或输入坐标精确插入），点击【轴线显示】则地下室轴网如图 8-6 所示。

轴号修改：点击【轴线网格】中的【命名】下的【单根】按钮，可修改已生成的轴网中的轴号。

8.1.4 构件布置

当前标准层的轴线网格定义完毕后，即可在轴网上布置各类构件。

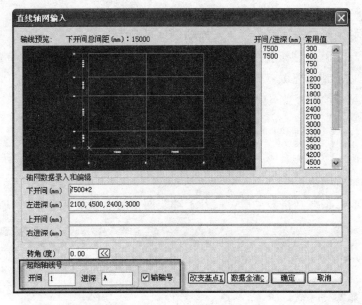

图 8-5 轴线网格参数

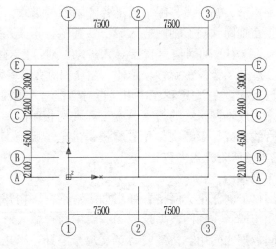

图 8-6 地下室轴网

点击二级菜单中的【构件布置】按钮，程序由轴线网格直接切换到构件布置菜单下。

图 8-7 构件布置菜单

通过本菜单在轴网上布置柱、梁、墙、墙洞、斜杆、次梁等构件。

为了提高输入效率，我们把构件信息分成截面信息和布置信息两类。截面信息主要描述构件断面形状类型、尺寸、材料等信息。布置信息描述构件的相对位置信息。对于柱需要输入相对某一节点的偏心、转角等信息，而对于梁、墙等构件需要相对某一网格的偏心信息；还有一些构件需要更多的信息如门、窗、楼板洞口等。

构件的输入都是先定义截面数据，再将其布置到网格、节点上。

1）布置柱

在轴网的节点上布置柱。点取【柱】按钮，弹出柱布置对话框，如图8-8所示：

图8-8左侧为柱截面列表框，右侧为柱的布置参数输入框。

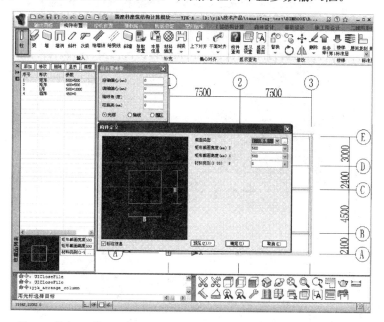

图 8-8　柱布置列表

点柱截面列表框上的【添加】按钮来实现柱截面的定义。

点【添加】按钮后出现柱截面输入的对话窗口，在【截面类型】下拉菜单中列出了各截面的名称，在【截面类型】选择列表中列出各种类型柱的图形，在【截面类型】下拉菜单或者在选择列表中选择所需要增加的截面，这里选择矩形。

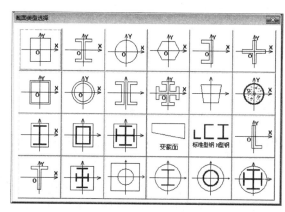

图 8-9　柱截面列表

弹出矩形柱定义对话框，在矩形截面宽度栏的下拉列表中选择 500 或者直接输入 500，在矩形截面高度栏的下拉列表中选择 500 或者直接输入 500，在材料类别的下拉列表中选择混凝土，混凝土代号是 6，或者直接输入 6，确定按钮完成柱截面 500 * 500 的定义。截面列表出现 500 * 500 字样，表示已输入一个 500 * 500 的柱截面。

用同样方法定义其他尺寸的柱截面。

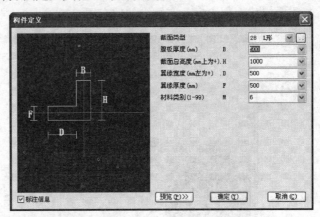

图 8-10 L形柱定义图

上面是柱截面定义操作过程，梁、墙等其他构件的定义过程与柱相似。

下面将定义过截面信息的柱布置到平面图或三维轴测图中。用鼠标在柱截面定义列表中点取一种柱截面后，移动鼠标到平面上需要的位置，点击鼠标左

图 8-11 本工程全部柱截面列表

键即可完成一根柱的布置。如果该柱存在偏心、转角，可同时在屏幕上的柱布置参数框中填写相应的参数值。

每个节点上只能布置一根柱，在已经布置柱的节点上再布置新柱时，新柱截面将替换已有的截面。

（1）在平面图中布置

点取右下平面视图菜单，当前即处于平面视图下。选择刚刚定义好的 500 * 500 的柱，然后移动光标到某一节点上，节点上以白亮色预显柱截面布置后的状态，按鼠标左键，则将柱截面布放在该节点上。

（2）在三维轴测图中布置

点取右下的轴测视图菜单，可以切换到轴测视图状态。或者在平面视图下使用【Ctrl】＋鼠标滚轮拖动模型，也可把视角转换到三维轴测图的某一视角下。

在三维状态下显示时，在平面上画的红色网格节点上会自动衍生出便于柱梁布置的三维空间网格，即在节点上生出竖向直线，在楼层高度位置生出和平面网格对应的同样网格，这些衍生出的网格是灰色的。这些生出

的三维网格是为了便于构件的布置，如柱是垂直的，布置时可以点取竖向网格，梁的位置在楼层顶部，布置时可以点取楼层高度处的网格。

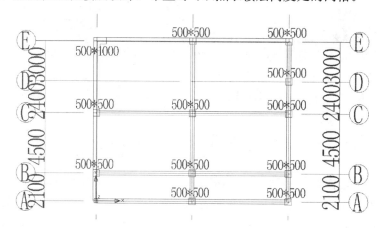

图 8-12　地下室柱布置平面图

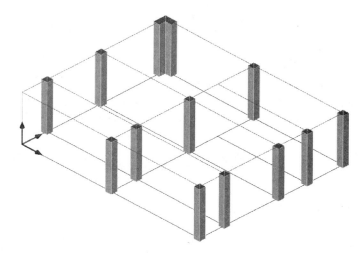

图 8-13　地下室柱布置轴测图

（3）成批布置方式

除了逐根布置方式外，程序还有窗口布置、轴线布置、围区布置方式。在布置参数对话框上给出光标、轴线、围区布置三种方式选项，"光标"表示逐根布置方式。

光标布置和窗口布置是自动切换的，比如布置柱时，光标点到了节点后马上完成了该节点上柱的布置，但是如果光标点到空白处后将自动拉出一个窗口，再点一下确定窗口大小后，该窗口内所有节点上都会布置上柱，这就是窗口布置方式。"轴线"布置方式是在同一条轴线上的所有节点上布置柱。"围区"布置方式是由用户勾画一个任意多边形，程序在该多边形内的所有节点上布置柱。

布置柱时，柱的宽度所在的方向就是柱的布置方向。光标、窗口、围区方式布置柱时，柱宽方向的角度就是柱布置参数中的角度方向。轴线方式布置柱时，柱宽方向平行于所选轴线方向。

在本例中，可以采用"轴线"方式布置所有的柱。

2）布置梁

点取【梁】按钮，在网格线上布置梁。

先定义六种梁截面：200＊400，250＊400，250＊600，300＊450，

300＊600，300＊650，在梁截面列表框上点取【添加】，定义梁截面的方法同柱截面的定义。

序号	形状	参数
1	矩形	300*650
2	矩形	300*600
3	矩形	300*450
4	矩形	250*400
5	矩形	200*400
6	矩形	250*600

图 8-14 本工程梁界面列表

接着布置梁，分别在梁截面列表中用鼠标选中 300＊450，300＊600，300＊650 截面，再移动光标在需布置梁的网格线上，程序以白亮色预显梁的布置效果。点击鼠标左键布梁。边梁偏心 100mm，中梁未偏心，截面尺寸图纸对应关系如图 8-15 所示：

图 8-15 地下室梁布置平面图

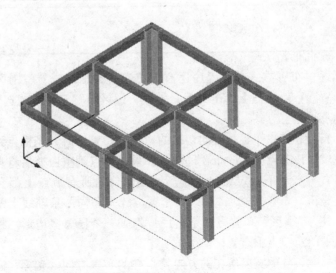

图 8-16 地下室梁布置轴测图

3）布置墙

点取【墙】按钮布置墙，设定墙厚 250，布置地下室挡土墙

在网格线上布置墙，每个网格上只能布置一片墙。在 E 轴和 3 轴布置墙。

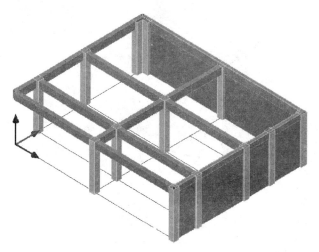

图 8-17　地下室墙布置轴测图

8.1.5　本层信息

这里输入本标准层必要的属性信息，主要是层高、构件材料强度等级、楼板厚度等。

点击【本层信息】按钮，弹出如图 8-18 所示对话框定义本标准层的信息。在该对话框中将信息修改为板厚 150mm、板混凝土等级 C30、板钢筋保护层厚度 15mm、柱混凝土强度等级 C30、柱钢筋保护层厚度 25mm、梁混凝土强度等级 C30、梁钢筋保护层厚度 25mm、梁钢筋等级 HRB335、柱钢筋等级 HRB335、墙钢筋等级 HRB335、标准层高 4200mm。点击【确定】关闭该对话框。这些信息也可以在【楼层组装】下的【各层信息】里面统一设置。

标准层信息	
标准层高(mm)	4200
板厚(mm)	150
柱混凝土强度等级	30
梁混凝土强度等级	30
剪力墙混凝土强度等级	30
板混凝土强度等级	30
支撑混凝土强度等级	30
柱钢筋保护层厚度(mm)	25
梁钢筋保护层厚度(mm)	25
板钢筋保护层厚度(mm)	15
柱主筋级别	HRB335
梁主筋类别	HRB335
墙主筋级别	HRB335
柱箍筋级别	HPB300
梁箍筋级别	HPB300
边缘构件箍筋级别	HPB300
墙水平分布筋级别	HPB300
墙竖向分布筋级别	HPB300
钢构件钢材	Q235
确定(Y)	取消(C)

8.1.6　楼板布置

点击二级菜单中的【楼板布置】按钮展开该菜单下的三级命令。

图 8-18　地下室标准层信息

切换到此菜单下，软件自动生成楼板。

点击【修改板厚】按钮，修改 A/B 轴之间的板厚为 110mm，如图 8-19
所示：

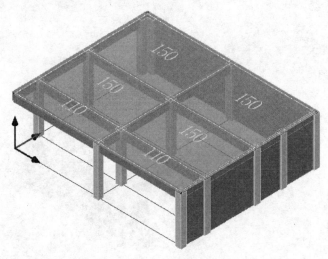

图 8-19　板厚修改

8.1.7　荷载输入

这里输入作用于本层的荷载。

点击二级菜单中的【荷载输入】按钮展开该菜单下的三级菜单如图 8-
20 所示。程序将荷载输入分为总信息、恒荷载、活荷载、人防荷载、吊车
荷载五部分。在总荷载中对楼板荷载进行综合的定义，在恒、活荷载中修
改个别楼板上的荷载数值以及输入梁、柱、墙、节点上的荷载。

一般的操作是输入恒载和活载。恒载分为【楼板】、【梁墙】、【柱】、
【次梁】、【墙洞】、【节点】六个类别输入，分布在左侧，以蓝色菜单图标
显示。活载也是分为这六类输入，分布在右侧，以红色菜单图标显示。

图 8-20　荷载菜单

（1）点取【导算参数】按钮，【自动计算现浇板自重】参数打勾

因本层楼板板厚不同，所以自重自动计算
较为合适。

（2）点取【楼面恒活】按钮

设置本层所有房间上布置的恒载和活载的
均布面荷载。

点击【楼面恒活】按钮在弹出的楼面荷载
设置菜单中输入恒载 $5kN/m^2$ 和活载 2kN/

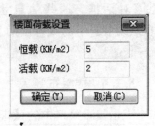

图 8-21　楼面荷载设置

m^2。点击【确定】关闭该菜单。

（3）点取"恒载"的【楼板】按钮

对于个别房间的楼面恒载或活载数值和上一步定义的不同的情况，在恒载或活载栏中选择楼板，输入修改后的数值，并点取相应的房间，该房间的恒载或活载随之发生相应的变化。本例题中将中间一处楼板的恒载改为 8kN/m^2，点击【恒载】中的【楼板】弹出修改荷载对话框，在该对话框中的输入恒载值栏中输入 8，将鼠标放置在要修改恒载的楼板上，程序以白亮框显示该楼板区域，点击鼠标左键将该楼板上的荷载修改为 8kN/m^2。修改后效果如下图所示。

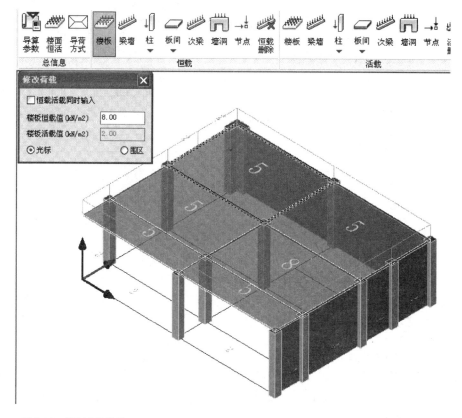

图 8-22　楼面荷载修改

（4）输入恒载的"梁间荷载"

布置沿着周边梁的填充墙造成的均布线荷载 2kN/m。

点取【恒载】的【梁墙】荷载按钮，在以下对话框中点取【添加】按钮。

选择荷载形式，对于填充墙可以在荷载类型下拉列表中选均布荷载。在输入荷载数值的对话框中输入荷载数值 2，如图 8-23 所示。并点击【确定】按钮。

添加荷载后，直接用光标选取边梁进行布置。在模型图中显示当前荷载（恒载或活载）状态下所施加的所有荷载，如图 8-24 所示：

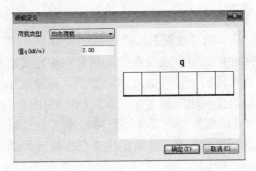

图 8-23　均布荷载定义

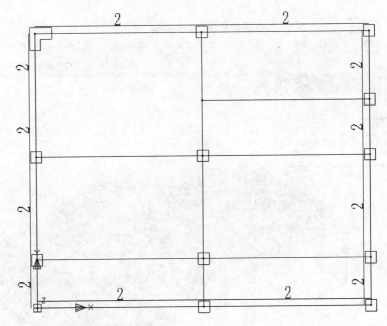

图 8-24　梁恒载均布荷载布置图

（5）输入活载的"梁间荷载"

根据需要可以布置中梁上的集中荷载。

（6）关于荷载输入的所有技术条件

① 关于构件自重：

对于结构模型中输入的柱、墙、梁构件的自重，程序自动根据材料的容重自动计算。材料的容重设置可以在本书第四章 4.1 节的必要参数中设置修改，不修改则程序取默认值。

对于板的自重，在本书第三章 3.2.1 节中已经有所说明。勾选【自动计算现浇板自重】，程序根据板厚度、材料容重自动计算现浇板自重。此时定义楼面恒载时不应再包含楼板自重。

② 对于构件荷载：

对于楼板的恒活荷载程序默认分别为（恒载 $5kN/m^2$ 和活载 $2kN/m^2$）。点取【楼面恒活】按钮可以编辑。如果忘记输入，程序也会默认有此楼板荷载。

局部楼面、梁、墙、柱、次梁、墙洞、节点、人防、吊车、风、地震荷载，根据实际工程情况，有则输入，无则不输入。

（7）实例工程荷载输入

① 点取【导算参数】按钮，【自动计算现浇板自重】参数打勾；

② 点取【楼面恒活】按钮，设置本层所有房间上布置的恒载和活载的均布面荷载；

③ 点取"恒载"的【楼板】按钮，按说明修改楼板荷载；

④ 输入恒载的【梁间荷载】，按说明在梁上增加填充墙体的荷载。

由于楼层的荷载是自动导算的，本工程实例对于柱荷载不需要输入。

本工程实例为教学楼工程，荷载简单，没有其他特别的荷载。

8.1.8 输入其他标准层

本模型中总共有 4 个标准层，地下室 1 层，第 1 层标准层，第 2、第 3 层一个标准层，以及出屋顶层。

1）生成第 2 结构标准层

（1）添加标准层

点取 ⬆ 按钮或者直接在标准层下拉菜单下点取【添加新标准层】弹出添加标准层对话框，勾选全部复制，点击确定按钮，程序生成第 2 标准层，并默认显示当前层，可通过上下箭头选择不同的标准层。

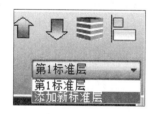

图 8-25　标准层创建

（2）已有构件编辑

本层墙体为砌体墙，以荷载的形式输入，地下 1 层复制的混凝土挡土墙应删除。点击【构件布置】菜单里的【删除】菜单，选择删除墙，框选 2 层中的墙体，自动删除。

（3）轴线网格

点击【轴线网格】下的【正交网格】，输入图 8-26 中参数：

新的轴网捕捉插入与原轴网合并，形成新的轴网。并用直线网格，补充 1/2，1/3 轴线，以 E 轴在 1/2 和 1/3 轴线之间的网格线中点为圆心，半径 4700 画圆，删除下半部分，并结合延伸命令与相应网格线相交，最终形成如图 8-27 所示网格线：

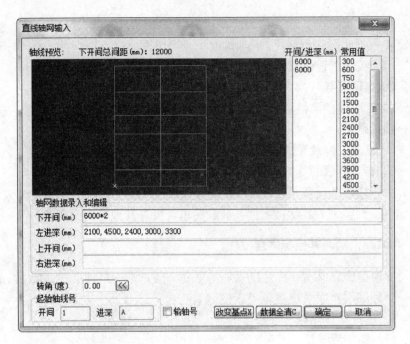

图 8-26 正交轴网参数

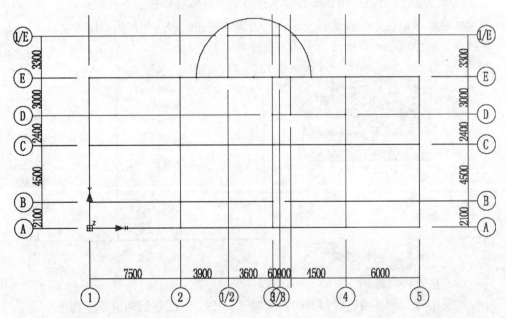

图 8-27 第 2 结构标准层添加弧线网格

（4）构件布置

布置柱：门廊柱为 450 的圆柱，位于 1/2，1/3 轴与 1/E 轴交点，其他柱布置如图 8-28 所示：

布置梁：门廊圆弧梁 200 * 400，圆弧内部梁 250 * 400。楼梯间梁 250 * 600，200 * 400。其他新增梁 300 * 650，边梁偏轴 100。

楼梯布置：点击【楼梯】→【布置】菜单，在楼梯间布置双跑楼梯，布

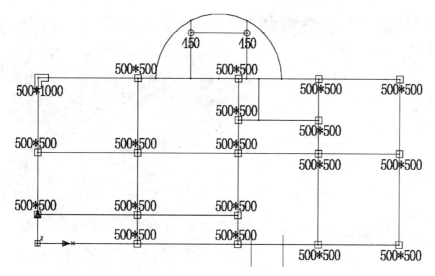

图 8-28 第 2 结构标准层柱布置图

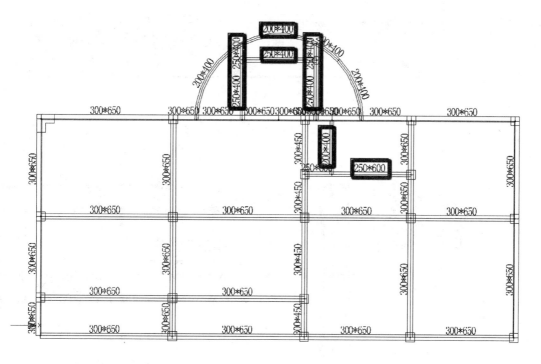

图 8-29 第 2 结构标准层梁布置图

置参数如图 8-30 所示：

　　楼板布置：点击【修改板厚】，把在楼梯间的板厚设置为 0。

　　（5）荷载布置

　　荷载布置：在新增边梁上布置 2kN/m 的均布恒载，如图 8-31 所示：

　　（6）第 2 标准层轴测图

　　2）生成第 3 结构标准层

　　点取 ⬆ 按钮或者直接在标准层下拉菜单下点取【添加新标准层】弹出

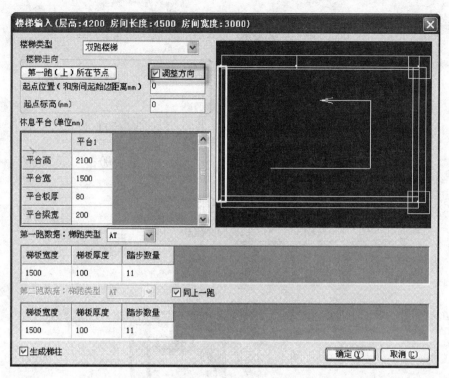

图 8-30 第 2 结构标准层楼梯布置参数图

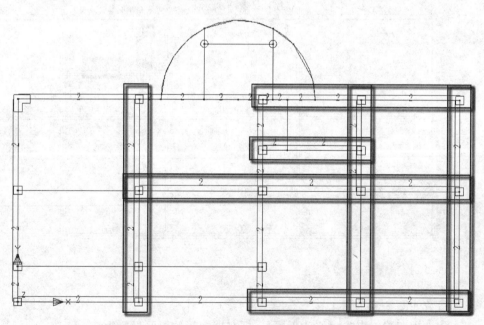

图 8-31 第 2 结构标准层荷载布置图

添加标准层对话框，勾选【局部复制】，点击【确定】按钮，程序生成第 3 标准层，局部复制时选择第 2 标准层 1~5 轴、A~E 轴间所有构件。

修改本层层高为 3300mm。修改楼梯布置参数：平台高 1650mm，踏步数为 10。

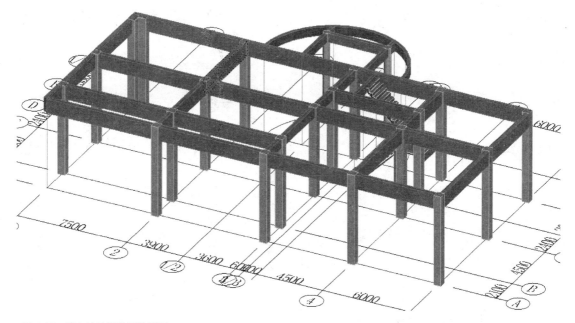

图 8-32　第 2 结构标准层轴测图

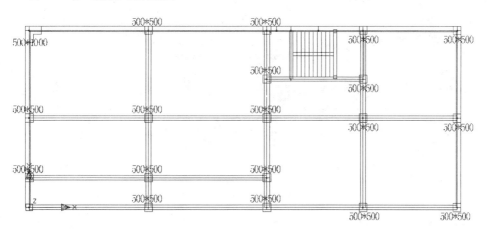

图 8-33　第 3 结构标准层柱布置图

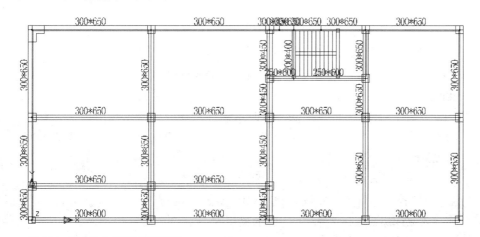

图 8-34　第 3 结构标准层梁布置图

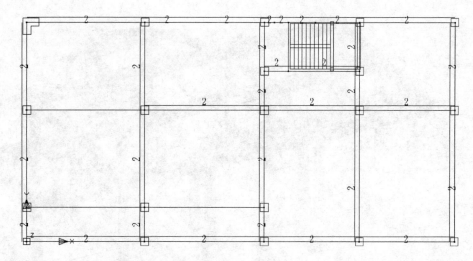

图 8-35　第 3 结构标准层荷载布置图

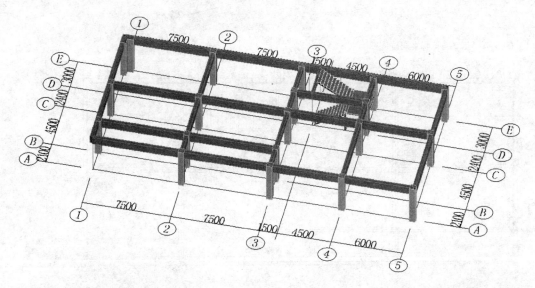

图 8-36　第 3 结构标准层轴测图

3）生成第 4 结构标准层

点取 按钮或者直接在标准层下拉菜单下点取【添加新标准层】弹出添加标准层对话框，勾选【局部复制】，点击【确定】按钮，程序生成第 4 标准层，局部复制时选择第 3 标准层 2～5 轴、A～E 轴间构件，不复制 2～3 轴，C～E 轴之间的构件。修改本层柱截面，修改本层梁截面，修改本层荷载布置，修改本层层高为 3000mm，删除楼梯，本层屋面板厚 120mm。

（1）补充 B 轴在 3～4 轴之间的梁。

（2）补充屋脊梁，左侧屋脊点距山墙 3000mm。

（3）编辑 B 轴在 2～3 轴之间的梁。

（4）用【点高】命令完成屋脊梁的标高布置。屋脊高 2500mm。

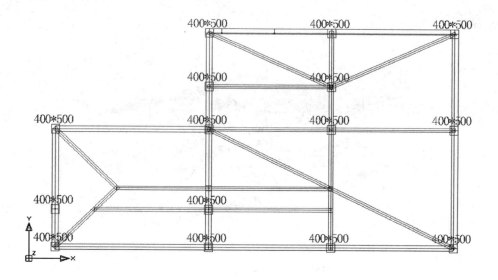

图 8-37　第 4 结构标准层柱布置图

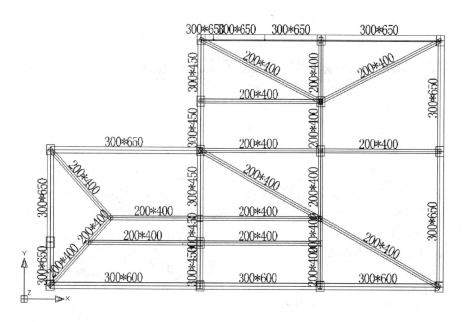

图 8-38　第 4 结构标准层梁布置图

8.1.9　楼层组装

点击二级菜单中的【楼层组装】的【各层信息】按钮，弹出各标准层属性信息框，检查修改相关信息。

点击【楼层组装】按钮，进行楼层组装。楼层组装就是将已经输入的各个标准层按照设计需要的顺序逐层拼装，搭建出完整的建筑模型。

出现楼层组装对话框，选择第 1 标准层，选【自动计算底标高】，下面的编辑框填 0（表示首层底标高是正负 0m），【复制层数】点选 1，点【增

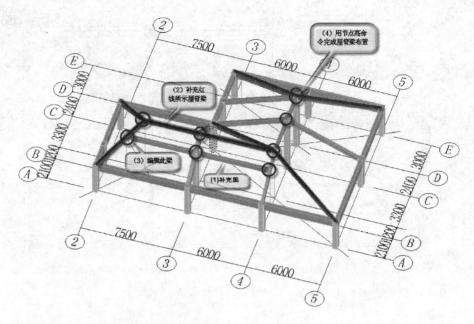

图 8-39　第 4 结构标准层轴测图

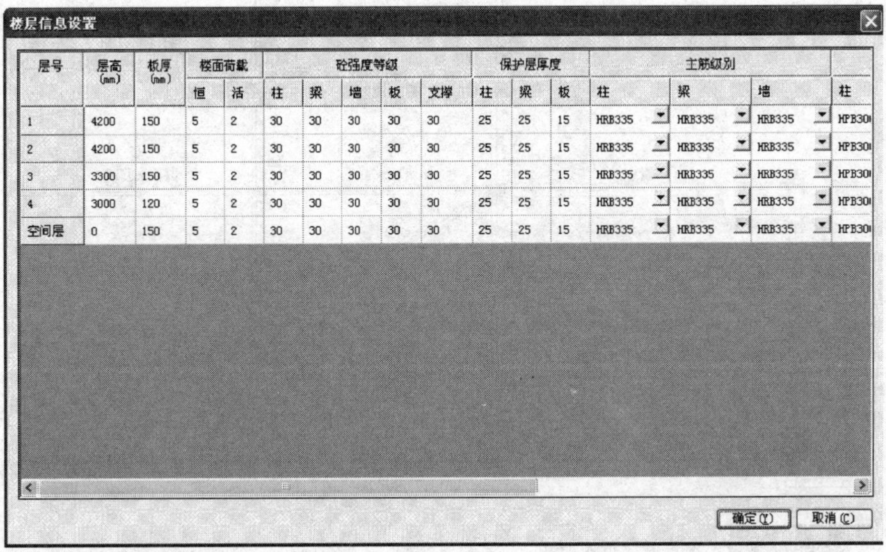

图 8-40　各层信息

加】按钮，完成了第 1 层的组装；程序自动计算下一个楼层的底标高，选
择第 2 标准层，【复制层数】点选 1，点【增加】按钮完成第 2 层的组装；
选择第 3 标准层，【复制层数】点选 2，点取【增加】按钮完成第 3、4 层
的组装；选择第 4 标准层，【复制层数】点选 1，点取增加按钮完成第 5 层
的组装。最终组装结果如图 8-41 所示。

点击程序窗口右上角楼层管理菜单中的全楼模型按钮▤查看整体模
型，至此模型已经建立完毕。

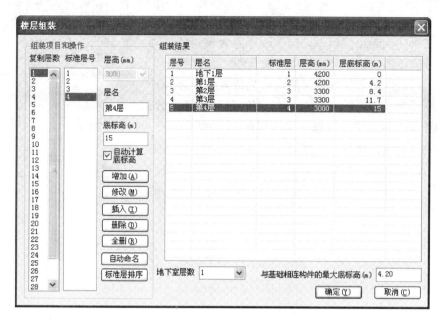

图 8-41　楼层组装图

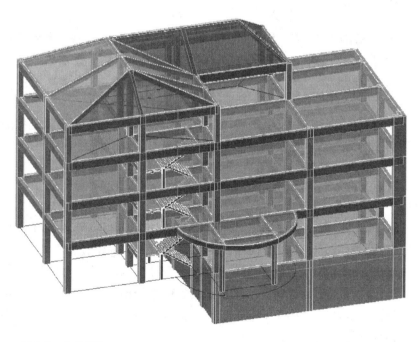

图 8-42　全楼模型

8.2　上部结构计算

　　点【上部结构计算】菜单。程序自动弹出提示"是否保存模型文件"框，选择【是】。

　　第一次进入上部结构计算，程序需要做数据整理工作，并做数据合理性检查。图 8-43 所示的对话框是整理的内容，在第一次退出建模时，框中程序隐含打勾的选项都应该执行。

图 8-43　模型数检

进入上部结构计算后，首先进入前处理及计算菜单。计算前处理包括的菜单有：计算参数、特殊构件定义、多塔定义、楼层属性查看修改、风荷载查看修改、柱计算长度查看修改、生成结构计算数据、数据检查报告、计算简图。这些内容是在模型荷载输入完成后，对结构计算信息的重要补充。

图 8-44　前处理及计算参数菜单

8.2.1　计算参数定义

第一次结构计算前，计算参数菜单是必须要执行的。在反复计算调整中，如回到建模菜单修改模型与荷载输入，或者调整前处理的其他菜单时，如果没有对设计计算参数内容的修改，可以不用再执行计算参数菜单。

点击【计算参数】按钮弹出 YJKCAD—参数输入对话框。设计参数共有结构总体信息、计算控制信息、风荷载信息、地震信息等十个选项卡，每页选项卡的标题排列于左侧，分别点击即打开各个卡的参数页。

每项参数程序都给出隐含值，根据本工程要求，可做出如下的参数设置。

首先在【结构总体信息】中的【结构体系】下拉栏中选择【框架结构】，【结构材料】下拉栏中选择钢筋混凝土，地下室层数为 1、与基础相连构件最大底标高为 4.2m，裙房层数、转换层所在层号、加强层所在层号均输入 0，【恒活荷载计算信息】下拉栏中选择施工模拟三，【风荷载计算信息】下拉栏中选择精细计算方式，【地震作用计算信息】下拉栏中选择计算水平和反应谱方法。

菜单切换到【计算控制信息】中，勾选【梁刚度放大系数按 10《混凝土规范》5.2.4 条取值】。刚性板假定选择【整体指标计算采用强刚，其他计算非强刚】。

菜单切换至【风荷载信息】中，【地面粗糙度类别】勾选 B 项。在【修正后的基本风压】中填写 0.45。

菜单切换至【地震信息】中，在【设计地震分组】中勾选一，在【设防烈度】栏下拉列中选择 7（0.1g），在【场地类别】下拉列中选择Ⅰ1，

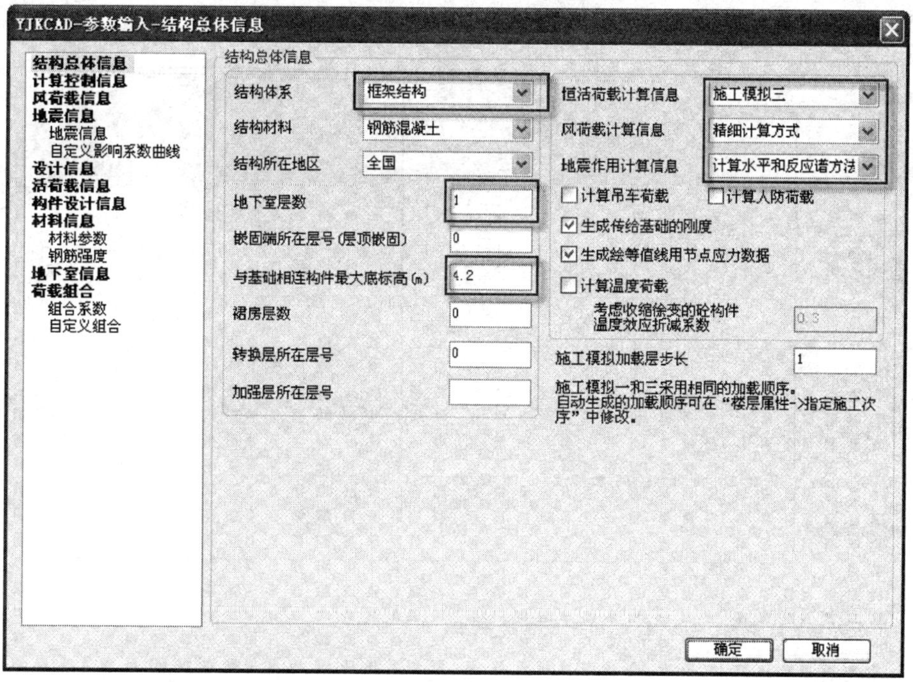

图 8-45　参数设置（总体信息）

在【结构阻尼比】行输入 5，在【计算振型数量】勾选【程序自动】并在【质量参与系数之和】行填入 90。

其他参数可根据实际情况填写，点击【确定】按钮完成参数输入。

掌握这里的即时帮助功能，鼠标点击任一个参数后按 F1 键，屏幕上将立即显示该参数的使用说明，包括说明书和技术报告中的相关内容。因此对于不熟悉的参数，用户可以即时得到帮助。

8.2.2　荷载校核

输出用户输入的各种荷载和楼板导算结果的荷载，以及结构自重等，这些荷载简图可作为用户前处理的重要保存内容。

可提供各层荷载简图，包括恒载、活载、人防荷载的内容。作用在梁、墙、柱、节点上的荷载，均以数值的形式标在杆件上，数值的格式就是荷载输入时的数据格式，如【梁墙荷载】是荷载类别、荷载值、荷载参数等。进入本菜单后先显示第 1 层的荷载简图，并弹出显示内容控制菜单在屏幕右侧。还可对荷载做各种统计输出，如各层的人工输入荷载总值、楼面荷载导算总值、竖向荷载总值、水平荷载总值等。

点击【存图】，可以保存为 dwy 文件。

8.2.3　特殊构件定义

这项菜单，可对结构计算作补充输入，可补充定义特殊柱、特殊梁、特殊墙、弹性楼板单元、节点属性、抗震等级和材料强度信息等八个方面。

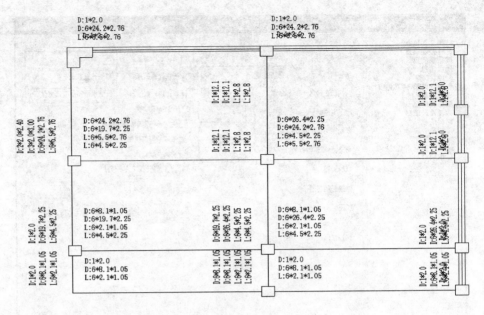

图 8-46　第 1 层梁、墙、柱、节点荷载平面图

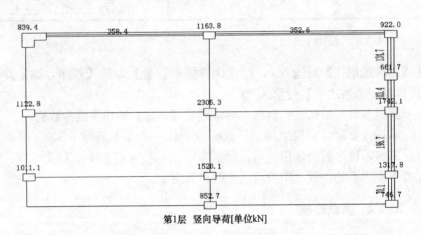

第1层　竖向导荷[单位kN]

图 8-47　第 1 层竖向导荷图

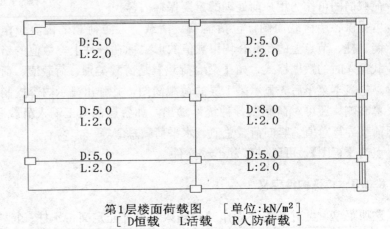

第1层楼面荷载图　　[单位:kN/m²]
[D恒载　　L活载　　R人防荷载]

图 8-48　第 1 层楼面荷载图

用户可在这里进行检查修改。本模型中对各构件无特殊修改，在此仅做查看。各命令的具体相关内容和依据可在相关命令下按 F1 帮助文档进行查看或阅读《用户建模手册》。

特殊构件定义、多塔定义、楼层属性、风荷载、柱计算长度等菜单是根据需要执行的，不是必须执行的菜单。在反复计算调整中，如果没有新的修改，这些菜单也不必重新运行。

8.2.4 生成计算数据及数检

结构计算前必须要生成结构计算数据，没有这一步也不能查看结构计算简图。但是这一步的操作可以和后面计算的操作连续进行。

查看结构计算简图，可以清晰地看到弹性板、墙、楼梯等单元划分的结果。

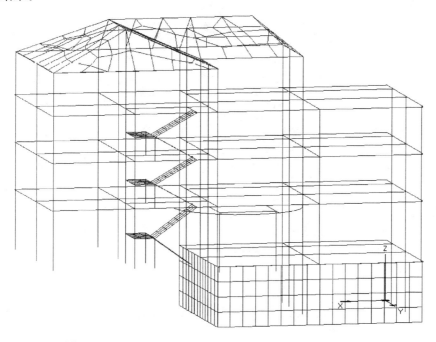

图 8-49　计算轴测简图

8.2.5 计算

软件可以从生成数据到结构计算再到配筋设计一个按钮全部实现，也可以单独选择只生成数据或只计算，或者只设计。

点击【生成数据＋全部计算】，软件自动先生成数据，然后再进行计算，最后进行配筋设计。

8.3　上部结构设计结果

全部计算完成，软件自动切换到设计结果界面，如图 8-50 所示。

图 8-50 设计结构菜单

程序提供两种方式输出计算结果，一是各种文本文件，二是各种计算结果图形。

8.3.1 图形结果查看

程序提供【批量输出图形文件】功能，输出 dwy 格式图形文件，可同时输出 dwg 格式文件。点位于屏幕右下的"批量输出图形结果"菜单![icon]，选择需要输出的图形。

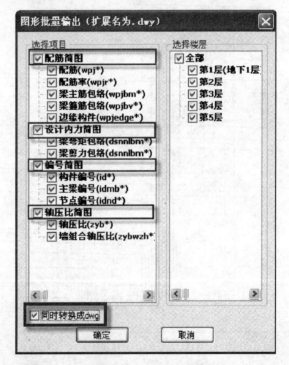

图 8-51 图形批量输出

以下是一般应查看的计算结果图形和基本操作。

1）构件编号图

编号简图用来查看各类型构件的计算编号，以便于对照文本文件的输出结果。

2）配筋简图

用图形方式显示构件的配筋结果，图形名称是 wpj＊.dwy。

应读懂柱、梁、墙柱、墙梁钢筋的表示方法。

如有超筋或超规范要求现象，图中相应数字变为红色。

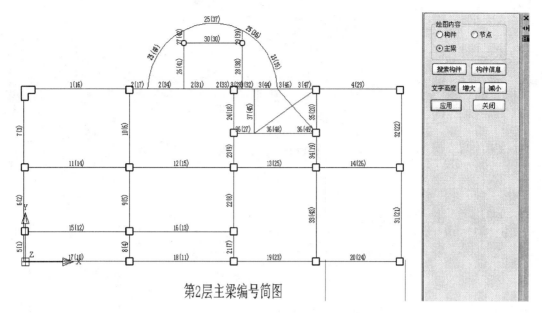

第2层主梁编号简图

图 8-52　构件及节点编号简图

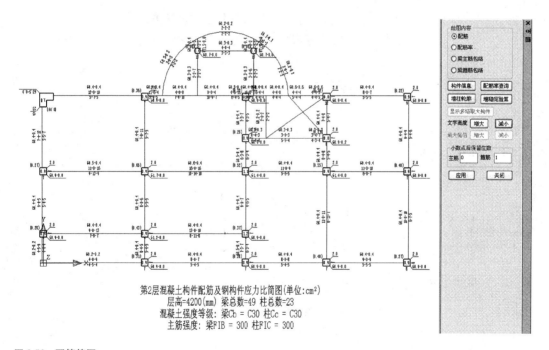

第2层混凝土构件配筋及钢构件应力比简图(单位:cm²)
层高=4200(mm) 梁总数=49 柱总数=23
混凝土强度等级:梁Cb = C30 柱Cc = C30
主筋强度:梁FIB = 300 柱FIC = 300

图 8-53　配筋简图

3）轴压比简图

用来查看柱、墙轴压比计算结果及超限检查结果。

4）边缘构件简图

边缘构件简图用来查看剪力墙边缘构件的设计结果。软件根据2010版新规范的相关规定进行边缘构件设计，按墙组合轴压比确定底部加强部位边缘构件类型，可以考虑临近边缘构件的合并，采用与平法一致的命名方

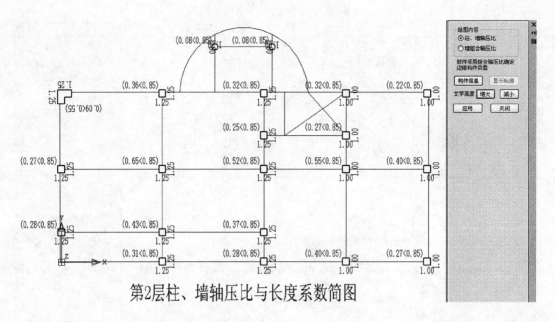

第2层柱、墙轴压比与长度系数简图

图8-54 轴压比图

法，配筋结果标注上采用了与框架柱类似的表达方式。

可使用【移动标注】菜单对边缘构件的标注部分进行移动操作。

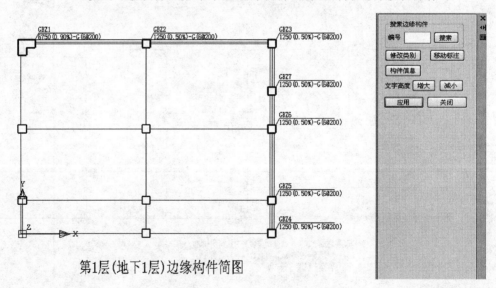

第1层(地下1层)边缘构件简图

图8-55 边缘构件简图

5）标准内力简图

标准内力简图分二维内力简图和三维内力简图两种，对于梁、墙梁，提供内力线图画法，对于柱、支撑、墙柱，提供标准内力文字标注画法。

梁弯矩图，选择各荷载工况查看。

柱底内力图，选择各荷载工况查看。

6）梁设计内力包络图

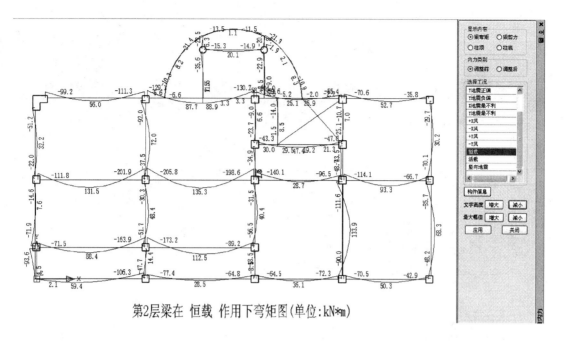

第2层梁在 恒载 作用下弯矩图(单位:kN*m)

图 8-56　标准内力简图

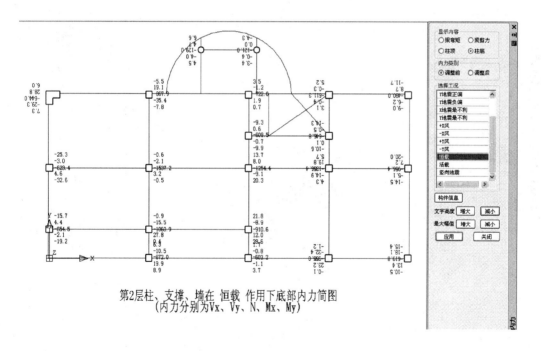

第2层柱、支撑、墙在 恒载 作用下底部内力简图
(内力分别为Vx、Vy、N、Mx、My)

图 8-57　柱底内力图

设计内力图中标注的内力是指配筋最大所对应的设计内力。

7）位移动画

点取【位移】菜单，并选择动画方式显示各个荷载工况下结构的变形状况。

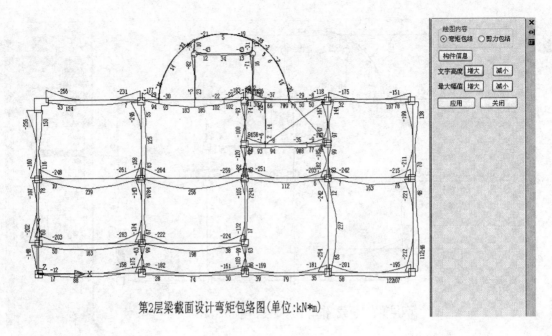

第2层梁截面设计弯矩包络图(单位:kN*m)

图 8-58   梁设计内力包络图

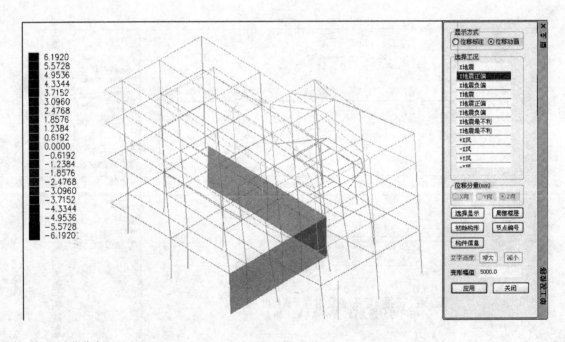

图 8-59   位移动画

在右侧菜单中切换各个荷载工况查看位移动画。通过变形动画可检查结构是否正常,有何缺陷等。

8)等值线图

点取【等值线】菜单,选择空心板、弹性板或者三维墙查看各工况下的内力等值线图。

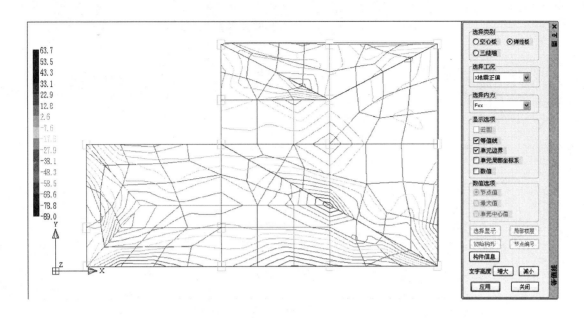

图 8-60　屋顶弹性内力等值线图

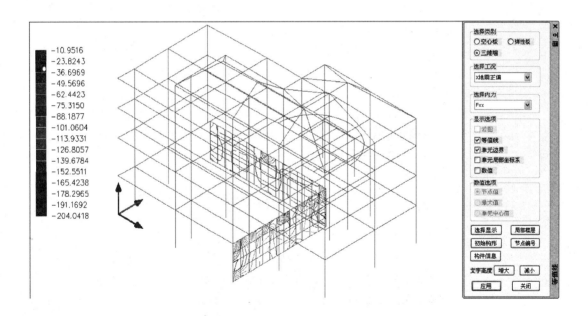

图 8-61　地下室三维墙内力等值线图

8.3.2　文本结果查看

点取【文本结果】菜单，弹出输出的文本结果列表框。点击框中的某一文件双击，即可打开该文件查看。

一般应熟练掌握的是：结构设计信息 wmass. out，周期、振型与地震作用 wzq. out，结构位移 wdisp. out，各层配筋文件 wpj * . out 等。

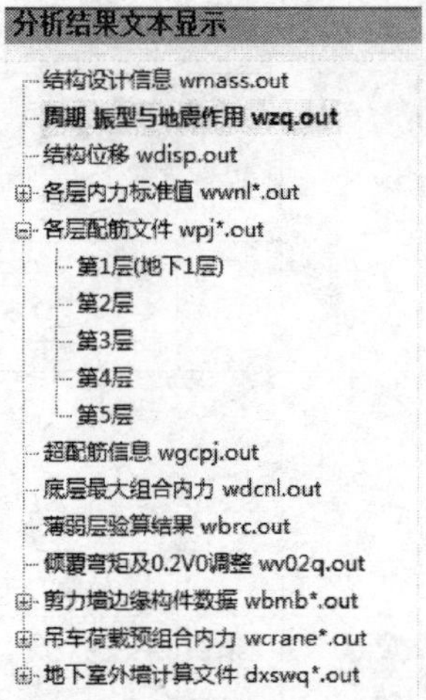

图 8-62 文本结果

8.4 上部结构施工图

点击【施工图设计】菜单，则进入上部结构施工图模块。此模块我们完成板、梁、柱、墙的施工图绘制工作。

梁、柱、墙模块的设计流程相同，步骤都是划分钢筋标准层、构件分组归并、自动选筋、钢筋修改、施工图绘制、施工图修改。

钢筋标准层的概念是构件布置相同、受力特点类似的数个自然层可以划分为一个钢筋标准层，每个钢筋标准层只出一张施工图。建模时使用的标准层被称为结构标准层，它与钢筋标准层的区别主要有两点：一是在同一结构标准层内的自然层的构件布置与荷载完全相同，而钢筋标准层不要求荷载相同，只要求构件布置完全相同；二是结构标准层只看本层构件，而钢筋标准层的划分与上层构件也有关系，例如屋面层与中间层不能划分为同一钢筋标准层。梁、柱、墙各模块的钢筋标准层是各自独立设置的，用户可以分别修改。

对于几何形状相同、受力特点类似的构件，通常做法是归为一组，采用同样的配筋进行施工。这样做可以减少施工图数量，降低施工难度。各施工图模块在配筋之前都会自动执行分组归并过程，分在同一组的构件会使用相同的名称和配筋。

归并完成后，软件进行自动配筋。软件选配钢筋时按照国家标准规范和构造手册的要求。程序提供多种手段供用户修改和调整钢筋。

软件按照 2011 年 9 月发布的国家建筑标准设计图集《混凝土结构施工图平面整体表示方法制图规则和构造详图》11G101 自动绘制施工图纸。钢筋修改等操作均在平法图上进行。

软件使用 YJK 自己开发的图形平台绘制施工图。绘制成的施工图后缀为.dwy，统一放置在工程路径的"\施工图"目录中。已经绘制好的施工图可以在各施工图模块中再次打开，重复编辑。施工图模块提供了编辑施工图时使用的各种通用命令（如图层设置、图素编辑等）和专业命令（如构件尺寸标注、层高表绘制等）。

软件提供了 dwy 图转 AutoCAD 图的接口，熟悉 AutoCAD 的用户可以将软件生成的图形文件转换成 AutoCAD 支持的 dwg 图进行编辑。

8.4.1　板施工图

板施工图模块完成各层结构平面施工图的辅助设计，包括钢筋混凝土结构的楼板计算和板配筋设计。可通过【楼层】下拉框选取任一楼层（自然层），绘制它的结构平面图。每一自然层绘制在一张图纸上，图纸名称为 SlabPM？.dwy，"？"为自然层层号。

程序对楼板施工图按照国家标准图集《混凝土结构施工图平面整体表示方法制图规则和构造详图（现浇混凝土框架、剪力墙、梁、板）》11G101-1 的有梁楼盖平法施工图制图规则出图。

1）通用编辑的设置

一张平法施工图通常由两部分构成：平法底图和平法标注。盈建科软件使用统一的【通用编辑】模块完成平面底图的绘制、编辑和参数设置。

点击【板施工图】菜单，则进入板施工图模块。首先进行【通用编辑】的【设置】。包括【底图图层设置】、【板图层设置】和【文字设置】，分别用于控制底图图层、控制绘制的标注图层以及设置施工图中各种文字的样式。这些设置用于控制新图绘制，其修改对当前图无效，只有修改后绘制新图才有效。

本工程实例使用软件默认参数设置，不做修改。

2）新图

点击【新图】菜单，开始进行板施工图绘制工作。程序根据【通用编辑】的【设置】参数自动完成平面底图的绘制。

3）标注轴线、标注尺寸及插入施工图中常用的基本元素

（1）【标注轴线】：提供轴线的交互编辑功能。

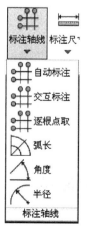

图 8-63　标注轴线菜单

点击【自动标注】菜单，标注左轴线和下轴线。

（2）【标注尺寸】：用于标注各种构件的尺寸及其与轴线的相互关系。

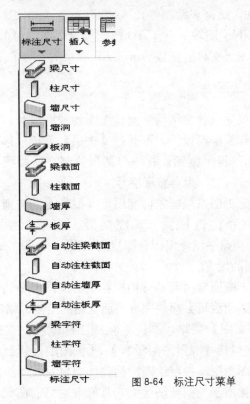

图 8-64　标注尺寸菜单

根据需要，标注相关尺寸。

（3）【插入】：提供一些施工图中常用的基本元素的交互添加，如层高表、图名、图框等。

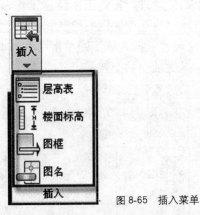

图 8-65　插入菜单

点击【图名】菜单，标注图名。

可以逐层进行板底图绘制。效果如图 8-66 所示：

4）楼板计算和配筋参数

（1）计算参数

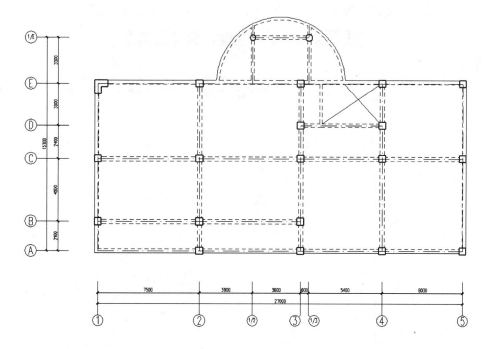

图 8-66　第 1 层板施工图底图

点击【计算参数】菜单，设置板计算方法为"有限元算法"，楼板有限元划分尺寸为 0.4m。选择【楼板有限元计算时，考虑梁的弹性变形】。

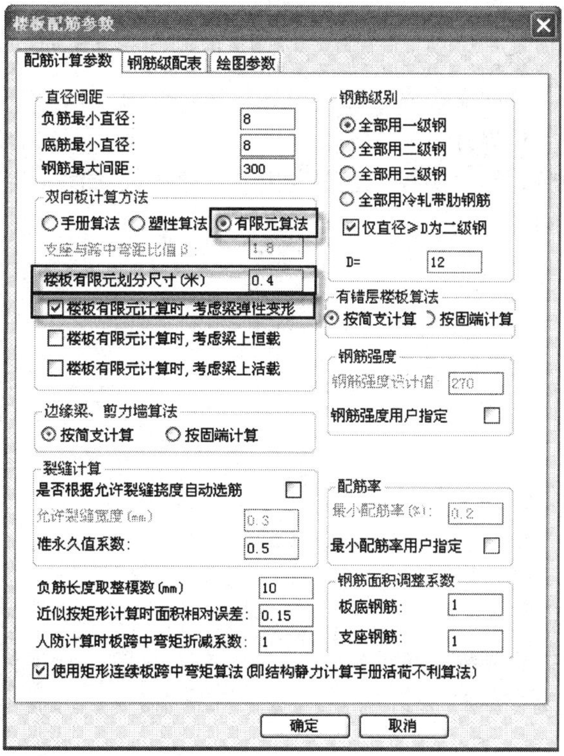

图 8-67　楼板配筋计算参数

钢筋级配表中间距范围选择150，200。点击【生成级配表】。

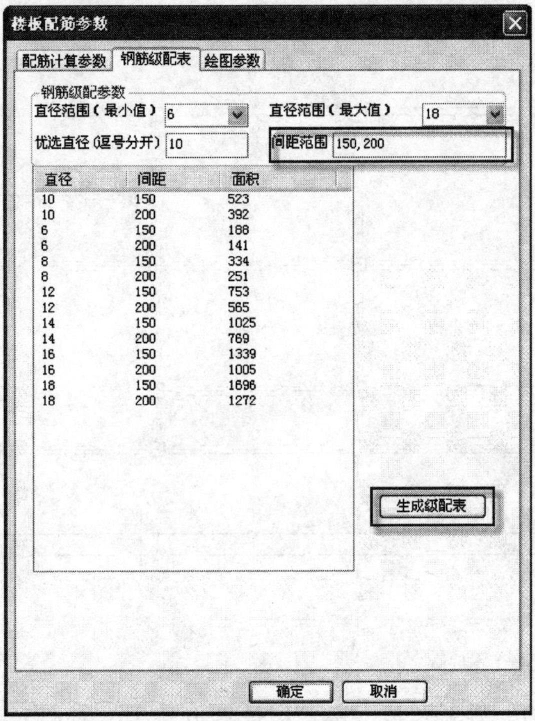

直径	间距	面积
10	150	523
10	200	392
6	150	188
6	200	141
8	150	334
8	200	251
12	150	753
12	200	565
14	150	1025
14	200	769
16	150	1339
16	200	1005
18	150	1696
18	200	1272

图 8-68　楼板钢筋级配表

（2）边界条件

点击【边界条件】查看程序自动生成的边界条件结果，用户可对程序默认的边界条件（简支边界、固定边界）加以修改，人工交互修改时，除固定边界、简支边界外，还设置了自由边界的选项。不同的边界条件用不同的线型和颜色，红色实线代表固定边界，蓝色实线代表简支边界，蓝色虚线代表自由边界。

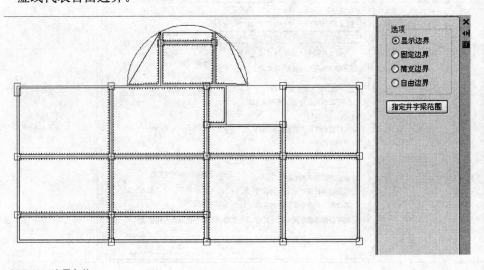

图 8-69　边界条件

（3）楼板计算

点取【计算】菜单即进行楼板计算，包括楼板内力计算、配筋计算和选配钢筋的计算，这是画楼板配筋施工图前必需的操作。

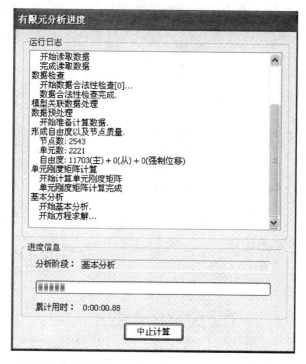

图 8-70　楼板计算

（4）计算结果

点取【计算结果】菜单后，可查看计算弯矩、配筋面积、实配钢筋（板块、支座）、裂缝、挠度、剪力、房间编号、有限元网格划分、等值线显示（Mxx、Myy、Mxy）。

计算书仅对于弹性计算时的规则现浇板起作用。计算书包括内力、配筋、裂缝和挠度。

在这里可以修改实配钢筋，点击菜单框右下的【修改钢筋】菜单，用鼠标点取某个房间的集中标注，即弹出修改该房间钢筋的对话框。

5）板配筋绘制

（1）板块集中钢筋

点击【自动标注】绘制板块集中钢筋，点击【拾取标注】和【标注换位】对图面进行调整。

（2）支座原位钢筋

点击【自动标注】绘制支座原位钢筋，点击【手工布置】、【支座拉通】、【详细标注】、【负筋归并】、【重新编号】等对图面进行调整。

（3）钢筋编辑

可对已画在图面上的钢筋移动、删除或修改其配筋参数。

（4）钢筋量统计

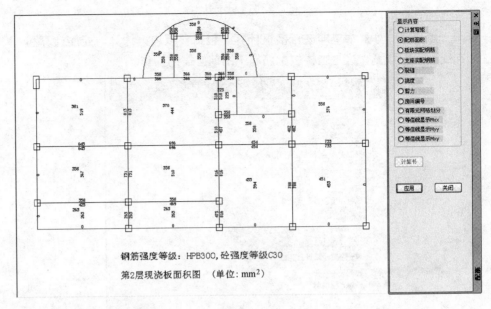

图 8-71　板钢筋计算配筋面积

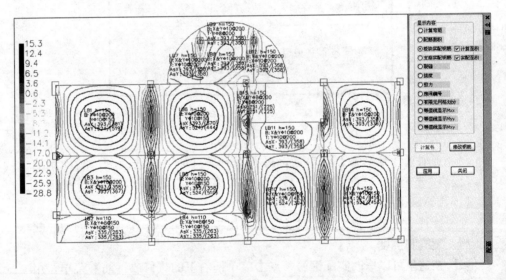

图 8-72　板计算实配钢筋面积（计算面积），等值线图

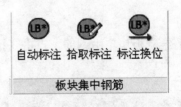

图 8-73　板块集中钢筋标注菜单集

点击【钢筋统计量】菜单，统计并输出当前自然层板通长筋及支座筋的钢筋用量，统计规则参见 11G101-1 相关规定。

6）板施工图结果

图 8-74　楼板支座原位钢筋计算

第2自然层楼板钢筋量统计表

钢筋编号	钢筋信息	钢筋最短长度	钢筋最长长度	钢筋根数	钢筋总长度	钢筋重量(kg)
1	A8@200	1040	1120	20	21520	8.49
2	A8@200	1750	1750	23	40250	15.88
3	A8@200	2040	2040	237	483480	190.77
4	A8@150	1550	1550	14	21700	8.56
5	B12@150	2830	2830	30	84900	75.38
6	B12@150	3270	3270	136	444720	394.83
7	B12@150	3530	3570	128	455200	404.13
8	A10@150	3270	3270	32	104640	64.51
9	A10@150	1770	1770	20	35400	21.83
10	A10@150	1510	1510	100	151000	93.10
11	A10@150	1920	1920	40	76800	47.35
12	A10@200	3270	3270	32	104640	64.51
13	A10@200	2230	2230	3	6690	4.12
14	A10@200	1390	1390	5	6950	4.28
15	A10@200	1000	1000	8	8000	4.93
16	A10@200	1250	1250	55	68750	42.39
17	A8@200	850	850	44	37400	14.76
18	A10@200	830	830	5	4150	2.56
19	A10@200	720	720	5	3600	2.22
----	A10@200	221	7625	369	1740881	1073.32
----	A10@150	4625	6725	318	1860750	1147.22
----	A8@150	1100	7000	128	432800	170.78
----	A10@150	2225	2225	100	222500	137.18
----	A10@200	221	2704	72	144176	88.89
----	A8@200	1005	1600	36	45105	17.80
----	A8@200	1600	3100	23	48000	19.26
小计:						4119.05

图 8-75　楼板钢筋量统计表

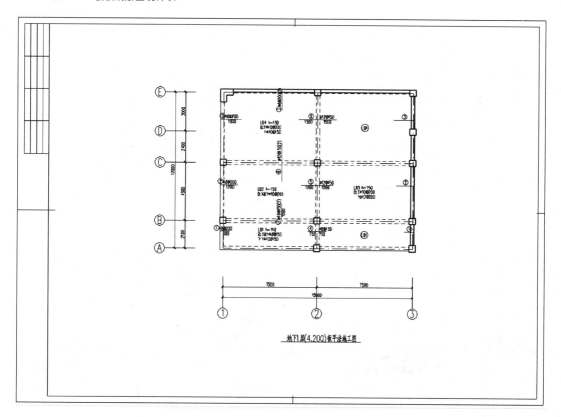

图 8-76　地下 1 层板施工图

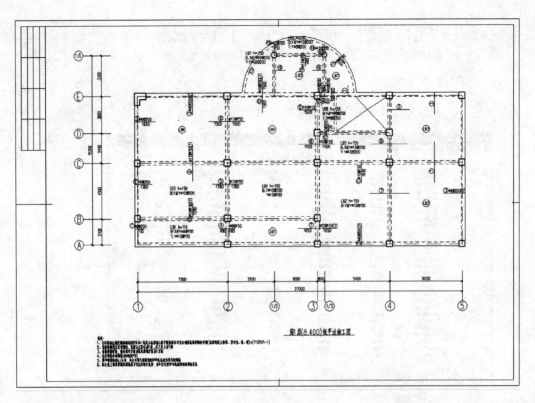

图 8-77　第 1 层板施工图

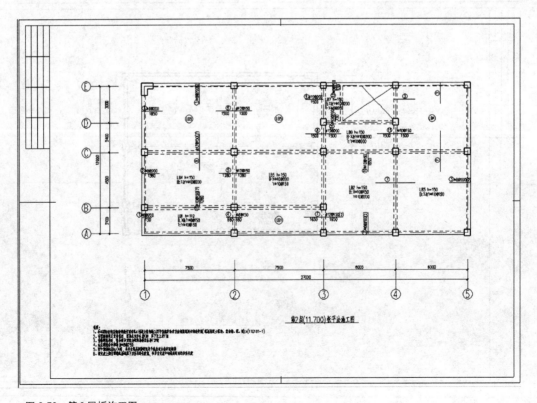

图 8-78　第 2 层板施工图

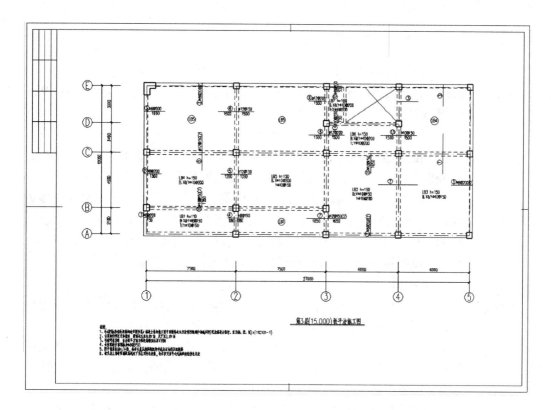

图 8-79 第 3 层板施工图

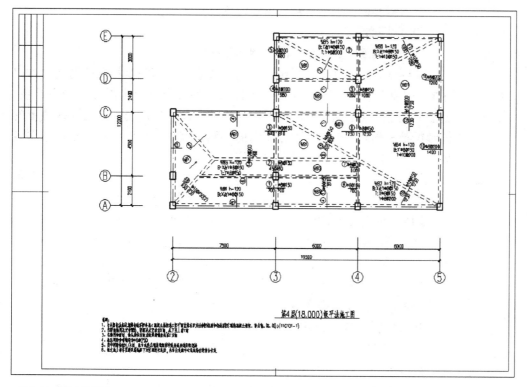

图 8-80 第 4 层板施工图

8.4.2 梁施工图

所有模块的施工图均放在"工程目录\施工图"路径下，其中"工程目录"是当前工程所在的具体路径。梁平法施工图的缺省名称为 BeamPlan *.dwy。

其中的星号"*"代表具体的自然层号。每次进入软件或切换楼层时，系统会在施工图目录下搜寻相应的缺省名称的图形文件，如果找到，则打开旧图继续编辑，如果没有找到，则生成已缺省名称命名的图形文件。

软件绘制的平法施工图完全符合图集《混凝土结构施工图平面整体表示方法制图规则和构造详图（现浇混凝土框架、剪力墙、梁、板）》11G101-1。主要采用平面注写方式，分别在不同编号的梁中各选一根梁，在其上使用集中标注和原位标注注写其截面尺寸和配筋具体数值。

1）参数

点击【梁施工图】菜单，则进入梁施工图模块。首先进行【通用编辑】的【设置】。包括【底图图层设置】、【梁图层设置】和【文字设置】，分别用于控制底图图层、控制绘制的标注图层以及设置施工图中各种文字的样式。这些设置用于控制新图绘制，其修改对当前图无效，只有修改后绘制新图才有效。

点击【参数】菜单，设置的参数分为绘图参数、梁名称前缀、选筋参数（通用；框架梁；非框架梁；空心楼盖肋梁）、裂缝挠度相关参数四大类。

本工程实例使用软件默认参数设置，不做修改。

2）设钢筋层

点击【钢筋层】菜单，设置钢筋标准层。

实际设计中，存在若干楼层的构件布置和配筋完全相同的情况，可以用同一张施工图代表若干楼层。可以将这些楼层划分为同一钢筋标准层，钢筋层就是适应竖向归并的需要而建立的概念。软件会为各层同样位置的连续梁给出相同的名称，配置相同的钢筋。读取配筋面积时，软件会在各层同样位置的配筋面积数据中取大值作为配筋依据。

第一次进入梁施工图时，会自动弹出对话框，要求用户调整和确认钢筋标准层的定义。程序会按结构标准层的划分状况生成默认的梁钢筋标准层。用户应根据工程实际状况，进一步将不同的结构标准层也归并到同一个钢筋标准层中，只要这些结构标准层的梁截面布置相同。因为在钢筋标准层概念下，定义了多少个钢筋标准层，就应该画多少层的梁施工图。因此，用户应该重视钢筋标准层的定义，使它既有足够的代表性，省钢筋，又足够简洁，减少出图数量。

按自然层命名，如图 8-81 所示。

3）绘新图

【绘新图】菜单下有两个选项：

绘新图的过程是：读取用户设置的参数，按照用户设置的钢筋标准层

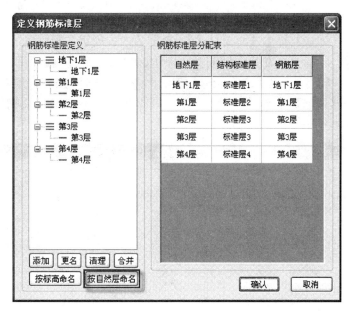

图 8-81 定义梁钢筋标准层

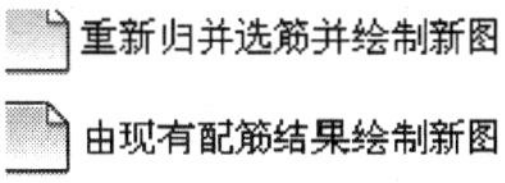

在全楼自动归并、绘制当前层的钢筋平法图。当进入某一层时，程序自动按这样的流程进行新图的绘制。

当用户重新修改了钢筋参数，或者修改了钢筋标准层的定义、甚至前面重新进行了

▭ 重新归并选筋并绘制新图

▭ 由现有配筋结果绘制新图

图 8-82 绘新图菜单

结构计算，就应该执行【绘新图】下的第一个菜单选项：【重新归并选筋并绘制新图】，否则修改的钢筋参数或标准层不能起作用或不能全部起作用。

第二个选项是为了继承对钢筋做过的修改。比如当用户修改了结构模型，但没有重新计算、没有改参数等时，可以执行绘新图的第二个选项：由现有配筋结果绘制新图，这样是为了保留已有的钢筋修改。

点击【重新归并选筋并绘制新图】，程序自动生成梁施工图。

4）梁施工图修改

根据工程实际情况点击【连续梁】相关菜单进行梁名修改、拆分、合并等修改，本工程不做修改。

点击【钢筋标注】中【开关】菜单的【附加箍筋开关】，在施工图中显示附加箍筋。程序自动生成梁施工图中有部分标注相互重叠，请点击【移动】菜单重新布置标注的位置，使图面清晰美观。

根据工程需要，对个别梁可用【截面注写】功能显示梁截面配筋信息。

【修改钢筋】等菜单对已经生成的梁钢筋施工图修改。

点击【通用编辑】的【标注轴线】中【自动标注】菜单，标注左轴线和下轴线。根据需要，标注相关尺寸。点击【通用编辑】的【插入】菜单中的【图名】菜单，标注图名；点击【插入】菜单中的【图框】菜单添加

3 号图框。

点击【配筋】菜单【面积显示】，查询的内容列于右侧菜单，选择相应的项目后，屏幕上即在实配钢筋标注旁边标出各种计算钢筋面积，便于对比。程序一般将计算面积放到括号中表示，将实配的面积直接标注表示。

点击【钢筋】菜单【用量统计】，统计当前层不同编号梁钢筋用量，统计规则参见 11G101-3 相关规定。

第1层梁钢筋用量统计 — 记事本										

文件(F)　编辑(E)　格式(O)　查看(V)　帮助(H)

第1层梁钢筋用量统计

说明：钢筋用量单位为 kg

连续梁名称	上部纵筋	下部纵筋	箍筋	腰筋	腰拉筋	小计	根数	附加吊筋	附加箍筋	合计
KL1	77.7	56.9	50.1	39.7	4.5	229.0	1	0.0	0.0	229.0
KL2	69.5	58.3	60.5	41.1	4.5	234.0	1	0.0	0.0	234.0
KL3	7.9	26.5	9.7	0.0	0.0	44.1	1	0.0	0.0	44.1
KL4	108.9	70.4	62.9	53.0	6.3	301.5	1	0.0	0.0	301.5
KL5	133.9	137.4	67.6	52.3	6.3	397.4	1	0.0	0.0	397.4
KL6	179.9	192.0	67.6	52.3	6.3	498.0	1	0.0	0.0	498.0
KL7	37.0	58.2	31.9	24.4	3.0	154.4	1	0.0	0.0	154.4
本层总计	614.8	599.7	350.4	262.8	30.9		7	0.0	0.0	1858.5

图 8-83　梁钢筋用量统计

点击【挠度裂缝验算】，可查看相关图形和计算书。

5）梁施工图结果

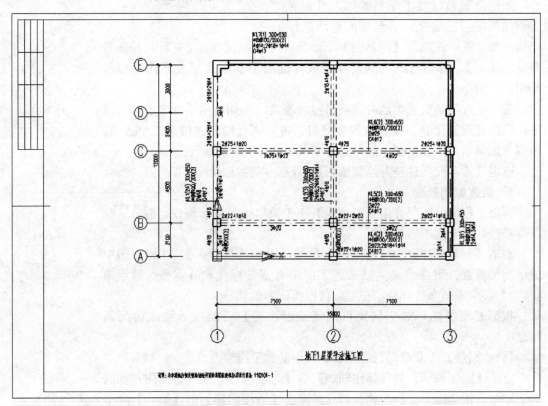

图 8-84　地下1层梁平法施工图

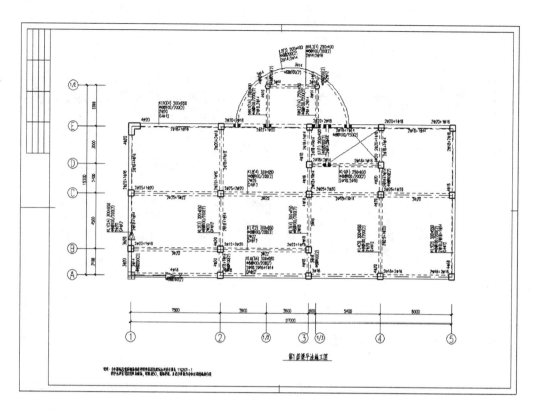

图 8-85　第 1 层梁平法施工图

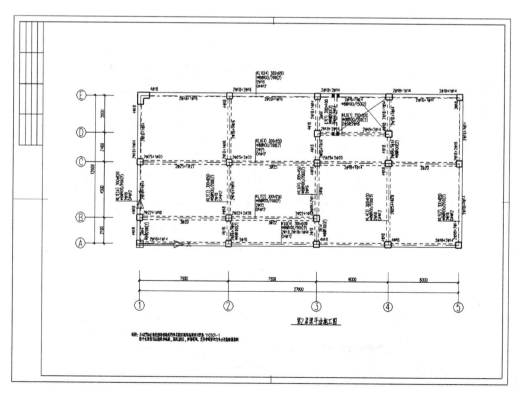

图 8-86　第 2 层梁平法施工图

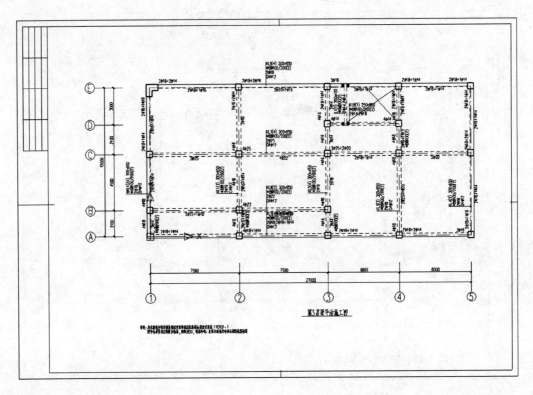

图 8-87　第 3 层梁平法施工图

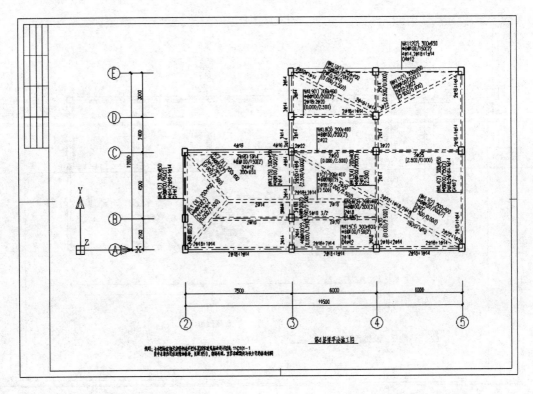

图 8-88　第 4 层梁平法施工图

8.4.3 柱施工图

所有模块的施工图均放在"工程目录\施工图"路径下，其中"工程目录"是当前工程所在的具体路径。柱平法施工图的缺省名称为ColPlan＊.dwy（平法截面注写方式）和 ColList＊.dwy（平法列表注写方式）。

其中的星号"＊"代表具体的自然层号。每次进入软件或切换楼层时，系统会在施工图目录下搜寻相应的缺省名称的图形文件，如果找到，则打开旧图继续编辑，如果没有找到，则生成已缺省名称命名的图形文件。

软件绘制的平法施工图完全符合图集《混凝土结构施工图平面整体表示方法制图规则和构造详图（现浇混凝土框架、剪力墙、梁、板）》11G101-1。主要采用平法截面注写和平法列表注写两种方式。

柱的截面注写方式：在柱平面布置图的柱截面上，分别在同一编号的柱中选择一个截面，以直接注写截面尺寸和配筋具体数值的方式来表达柱施工图。

柱的列表注写方式：在柱平面布置图上（一般只需采用适当比例绘制一张柱平面布置图，包括框架柱、框支柱、梁上柱和剪力墙上柱），分别在统一标号的柱中选择一个（有时需要选择几个）截面标注几何参数代号，在柱表中注写柱编号、柱段起止标高、几何尺寸（含柱截面对轴线的偏心情况）与配筋的具体数值，并配以各种柱截面形式及其箍筋类型图的表达方式，来表达柱平法施工图。

1）参数

点击【柱施工图】菜单，则进入柱施工图模块。首先进行【通用编辑】的【设置】。包括【底图图层设置】、【柱图层设置】和【文字设置】，分别用于控制底图图层、控制绘制的标注图层以及设置施工图中各种文字的样式。这些设置用于控制新图绘制，其修改对当前图无效，只有修改后绘制新图才有效。

点击【参数】菜单，设置的参数分为绘图参数、柱名称前缀、选筋参数。

本工程实例使用软件默认参数设置，不做修改。

2）设钢筋层

点击【钢筋层】菜单，设置钢筋标准层。

按自然层命名，如图 8-89 所示。

3）绘新图

绘新图菜单下有两个选项：

点击【重新全楼归并选筋】，程序自动生成柱施工图。

本工程采用截面注写方式出图。

4）柱施工图修改

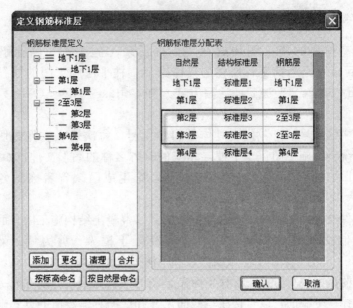

图 8-89　定义柱钢筋标准层

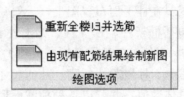

图 8-90　绘新图菜单

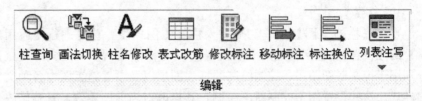

图 8-91　柱施工图编辑修改

根据工程实际情况点击【柱查询】、【柱名修改】、【表式改筋】、【修改标注】、【移动标注】、【标注换位】菜单，重新布置标注的位置，使图面清晰美观。

点击【通用编辑】的【标注轴线】中【自动标注】菜单，标注左轴线和下轴线。根据需要，标注相关尺寸。点击【通用编辑】的【插入】菜单中的【图名】菜单，标注图名；点击【插入】菜单中的【图框】菜单添加3号图框。

点击【配筋面积显示】，查询的内容列于右侧菜单，选择相应的项目后，屏幕上即在实配钢筋标注旁边标出各种计算钢筋面积，便于对比。程序一般将计算面积放到括号中表示，将实配的面积直接标注表示。

点击【钢筋统计】，设定好柱筋的连接形式，点击确定即可生成柱钢筋量统计的文本结果。

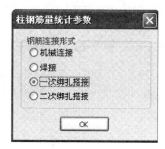

图 8-92　柱钢筋连接形式

```
柱钢筋统计 - 记事本
文件(F)  编辑(E)  格式(O)  查看(V)  帮助(H)

        |              柱钢筋用量统计              |

说明：钢筋用量单位为kg

     柱编号        纵筋       箍筋        小计       根数       合计
      KZ1        293.1     216.5      509.7        1       509.7
      KZ2        338.2     216.6      554.8        1       554.8
      KZ3        848.3    1050.6     1899.0        1      1899.0
      KZ4        347.0     289.9      636.9        3      1910.8
      KZ5        213.4     153.3      366.7        1       366.7
      KZ6        267.3     188.0      455.3        4      1821.2
      KZ7        319.6     199.7      519.3        1       519.3
      KZ8         57.7      52.2      109.9        2       219.8
      KZ9        279.4     193.8      473.1        2       946.3
      KZ10       320.7     214.1      534.7        2      1069.5
      KZ11       322.6     193.9      516.5        3      1549.5

                                      总计：       21     11366.6
```

图 8-93　柱钢筋用量统计

点击【双偏压】，进行柱双偏压验算，检查实配结果是否满足承载力的要求。程序验算后，对于不满足双偏压验算承载力要求的柱，柱以醒目的红色标注显示。用户可以直接修改实配钢筋，再次验算直到满足为止。

由于双偏压、拉配筋计算本身是一个多解的过程，所以当采用不同的布筋方式得到的不同计算结果，它们都可能满足承载力的要求。

5) 柱施工图结果

8.4.4　剪力墙施工图

所有模块的施工图均放在"工程目录 \ 施工图"路径下，其中"工程目录"是当前工程所在的具体路径。墙平法施工图的缺省名称为 WallS∗.dwy（截面注写方式）和 WallT∗.dwy（列表注写方式）。

其中的星号"∗"代表具体的自然层号。每次进入软件或切换楼层时，系统会在施工图目录下搜寻相应的缺省名称的图形文件，如果找到，则打开旧图继续编辑，如果没有找到，则生成已缺省名称命名的图形文件。

根据 11G101-1 第一部分第 3 条，剪力墙平法施工图系在剪力墙平面布置图上采用列表注写或截面注写方式表达。剪力墙平面布置图可采用适当比例单独绘制。当剪力墙较复杂或采用截面注写方式时，应按标准层分别绘制剪力墙平面布置图。

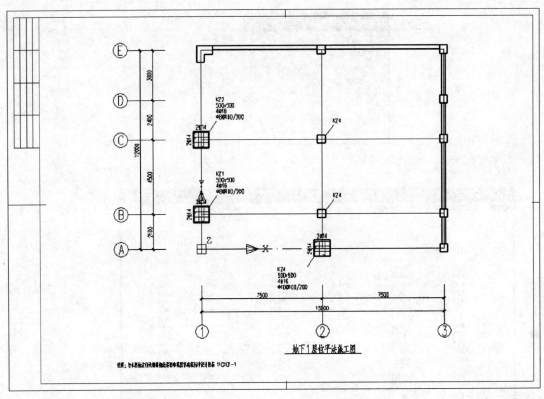

图 8-94 地下 1 层柱平法施工图

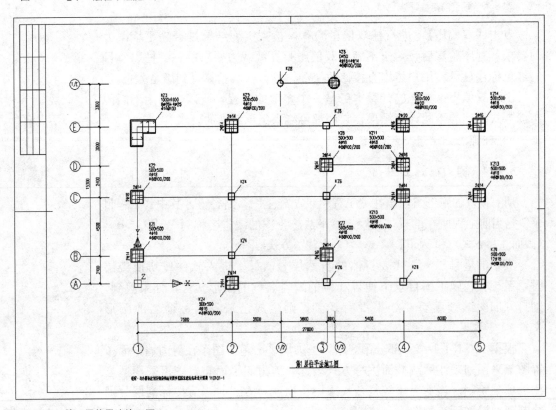

图 8-95 第 1 层柱平法施工图

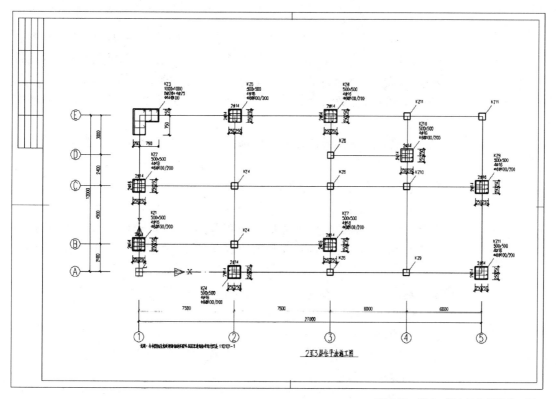

图 8-96　第 2、第 3 层柱平法施工图

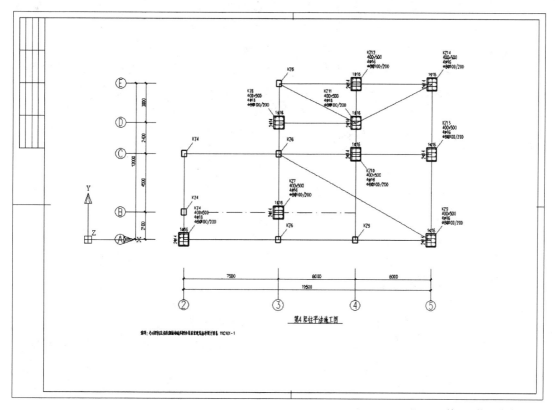

图 8-97　第 4 层柱平法施工图

（1）列表注写方式

为表达清楚、简便，剪力墙可视为由剪力墙柱、剪力墙身和剪力墙梁三类构件组成。列表注写方式，分别在剪力墙柱表、剪力墙身表和剪力墙梁表中，对应于剪力墙平面布置图上的标号，用绘制截面配筋图并注写几何尺寸与配筋具体数值的方式，来表达剪力墙平法施工图。在剪力墙结构平面图上画出墙体模板尺寸，标注详图索引，标注墙竖剖面索引，标注剪力墙分布筋和墙梁编号。在节点大样图中画出剪力墙端柱、暗柱、翼墙和转角墙的形式、受力钢筋与构造钢筋。墙梁钢筋用图表方式表达。也可将大样图和墙梁表附设在平面图中。

（2）截面注写方式

指在分标准层绘制的剪力墙平面布置图上，以直接在墙柱、墙身、墙梁上注写截面尺寸和配筋具体数值的方式来表达剪力墙平法施工图。

选用适当大些的比例绘制剪力墙平面布置图，其中对墙柱绘制配筋截面图；对所有墙柱、墙身、墙梁分别按 11G101-1 第一部分第 3.2.2 条 1、2 款的规定进行编号，并分别在相同编号的墙柱、墙身、墙梁中选择一根墙柱、一道墙身、一根墙梁进行编写，其注写按以下规定进行。

① 从相同编号的墙柱中选择一个截面，注明几何尺寸，标注全部纵筋及箍筋的具体数值。

② 从相同编号的墙身中选择一道墙身，按顺序引注的内容为：墙身编号（应包括注写在括号内墙身所配置的水平与竖向分布筋的排数）、墙厚尺寸、水平分布钢筋、竖向分布钢筋和拉筋的具体数值。

③ 从相同编号的墙梁中选择一根墙梁，按顺序引注的内容为：注写墙梁编号、墙梁截面尺寸 b * h、墙梁箍筋、上部纵筋、下部纵筋和墙梁顶面标高高差的具体数值。当连梁设有对角暗撑时［代号为 LL（JC）XX］，注写规定同图集第 3.2.5 条第 5 款。当连梁设有交叉斜筋时［代号为 LL（JX）XX］，注写规定同图集第 3.2.5 条第 6 款。当连梁设有集中对角斜筋时［代号为 LL（DX）XX］，注写规定同图集第 3.2.5 条第 7 款。

1）参数

点击【墙施工图】菜单，则进入墙施工图模块。首先进行【通用编辑】的【设置】。包括【底图图层设置】、【墙图层设置】和【文字设置】，分别用于控制底图图层、控制绘制的标注图层以及设置施工图中各种文字的样式。这些设置用于控制新图绘制，其修改对当前图无效，只有修改后绘制新图才有效。

点击【参数】菜单，设置的参数分为通用参数、选筋参数（墙柱、墙身、墙梁）、构件归并参数、墙名称前缀。

本工程实例大部分使用软件默认参数设置，不做修改。通用参数中勾选地图绘制梁线。

2）设钢筋层

点击【钢筋层】菜单，设置钢筋标准层。

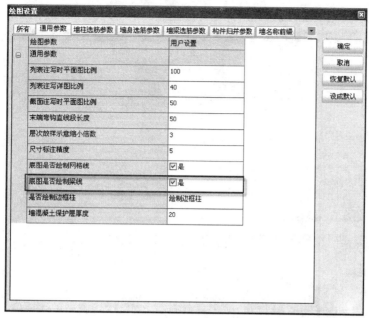

图 8-98　墙施工图绘图参数

按自然层命名。

3）绘新图

绘新图菜单下有两个选项：

点击【重新归并选筋并绘制新图】，
程序自动生成柱施工图。

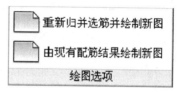

图 8-99　绘新图菜单

本工程采用截面注写方式出图，同时
也绘制剪力墙柱表、剪力墙身表和剪力墙梁表。

4）墙施工图修改

图 8-100　墙施工图编辑修改

根据工程实际情况点击【查找构件】、【墙柱】、【墙梁】、【分布筋】、
【移动标注】、【标注换位】菜单，重新布置标注的位置，使图面清晰美观。
点击【墙柱表】、【墙梁表】、【墙身表】，绘制剪力墙柱表、剪力墙梁表和
剪力墙身表。

点击【通用编辑】的【标注轴线】中【自动标注】菜单，标注左轴线和下
轴线。根据需要，标注相关尺寸。点击【通用编辑】的【插入】菜单中的【图
名】菜单，标注图名；点击【插入】菜单中的【图框】菜单添加 3 号图框。

点击【配筋面积显示】，查询的内容列于右侧菜单，选择相应的项目
后，屏幕上即在实配钢筋标注旁边标出各种计算钢筋面积，便于对比。程
序一般将计算面积放到括号中表示，将实配的面积直接标注表示。

点击【钢筋统计】，点击确定即可生成墙钢筋量统计的文本结果。

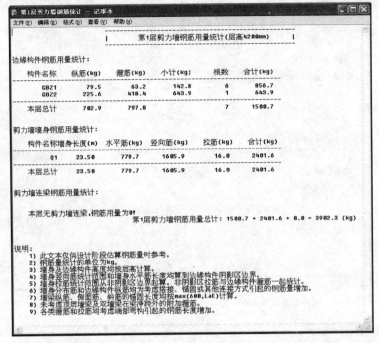

图 8-101　墙钢筋用量统计

5）墙施工图结果

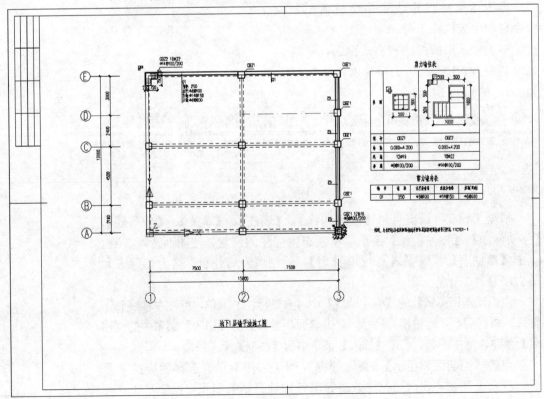

图 8-102　地下 1 层墙平法施工图

8.5 基础建模

基础设计软件 YJK-F 用于工程实践中各种类型的基础设计，包括柱下独立基础、墙下条形基础、弹性地基梁基础、桩基承台基础、筏板基础、桩筏基础等基础设计，还可进行由上述多类基础组合的大型混合基础设计。

1）基础软件需在上部结构建模完成后启动

基础软件执行的必要条件就是完成上部结构的建模，或者至少完成上部结构中和基础相连楼层的建模。这是因为基础布置依据的网格轴线节点和柱、墙构件需要从上部结构中读入，基础设计软件本身不提供轴线网格节点的输入功能，也不提供基础依托的柱、墙构件布置的功能。

新建一个基础项目时，屏幕上首先出现上部结构底层的轴线网格节点，还有柱和剪力墙（或砌体墙）的平面布置图。

程序将上部结构最底层作为和基础相连的楼层，且只有 1 个楼层和基础相连。如果有上部多个楼层需要和基础设计相接，则需要用户在基础设计参数中修改参数【和基础相接的楼层数】，将其改为需要连接的楼层数（大于1），此后程序自动读取上部多个楼层的平面布置数据。

需要多个楼层接基础时，程序优先选取最下层的平面和其连接，比如先选取第1层的布置，在第1层的外围轮廓以外再选择第2层的平面布置和基础相接。这样，第2层平面和第1层重叠的部分是不可能和基础相接的。

2）读取上部结构传来的荷载

基础读取的上部结构荷载可以来自于两处：

（1）平面恒活荷载

这是上部结构建模退出时的竖向导荷计算形成的荷载，它只包括恒荷载和活荷载两部分。竖向导荷菜单生成的荷载主要用于基础设计和砌体结构设计。

这项荷载生成的条件是上部结构需要完整建模，只局部几个楼层的建模得不到正确的平面恒活荷载。另外必须在上部结构建模退出时执行了【竖向导荷】选项。

（2）计算结果荷载

通过上部结构计算程序 YJK-A（或 SATWE）的计算生成的荷载，包括恒载、活载、风荷载、地震作用荷载，以及人防荷载、吊车荷载等。

这项荷载生成的条件是已完成上部结构计算。

3）基础设计和上部结构建模、上部结构计算模块的协同工作

执行基础设计软件时，常需要调整上部结构布置，或者重新进行上部结构计算，当从其他模块菜单重新回到基础设计模块时，需要执行菜单

【重新读取】。

【重新读取】的使用条件：（1）没有基础数据，（2）上部结构的模型进行了修改，（3）上部结构进行了重新计算。

使用结果：（1）自动读入上部结构的网格和节点、基础连接构件（柱或墙）、YJK-A 的计算荷载与竖向导荷的荷载；（2）保留当前基础中已经布置，且有上部结构的网格和节点对应的基础构件；（3）保留当前基础中的各种参数。

对于不等标高的多层基础，需在【参数设置】中【总参数】的【多层基础的楼层总数】中输入，通常为 1 层。

4）文件管理

"工程路径 \ 工程名_f. yjc"	记录建模数据
"工程路径 \ jccad"	记录基本参数
"工程路径 \ jccad_0. mdb"	记录上部结构数据
"工程路径 \ jccad_1. mdb"	记录有限元网格划分结果
"工程路径 \ jccad_2. mdb"	记录防水板数据
"工程路径 \ 中间文件 \ jccad. result"	保存计算中间结果（二进制）
"工程路径 \ 设计结果 \ jc＊. out"	保存设计结果（文本文件）
"工程路径 \ 设计结果 \ jc＊. dwy"	保存设计结果（图文件）

如果用户需要发送工程文件的邮件，只需要邮寄"工程名_f. yjcjcbak"、"jccad_0. dat"和"jccad_0. mdb"以及"地质资料. dz"。

8.5.1 地质资料

点击【基础设计】菜单，则进入基础设计模块。点击【重新读取】，读取的上部结构底层的轴线网格节点，还有柱和剪力墙（或砌体墙）的平面布置图及相关荷载。

点击【地质资料】菜单，输入工程地质资料。

（1）点击【新建地质资料】，输入文件名为 Testdzzl，保存。地质资料文件扩展名为 dz。

（2）点击【土参数】，查看土参数，本工程不修改。

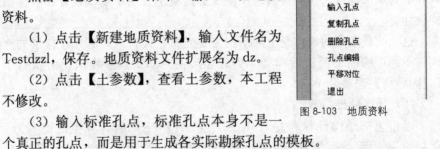

图 8-103　地质资料

（3）输入标准孔点，标准孔点本身不是一个真正的孔点，而是用于生成各实际勘探孔点的模板。

（4）点击【输入孔点】菜单，在屏幕的相应位置布置孔点。布置 10 个孔点，孔点坐标参数如图 8-105 所示。（注：1 轴和 A 轴交点的坐标为(0，0)）

（5）点击【孔点编辑】菜单，编辑勘探孔点与实际不符的相关参数。

（6）重复步骤（3）、（4）完成地质资料输入的全部工作。

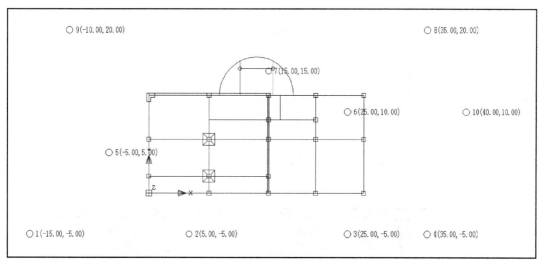

图 8-104 标准孔点

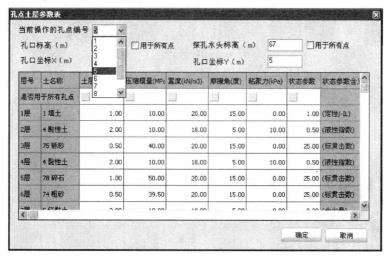

图 8-105 孔点图

图 8-106 孔点编辑

8.5.2 参数设置

参数设置用于设置各类基础的设计参数,以适合当前工程的基础设计计,包括总参数、地基础承载力计算参数、条基自动布置参数、独基自动布置参数、承台自动布置参数、承台规范计算参数、沉降计算参数、筏板(复杂承台)有限元计算参数、材料表。

本工程总参数填写与基础相接的最大楼层号为2。筏板布置参数和材料表如图 8-108、图 8-109 所示。

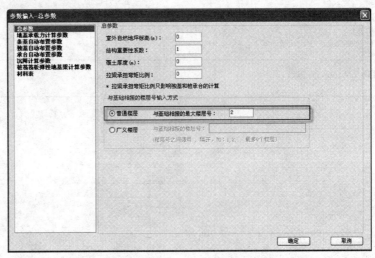

图 8-107 总参数

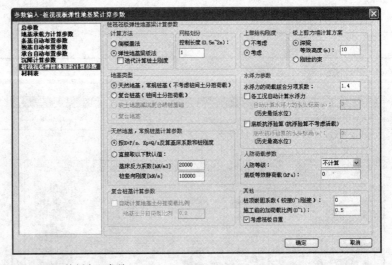

图 8-108 筏板布置参数

8.5.3 荷载

本软件按照如下方式处理荷载:

(1)自动读取上部结构分析程序传下来的各单工况荷载标准值(包括

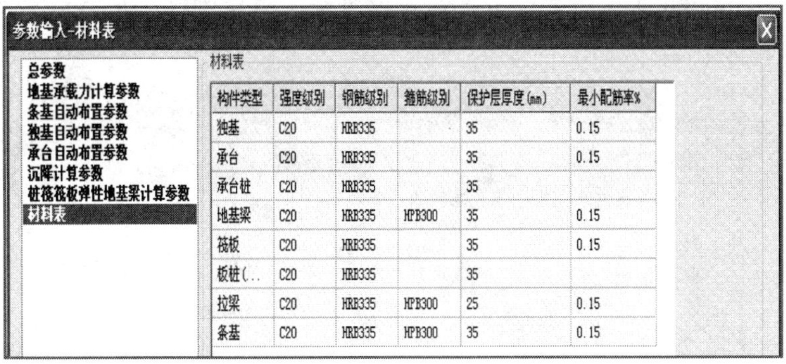

构件类型	强度级别	钢筋级别	箍筋级别	保护层厚度(mm)	最小配筋率%
独基	C20	HRB335		35	0.15
承台	C20	HRB335		35	0.15
承台桩	C20	HRB335		35	
地基梁	C20	HRB335	HPB300	35	0.15
筏板	C20	HRB335		35	0.15
板桩(...	C20	HRB335		35	
拉梁	C20	HRB335	HPB300	25	0.15
条基	C20	HRB335	HPB300	35	0.15

图 8-109　材料表

恒、活、风、地震、人防和吊车）和平面荷载（建模退出时竖向导荷生成的荷载）。

（2）对于每一个上部结构分析程序传来的荷载，程序自动读出的各种荷载工况下的内力标准值。柱传递荷载记录 N、Mx、My、Qx、Qy；墙线传递荷载记录 N（轴力）、Mx（平面内弯矩）、Qx、Qy，柱、墙荷载标注方式和上部结构计算中的柱底、墙底内力相同。基础中用的荷载组合与上部结构计算所用的荷载组合是不完全相同的，读取内力标准值后根据基础设计需要，程序将其代入不同荷载组合公式，形成各种不同工况下的荷载组合。

（3）程序自动按照《荷载规范》和《建筑地基基础设计规范》GB 50007—2011 的有关规定，在计算基础的不同内容时采用不同的荷载组合类型。在计算地基承载力或桩基承载力时采用荷载的标准组合；在进行基础抗冲切、抗剪、抗弯、局部承压、配筋计算时采用荷载的基本组合；在进行沉降计算时采用准永久组合。在进行正常使用阶段的挠度、裂缝计算时取标准组合和准永久组合；拉梁计算采用地震组合。程序在计算过程中会识别各组合的类型，自动判断是否适合当前的计算内容。

（4）可输入用户自定义的附加荷载标准值，附加荷载标准值分为恒荷载与活荷载两种。附加荷载可以单独进行荷载组合，并进行相应的计算；如果读取了上部结构分析程序传来的荷载，程序可以将用户输入的附加荷载标准值与读取的荷载标准值进行同工况叠加，然后再进行荷载组合。

（5）按工程用途定义相关荷载参数，满足基础设计的需要。工程情况不同，荷载组合公式中的分项系数或组合值等系数也会有差异。对于每一种荷载组合类型，程序可自动取用相关规范规定的荷载分项系数、组合值系数等，这些系数可以人工修改。

本工程点击【荷载】相关菜单查看荷载。

8.5.4　筏板布置

本工程地下室 1 层采用筏板基础。

1）筏板布置

点击【筏板】的【布置】菜单布置筏板，采用围区生成方式，参数如图 8-110 所示。

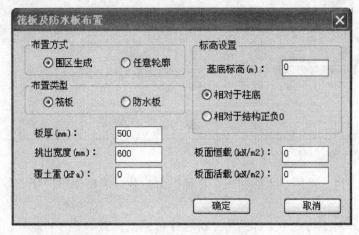

图 8-110　筏板布置

鼠标围取地下室 1 层网格线，自动生成即可。

2）筏板编辑

根据工程需要，可对筏板进行编辑。主要功能介绍如下：

点点连线：自动布置或任意布置的多边形筏板、防水板、筏板内加厚区域与筏板开洞边线会出现奇异的情况，可以通过【点点连线】功能完成编辑，操作步骤如图 8-111 所示：

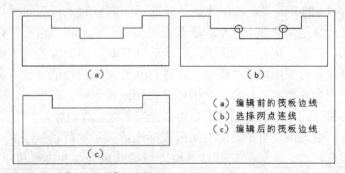

图 8-111　【点点连线】操作结果

双线延伸：自动布置或任意布置的多边形筏板、防水板、筏板内加厚区域与筏板开洞边线会出现奇异的情况，可以通过【双线延伸】功能完成编辑，操作步骤如图 8-112 所示：

外挑长度：任意布置的多边形筏板、防水板、筏板内加厚区域与筏板开洞边线不会与内部网格线平行，可以通过【外挑长度】功能完成编辑，需首先在命令行输入边线与网格线距离。操作步骤如图 8-113 所示：

此命令也可以用于修改筏板边线与网格线的距离。

区域编辑：此功能只适用于多边形筏板、防水板，不能用于筏板内加厚区域与筏板开洞边线编辑。用于在筏板的外区域增加筏板或删除部分区域。

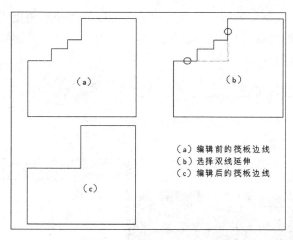

图 8-112 【双线延伸】操作结果

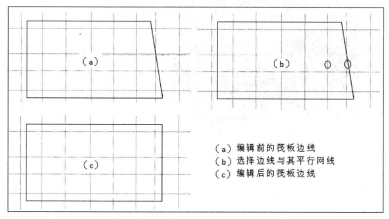

图 8-113 【外挑长度】操作结果

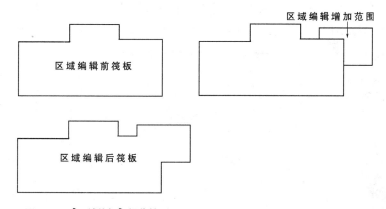

图 8-114 【区域编辑】操作结果

以上功能适用于多边形筏板、防水板、筏板内加厚区域与筏板开洞边线编辑。

3）属性修改

双击基础实现。

通过平台右侧提供的属性修改列表，可以修改筏板的覆土厚度、基础底标高、基础底标高的相对位置、地基承载力特征值、基础宽度和埋深的地基承载力修正系数。

8.5.5 柱墩布置

点击【柱墩】菜单输入平板基础的板上柱墩。

1）柱墩定义

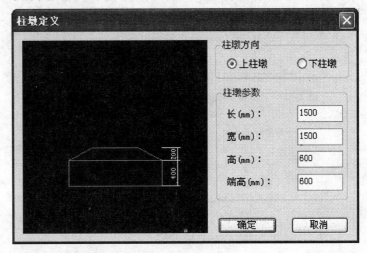

图 8-115 柱墩定义

2）柱墩布置

柱墩用于对筏板的局部加厚，增加筏板的抗冲切和抗剪能力。柱墩高是筏板的加厚部分，为板顶到柱根的距离；柱墩只能布置在柱下，没有柱不能布置柱墩；布置柱墩前必须先布置筏板，没有筏板的柱下也不能布置柱墩。柱墩布置条件：在基础平面图上显示柱墩平面形状；柱墩布置仅用于筏板基础，但不能有独基、承台、地基梁和条基。柱墩布置方式：窗选

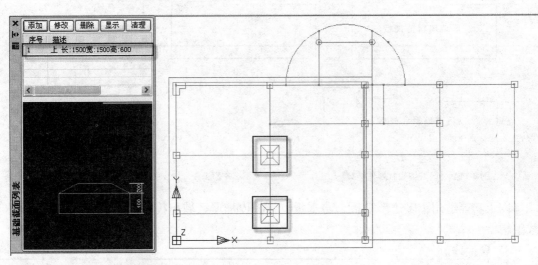

图 8-116 地下室 1 层筏板柱墩布置结果

或点选板内柱。

3）柱墩布置结果

8.5.6 独立基础布置

本工程第1层基础为独立基础加拉梁。

1）人工布置

可将人工定义的独基布置在基础平面上。

（1）布置条件：任何节点可以布置（不限制只有柱的节点），但不能有承台、条基、基础梁，可以有筏板基础，新布置的独基将替换已经布置的独基。

（2）独基定义

人工布置前，需要定义独基的截面类型。本工程独基截面类型有三种，为阶形现浇基础，尺寸为：3100 * 3100 * 300，1800 * 1800 * 300；2400 * 2400 * 300，1600 * 1600 * 300；中间双柱独立基础尺寸为：3000 * 5400 * 500；1700 * 4100 * 400。

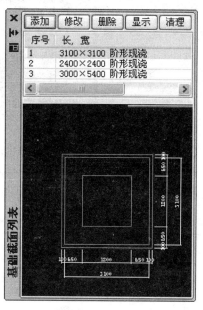

图 8-117　独基定义

（3）独基布置

3100 * 3100 * 300，2400 * 2400 的单柱基础的布置参数为如图 8-118 所示，3000 * 5400 的双柱独立基础的布置参数如图 8-119 所示。

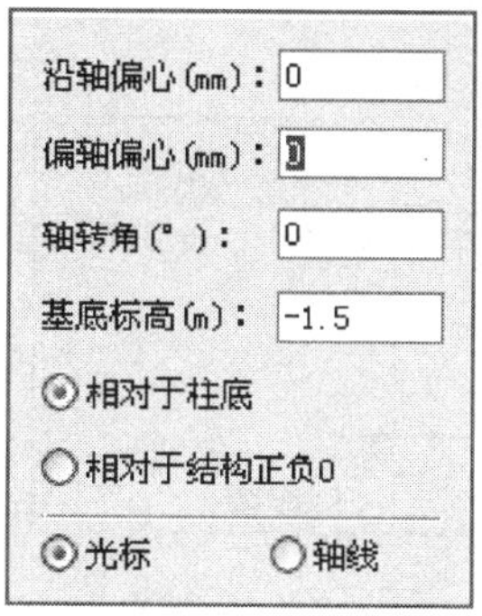

图 8-118　单柱基础的布置参数

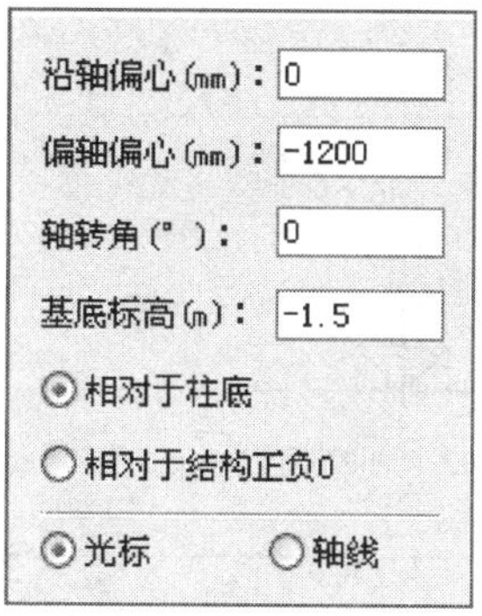

图 8-119　双柱独立基础的布置参数

2）属性修改

双击【基础】实现。

通过平台右侧提供的属性修改列表，可以修改每个布置独基的覆土厚度、基础底标高、基础底标高的相对位置、地基承载力特征值、基础宽度和埋深的地基承载力修正系数，以及偏心与角度，此偏心是基础底面中心相对于节点的偏心。点该属性框上的【更改截面】选项，还可以直接修改独基的截面定义信息。修改截面时将弹出独基的截面定义对话框，如果修改后的截面和已定义的其他截面都不相同则自动增加新的独基截面类别。

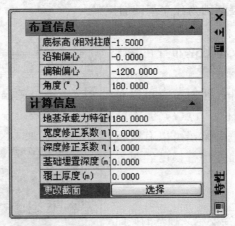

图 8-120　独基的属性表

3）独基布置结果

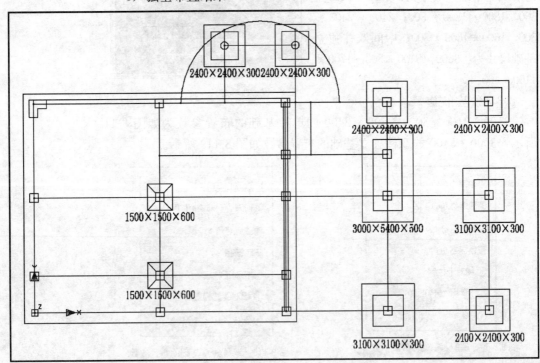

图 8-121　独基布置结果图

4）计算书

这里提供的计算书限于简单的、初设阶段的内容，最终计算书应在"基础计算和结果输出"里取得。

【全部计算书】：生成基础平面上所有独立基础的计算书，即时生成，包括独基在所有荷载组合下，满足规范要求的地基承载力计算、冲切计算、剪切计算和配筋计算结果时的基础最小尺寸，计算书采用标准的 RTF 文档格式，图文并茂。对于全部计算书中，显示不能满足要求的独基，在图上用红色表示出来。

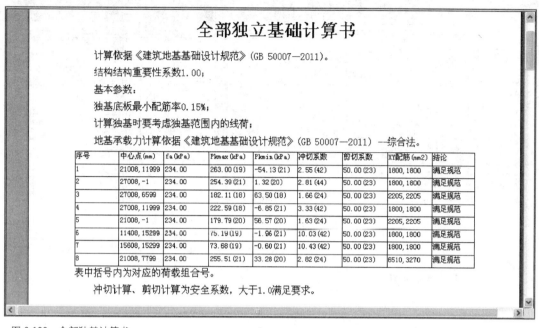

图 8-122 全部独基计算书

【单独基计算书】：由用户单独选择某一独基生成它的计算书，即时生成。

8.5.7 拉梁布置

柱下独立基础可以通过设置拉梁起到以下作用：

（1）增加基础的整体性：拉梁使独立基础之间联系在一起，防止个别基础水平移动产生的不利影响。起该作用的拉梁可以取其左右柱最大轴力的 1/10，按拉杆或压杆进行计算。

（2）平衡柱底弯矩：对于受大偏心荷载作用的独立基础，其底面尺寸通常是由偏心距控制的。设置拉梁后柱弯矩会降低，荷载偏心距随之减少，从而达到减少柱尺寸的目的。起该作用的拉梁在基本参数中输入，根据"拉梁承担弯矩的比例"，拉梁在基础程序中计算。

（3）托填充墙：填充墙荷载通过拉梁作用到独基上。通过基础中的拉梁计算模块完成荷载倒算，平衡弯矩和拉梁配筋的工作。

1）拉梁布置

（1）拉梁定义：拉梁尺寸为 400 * 600。

（2）拉梁布置：

布置条件：布置位置两端必须有柱。

布置方式：直接选择网格线，如果是点选，则程序会自动延伸至两端柱底位置（如果存在），加亮显示拉梁（图 8-123）；如果是窗选，则程序会自动计算至两端柱底位置。

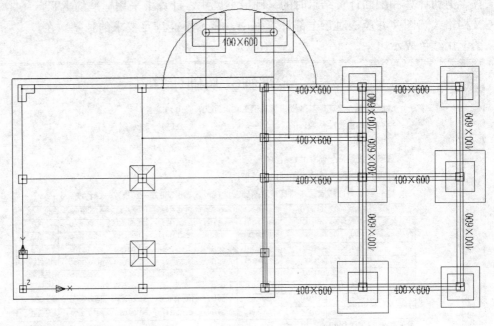

图 8-123　拉梁布置图

2）拉梁计算

拉梁的计算只考虑地震作用的荷载组合，拉梁取其左右柱最大轴力的1/10按拉杆或压杆进行计算，拉梁恒活按照均布荷载考虑，同时考虑拉梁的覆土重与基础自重，计算配筋时按照拉弯构件。

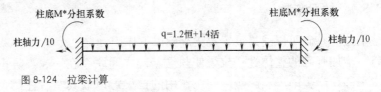

图 8-124　拉梁计算

8.5.8　基础建模效果图

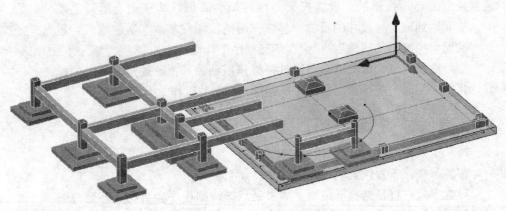

图 8-125　基础建模效果图

8.6 基础计算

点击【基础计算机结果输出】菜单，开始基础计算。

8.6.1 计算参数

对计算结果产生影响的主要有【沉降计算参数】项和【桩筏筏板弹性地基梁计算参数】项。如图 8-126 和图 8-127 所示填写。

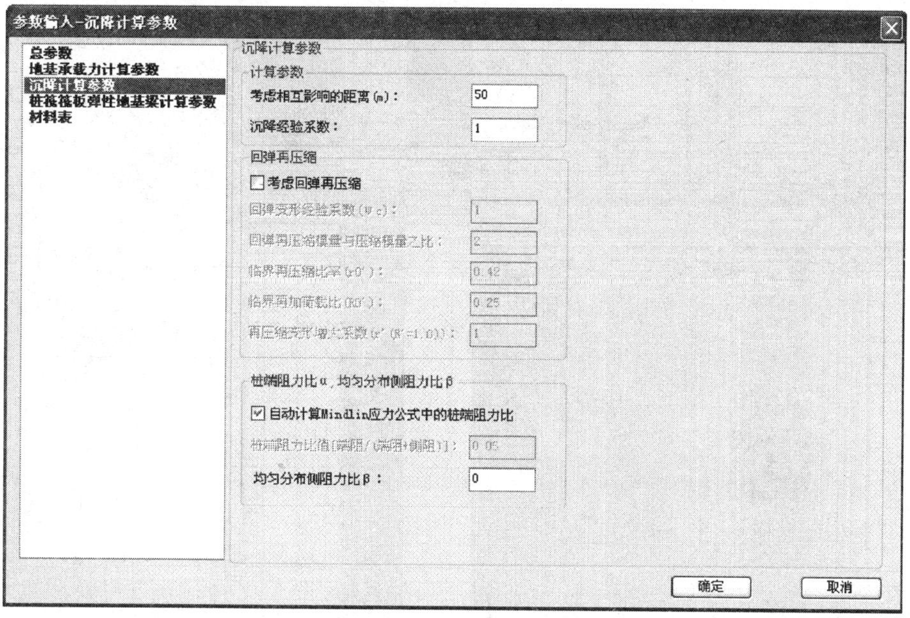

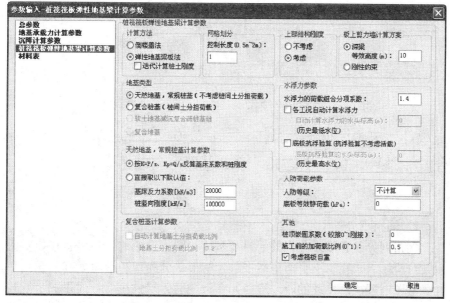

图 8-126 沉降计算参数

图 8-127 桩筏筏板弹性地基梁计算参数

8.6.2 生成数据

当模型建立完成以后，必须【生成数据】后才能进行基础的计算分析，此功能主要是完成有限元计算的筏板（防水板）、复杂承台的单元网格划分等前处理功能。

基础模型修改后必须重新【生成数据】进行基础的计算分析。

8.6.3 简图

1）计算简图

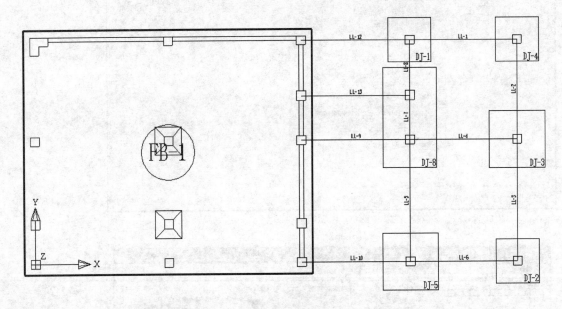

计算简图

[主筏板]1，[加厚区]0，[洞口]0，[承台桩]0，[非承台桩]0

[承台]0，[地基梁]0，[拉梁]13，[条形基础]0，[独立基础]8

图 8-128 计算简图

2）网格划分

网格划分是有限元分析的前提和基础，网格质量的好坏将直接影响有限元分析结果。在二维平面中网格单元的形状分为四边形单元和三角形单元，鉴于以四节点构成的四边形单元在解题时为线性应变，而以三节点构成的三角形在解题时为常应变，由此，从解题的效果来看，四边形单元比三角形单元的有限元精度更高，更能保证解题结果的正确性。

控制程序网格划分的主要是两个参数，在【筏板（复杂承台）计算参数】中设置。

一是网格划分控制长度，即有限元单元尺寸大小。程序隐含设置为1m，但对于面积不大的桩承台、独基等为了保证计算质量，程序常自动采用更小尺寸的单元划分。

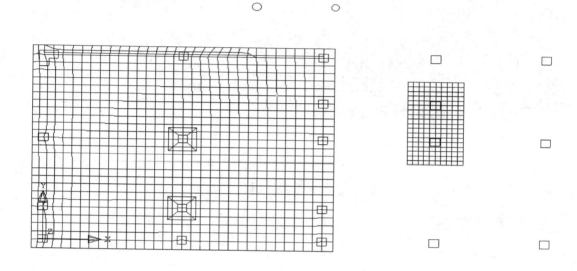

网格划分

[板元总数]1061，[梁元总数]0

图 8-129　网格划分图

3）基床系数

输入了地质资料后，程序可以自动计算各个基础下的基床反力系数，本菜单可用来修改程序生成的系数。如果没有输入地质资料，对于采用有限元计算的基础，在计算前，必须通过本菜单输入基床反力系数。

点击【基床系数】后，左侧工具栏上弹出【查改基床系数】对话框。用户可以根据地基土的类型或现场试验结果，将特定的基床系数布置到指定的区域中。如果各单元基床系数输入值为 0，则 YJK-F 自动根据沉降计算基床系数；否则各单元基床系数计算中取用户的输入值。

8.6.4　上部荷载

显示选择的单工况或荷载组合的上部传递荷载。单工况为荷载值，荷载组合为采用了荷载参数定义中各种分项系数的组合值。

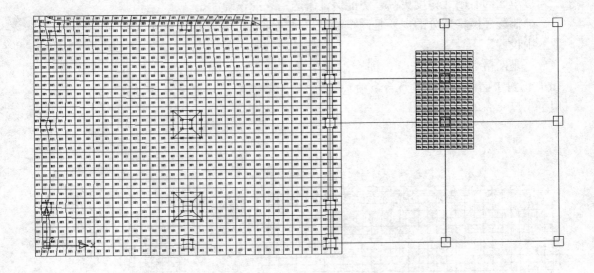

$$基床反力系数图(单位:kN/m^3)$$

图 8-130　机床系数图

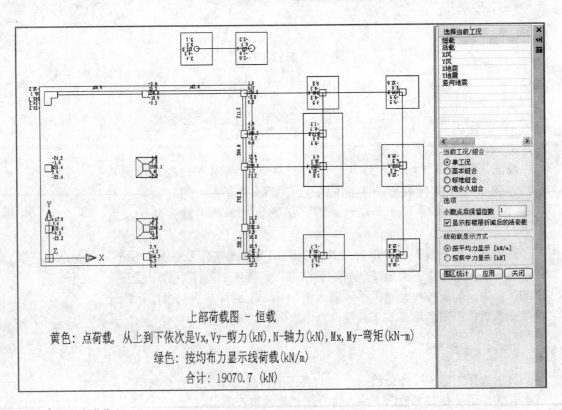

上部荷载图 - 恒载

黄色: 点荷载, 从上到下依次是Vx,Vy-剪力(kN),N-轴力(kN),Mx,My-弯矩(kN-m)

绿色: 按均布力显示线荷载(kN/m)

合计: 19070.7 (kN)

图 8-131　上部荷载

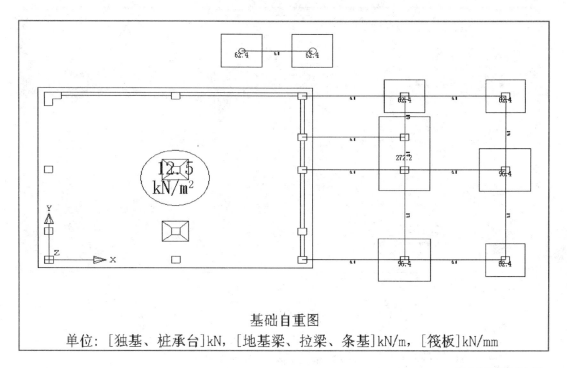

基础自重图

单位：[独基、桩承台]kN，[地基梁、拉梁、条基]kN/m，[筏板]kN/mm

图 8-132　基础自重

8.6.5　计算分析

点击【计算分析】菜单。

程序自动识别不同的基础类型，调用不同的方法，对基础进行分析计算。对筏板、多柱或墙下独基、复杂承台基础、桩筏、弹性地基梁等整体式基础，调用有限元求解器计算，计算时可以考虑上部刚度。对单柱独基、墙下条基、单柱承台等分离式基础，调用相应的单基础算法。无论采用有限元方法还是单基础算法，都可以在统一的视图中查看计算结果。

8.6.6　计算结果

1）反力

（1）基底压力

显示用户选择的荷载组合下的基底压力计算结果，对整体式基础和有限元计算的分离式基础按照单元显示；对非有限元计算的分离式基础按照基础显示，每个基础一个值。准永久组合下的基底压力用于沉降计算，标准组合下的基底压力用于地基承载力验算，基本组合下的基底压力用于基础构件截面设计。

准永久组合和标准组合下，基底压力计算结果包括基础自重与覆土重；基本组合下，基底压力计算结果不包括基础自重与覆土重。

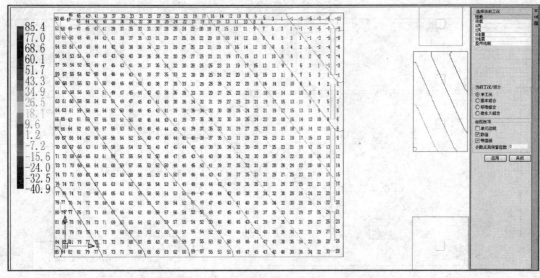

图 8-133　基底压力图

（2）地基土/桩承载力验算

对整体式基础和有限元计算的分离式基础按照单元显示；对非有限元计算的分离式基础按照基础显示，每个基础一个值。

无桩基础，可以选择显示地震组合、非地震组合下或《高层建筑筏形与箱形基础技术规范》JGJ 6—2011 的地基承载力验算；

有桩基础，可以选择显示地震组合桩竖向承载力、非地震组合桩竖向承载力、水平承载力、抗拔承载力验算。

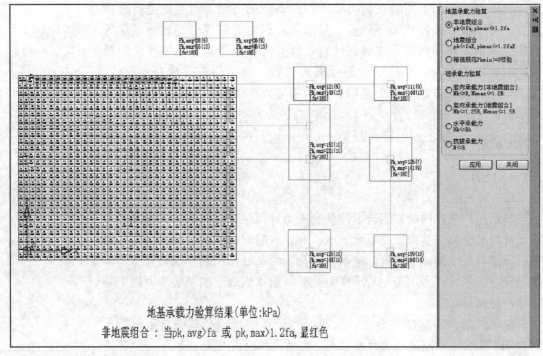

图 8-134　地基承载力验算图

不满足规范要求为红色显示。

2）内力

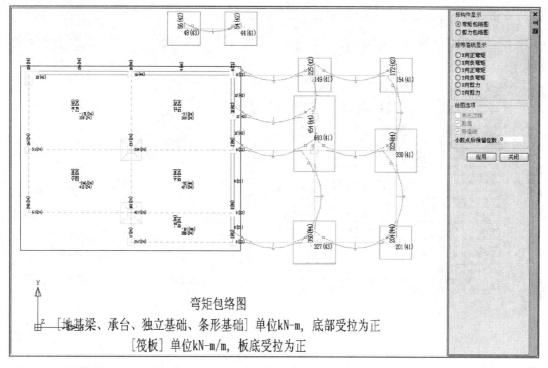

弯矩包络图

[地基梁、承台、独立基础、条形基础] 单位kN-m，底部受拉为正

[筏板] 单位kN-m/m，板底受拉为正

图 8-135　弯矩包络图

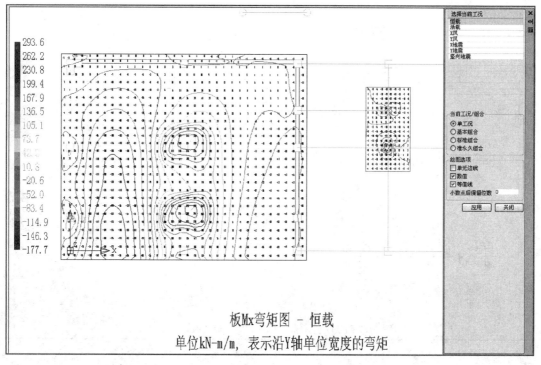

板Mx弯矩图 – 恒载

单位kN-m/m，表示沿Y轴单位宽度的弯矩

图 8-136　板 MX 弯矩等值线图

3）设计

（1）基础沉降

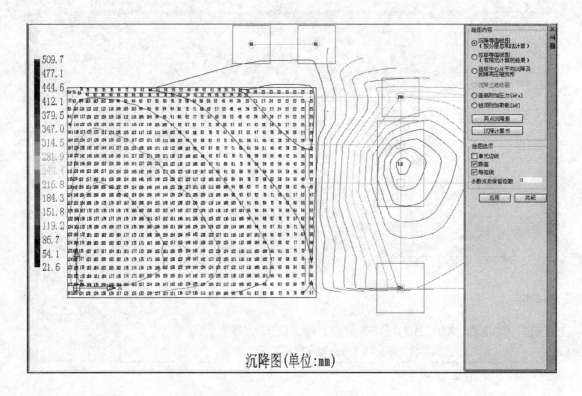

沉降图(单位:mm)

图 8-137　基础沉降图

（2）冲剪计算

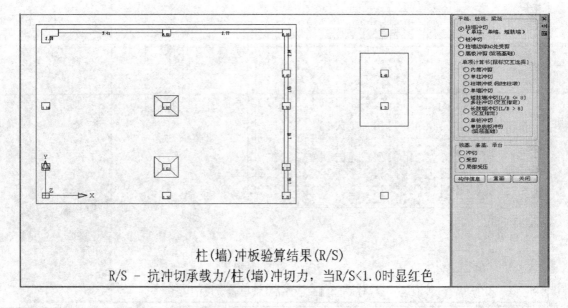

柱(墙)冲板验算结果(R/S)

R/S - 抗冲切承载力/柱(墙)冲切力，当R/S<1.0时显红色

图 8-138　冲剪计算图

（3）基础配筋

显示所有荷载基本组合计算的最大弯矩对应的配筋结果。

对于地基梁筏板基础，按照地基梁围成的房间、在每个房间显示配筋结果；

对于无板地基梁基础，在每根地基梁上直接标注配筋结果；

对于独立基础和条形基础，由于直接采用规范公式计算，按照基础显示，每个基础一个配筋结果；

对于单柱承台，由于直接采用规范公式计算，按照基础显示，每个基础一个配筋结果；

对于多墙柱复杂承台，采用直接用规范公式计算和有限元计算两种模式，显示有限元计算的基础内单元最大值弯矩值的配筋结果；

对于拉梁，显示所有荷载基本组合计算的最大弯矩对应的配筋结果。

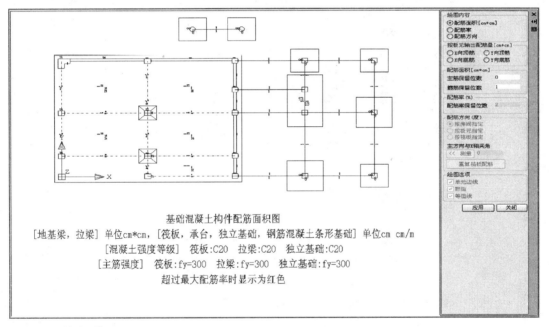

基础混凝土构件配筋面积图

[地基梁，拉梁] 单位cm*cm，[筏板，承台，独立基础，钢筋混凝土条形基础] 单位cm cm/m

[混凝土强度等级] 筏板：C20 拉梁：C20 独立基础：C20

[主筋强度] 筏板：fy=300 拉梁：fy=300 独立基础：fy=300

超过最大配筋率时显示为红色

图 8-139 基础配筋图

（4）文本结果（计算书）

计算参数：包括规范、地基承载力参数、沉降计算参数、整体式基础有限元计算参数、材料表、构件数目。

平衡校验：上部总荷载与整体式基础有限元分析基础总反力的指标对比。包括恒载、活载、风荷载、地震荷载、人防荷载、平面恒载、平面活载、水浮力等。

按照用户阅读习惯，显示文本方式的各单独基础（包括独立基础、墙下条形基础、弹性地基梁基础、桩基承台基础、筏板基础、拉梁等基础）的基本信息。

操作方式：鼠标选择单个基础。

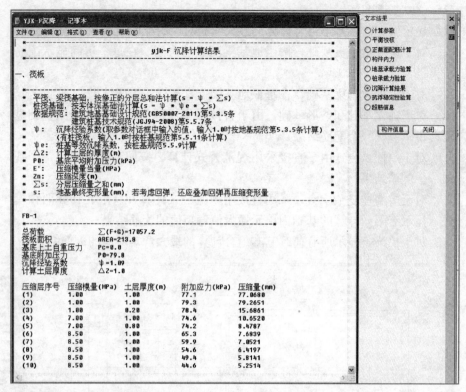

图 8-140 沉降计算结果计算书

8.7 基础施工图

点击【基础施工图】进入基础施工图菜单。

基础施工图模块的主要功能为读取基础设计软件 YJK-F 的建模和计算结果，完成钢筋混凝土基础的配筋设计与施工图绘制。具体功能包括自动配筋、钢筋的修改与查询、施工图的绘制与修改等。

程序对基础施工图按照国家标准图集 11G101-3 的平面整体表示方法的制图规则，按照平面注写方式出图。

8.7.1 通用编辑的设置

首先进行【通用编辑】的【设置】。包括【底图图层设置】、【基础图层设置】和【文字设置】，分别用于控制底图图层、控制绘制的标注图层以及设置施工图中各种文字的样式。这些设置用于控制新图绘制，其修改对当前图无效，只有修改后绘制新图才有效。

本工程实例使用软件默认参数设置，不做修改。

8.7.2 新绘底图

点击【新绘底图】菜单，开始进行板施工图绘制工作。程序根据【通用编辑】的【设置】参数自动完成平面底图的绘制。

8.7.3 标注轴线及插入图名和图框

点击【自动标注】菜单，标注左轴线和下轴线。

点击【插入】的【图名】菜单，标注图名。点击【插入】的【图框】菜单，插入 3 号图框。

8.7.4 选筋标注

点击【筏板】自动绘制筏板施工图，点击【独基】自动绘制独基施工图，点击【拉梁】自动绘制拉梁施工图。

点击【移动标注】菜单重新布置标注的位置，使图面清晰美观。

图 8-141　选筋标注与编辑

8.7.5 基础施工图结果

最终得到本工程施工图结果如图 8-142 所示：

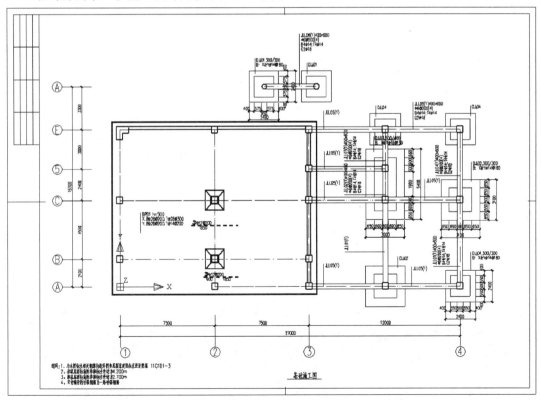

图 8-142　基础施工图

8.7.6 基础钢筋量统计

点击【钢筋统计】可以得到基础钢筋量统计。

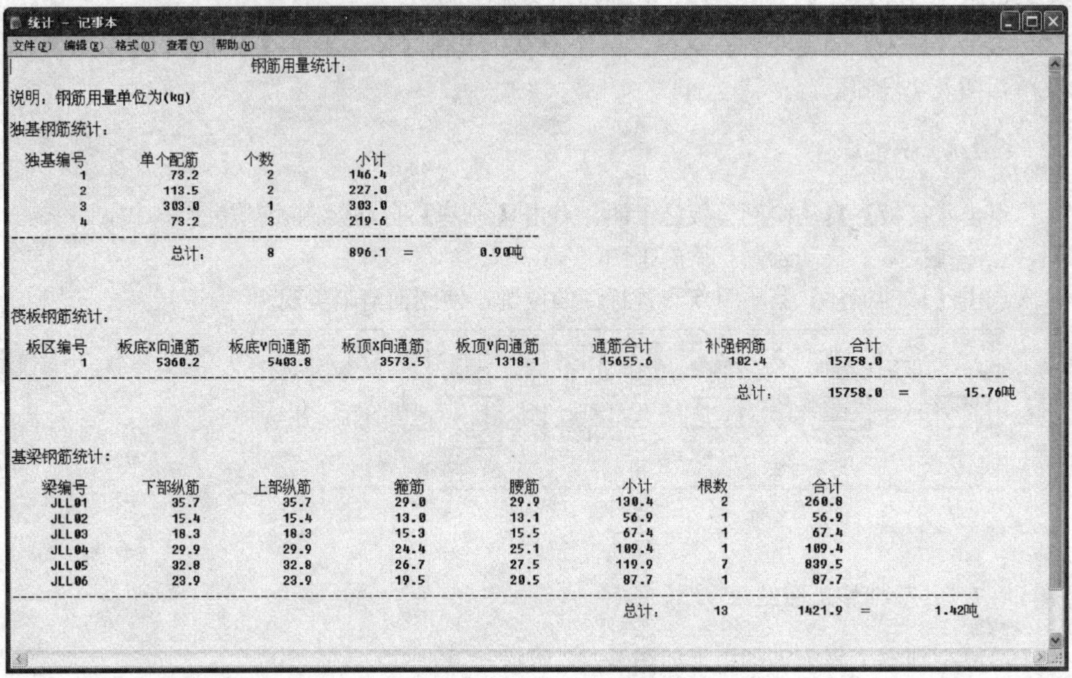

统计 - 记事本

文件(F) 编辑(E) 格式(O) 查看(V) 帮助(H)

钢筋用量统计：

说明：钢筋用量单位为(kg)

独基钢筋统计：

独基编号	单个配筋	个数	小计		
1	73.2	2	146.4		
2	113.5	2	227.0		
3	303.0	1	303.0		
4	73.2	3	219.6		
	总计：	8	896.1	=	0.90吨

筏板钢筋统计：

板区编号	板底X向通筋	板底Y向通筋	板顶X向通筋	板顶Y向通筋	通筋合计	补强钢筋	合计		
1	5360.2	5403.8	3573.5	1318.1	15655.6	102.4	15758.0		
						总计：	15758.0	=	15.76吨

基梁钢筋统计：

梁编号	下部纵筋	上部纵筋	箍筋	腰筋	小计	根数	合计		
JLL01	35.7	35.7	29.0	29.9	130.4	2	260.8		
JLL02	15.4	15.4	13.0	13.1	56.9	1	56.9		
JLL03	18.3	18.3	15.3	15.5	67.4	1	67.4		
JLL04	29.9	29.9	24.4	25.1	109.4	1	109.4		
JLL05	32.8	32.8	26.7	27.5	119.9	7	839.5		
JLL06	23.9	23.9	19.5	20.5	87.7	1	87.7		
					总计：	13	1421.9	=	1.42吨

图 8-143　基础钢筋量统计结果